U0197047

"十三五"江苏省高等学校重点教材(编号：2017-2-093)

物理海洋学导论

主 编：董昌明
副主编：禹 凯 刘 宇 王 锦 董济海

科学出版社

北 京

内 容 简 介

本书为"十三五"江苏省高等学校重点教材,旨在全面、系统反映物理海洋学的原理方法以及相关学科知识。本书共分 11 章。首先,从海洋科学基础知识展开,通过物理海洋方程组阐述海水运动的基本规律;然后,介绍潮汐、地转流、埃克曼流与惯性流、风生大洋环流、深层环流、波浪、海洋中的大尺度波动和海洋内波等海洋中的关键物理过程;最后,以专题形式介绍海洋科学中的一些前沿研究方向。全书以学为主,深入浅出,内容易被接受和理解;理论与实践相结合,重难点突出,读者可学以致用。

本书可供海洋科学以及相关学科师生教学使用,也可供海洋管理、海洋开发、海洋交通运输和海洋环境保护等部门的科技人员参阅。

审图号:GS 京(2023)1507 号

图书在版编目(CIP)数据

物理海洋学导论/董昌明主编. —北京:科学出版社,2019.1
"十三五"江苏省高等学校重点教材
ISBN 978-7-03-060267-1

Ⅰ. ①物… Ⅱ. ①董… Ⅲ. ①海洋物理学–教材 Ⅳ. ①P733

中国版本图书馆 CIP 数据核字(2018)第 291882 号

责任编辑:王腾飞 沈 旭/责任校对:彭 涛
责任印制:赵 博/封面设计:许 瑞 惠双双

科学出版社 出版
北京东黄城根北街 16 号
邮政编码:100717
http://www.sciencep.com

北京凌奇印刷有限责任公司印刷
科学出版社发行 各地新华书店经销
*
2019 年 1 月第 一 版 开本:787×1092 1/16
2025 年 1 月第八次印刷 印张:14 3/4
字数:344 000

定价:79.00 元
(如有印装质量问题,我社负责调换)

前　言

本书作为"十三五"江苏省高等学校重点教材，旨在全面、系统反映物理海洋学的原理方法以及相关学科知识。书中内容包括海洋地貌、物理海洋基础理论和前沿进展等，系统地叙述了海水的基本物理特征（如温度、盐度、密度）、海洋动力学过程（如海流、海浪、潮汐等）以及其他相关内容。本书可供海洋科学以及相关学科的师生教学使用，也可供海洋管理、海洋开发、海洋交通运输和海洋环境保护等部门的科技人员参阅。

本书共分11章，详尽充实地介绍了物理海洋学的相关知识。除南京信息工程大学董昌明教授及其物理海洋学教学团队（禹凯、刘宇、王锦、董济海），"海洋数值模拟与观测实验室"的众多年轻学子也参与了本书的编写工作：第1章主要从历史背景、物理环境等引入，介绍海洋动力作用与热收支平衡等基础知识（王青玥、陆晓婕、徐瑾、王森和余洋）；第 2 章介绍物理海洋学基础运动方程，如纳维-斯托克斯方程（Navier-Stokes equation），此外还介绍了尺度分析方法等（禹凯、张一鸣和徐瑾）；第3章介绍潮汐基本理论、潮汐调和分析预报、潮汐观测以及潮波系统的相关知识（董济海、曹玉晗、韩国庆、王青玥、王森和马兆越）；第4章介绍地转流理论与计算方法（刘宇、孙文金、徐广珺、蒋星亮、余洋和嵇宇翔）；第5章主要分析上层海洋对风的响应，介绍海表面风应力、朗缪尔环流、埃克曼输运和有限深海漂流等内容（刘宇、徐广珺、蒋星亮、余洋和嵇宇翔）；第6章介绍风生大洋环流理论（禹凯、时海云和陆晓婕）；第7章介绍深层环流理论（禹凯、季巾淋、韩国庆、陆晓婕和嵇宇翔）；第 8 章介绍线性波理论、波浪的传播变形、波浪的观测及极端灾害性海洋波动等（王锦、王海丽、曹玉晗、徐瑾、张一鸣和嵇宇翔）；第9章介绍海洋中的大尺度波动，包括庞加莱波、开尔文波、罗斯贝波的基本理论及动力学特征（董济海、张一鸣、蒋星亮、王青玥、王森和陆晓婕）；第 10 章介绍海洋内波的基本理论及动力学特征（董济海、张一鸣、王青玥、王森和陆晓婕）；第 11 章介绍物理海洋领域若干前沿研究，如赤道过程、极地过程、海洋中尺度涡旋、海洋次中尺度过程等（王海丽、高晓倩、曹玉晗、高慧、季巾淋和孙文金）。储小青和马静老师参加了本书的校读工作，Kenny Lim 帮助绘制了部分插图，部分南京信息工程大学海洋科学学院的本科生（满红聪、蔡於杞、马玉菲、滕芳园、谢文鸿和郑恒坤）对本书最初讲义的形成做了有益的工作。在"物理海洋学（湖泊河流）基础研究与教学研讨会"上，来自国内外 20 余所涉海单位的专家学者对本书的进一步完善提出了宝贵意见。

此外，本书得到科技部重点研发项目（2017YFA0604100，2016YFA0601803，2016YFC1401407，2018YFA0605904，2016FYA0601804，2017YFA0604103）、国家自然科学基金委（41476022，41490643，41606021，41606022，41806025）、江苏省双创团队

项目（2191061503801）以及"十三五"江苏省高等学校重点教材基金支持。本书还特别得到南京信息工程大学教务处和海洋科学学院的大力支持，特表感谢。

我们诚挚地希望本书能够让热爱海洋科学的师生们获得更好寻求相关知识的途径，使关心海洋科学的同道们能够拥有更加广阔的知识储备，给予各界友人们一个严谨而科学的学习渠道，以更为全面真切地接触、了解和学习物理海洋学，为我们当今蓬勃发展的海洋事业贡献些许力量。

目　　录

第1章 基础知识

1.1 历史背景

我们生活的这个星球名为"地球"。但随着科学技术的发展，人类不断地了解所生活的世界，发现地球表面积的 70.8%是海洋，地球上面积最大的生物栖息地是海洋，占据地表水量 97.2%的也是海洋。海洋与我们息息相关，公元前 6000 年左右，人类便开始尝试探索海洋。

1.1.1 早期探索者

海洋，不仅是人类重要的食物源地，而且是高效率、高性价比的运输渠道。根据现有的考古研究发现，早在公元前 6000 年左右，人类便发明了船只。那些在太平洋群岛被广泛使用的双人独木舟和木筏，被当地人作为往来于各个零散小岛之间的主要交通工具。

密克罗尼西亚群岛、美拉尼西亚群岛以及面积较大的波利尼西亚群岛，是太平洋上人类活动较为频繁的地区，但直到 16 世纪欧洲航海者登陆之前，都缺乏关于这些群岛的相关的文字记录。人类最早是如何出现在这些孤悬海外的岛屿上的？又是如何在岛屿之间迁移的？现今考古表明，公元前 4000 年左右，新爱尔兰岛、斐济群岛和萨摩亚群岛都开始出现移居者。考古学家海尔达尔的研究也表明南美洲的航海者有能力到达波利尼西亚群岛。在腓尼基人的文字记录中，公元前 590 年他们已经完成针对地中海、红海、印度洋西海岸及非洲附近其他海域的海上探险。而后，古希腊文明也极大地推动了航海技术的发展。公元前 450 年，古希腊学者通过天文观测发现月食期间月球上会出现地球的影子。公元前 325 年，古希腊学者皮西亚斯通过测量北极星与观察者到北方地平面视线之间的夹角来确定观察者所在的纬度位置。公元前 3 世纪左右，古希腊亚历山大图书馆馆长埃拉托色尼用几何学原理计算出地球周长为 39690 km（目前我们观测得到的地球周长为 40032 km）。到公元 150 年，古罗马地理学家托勒密绘制出了世界地图，该地图不仅涵盖了欧洲、亚洲、非洲，而且还加上了垂直经线和水平纬线（张荣华等，2017）。

在早期的海洋探索者中，阿拉伯人与维京人的贡献是不容忽视的。阿拉伯人在罗马帝国衰败之后，继承了腓尼基、古希腊与古罗马的文化积淀，并且继续发展。在实际的海上贸易与扩张的需求驱动下，阿拉伯人充分掌握了利用季风（夏季的盛行西南风与冬季的盛行东北风）在印度洋航行的技能；维京人则利用 10 世纪末短暂的温暖气候，不断探索大西洋。公元 981 年，托瓦尔森发现了格陵兰岛与巴芬岛。公元 995 年，埃里克森发现了温兰德岛(今称纽芬兰岛)（张荣华等，2017）。

早期探索者利用简单的航海知识与简易的航海装备，凭借着探求未知的勇气不断地向着深蓝海域进行一次次尝试，为人类开启下一个更加辉煌的航海时代奠定了基础。

1.1.2　中国航海者

　　1405 年 7 月 11 日，郑和带领当时世界上最恢宏的船队从江苏太仓港出发。从那一天起，古老东方的浩瀚历史中走出了一位伟大的航海家，推动着人类航海事业走进一个崭新的时代。历时 28 年，共计 7 次远航，郑和船队共探访了 36 个沿岸国家。在 600 多年后的今日，虽然从中国上海出发不足 20 天便可轻易抵达肯尼亚蒙巴萨港，但是回顾往昔，我们依然钦佩古代中国航海者的不朽功绩。

　　惊涛骇浪的海洋虽然艰险异常，但是不能困住中华民族勇敢的探索与笃定的脚步。唐代林銮勇开先河，开辟出夷州(台湾)航线，并曾首航渤泥(文莱)、琉球、三佛齐、占城(越南)等地。元朝，汪大渊自筹船队，航行列国，经由南海到达印度、波斯、埃及、摩洛哥等地，并出红海，到达东非索马里、莫桑比克等地，历时 5 年，写作《岛夷志略》一书，成为拓展国人海洋眼界的一扇明窗。随后，便是更盛名赫赫的明朝郑和船队，浩浩荡荡，出使列国。在文化历史上，郑和船队打破了眼界局限，让中国人再一次认识到天外有天，海外有海。在航海技术上，几乎聚全国能工巧匠、举上下文武之能组建的郑和船队为顺利航行，整合了历代航海的航线与导航图志，培育了通晓各国语言、礼仪的翻译使官，发展了航海必需的导航测向与造船技术等。这一切的筹备与工作，都浓墨重彩地书写着中国航海的历史，并且推动着中国航海技术的发展。在经济贸易方面，郑和船队满载着明代青瓷、清香茶叶与高贵丝绸等来自古老东方的好客之礼，每每抵达异国口岸，商贾蜂拥而至，货品供不应求。西方社会对于东方奢侈品的需求在此时得到充分满足，一时间来自遥远国度的瓷碗茶器、衣履鞋服皆成为西方贵族争相抢夺的陈设器具。如此蓬勃的商品需求积极地反馈到中国的商贸手工制作行业。彼时，中国工于计算的商人们汇聚沿海口岸，对外贸易发展呈现前所未有的迅猛又充满朝气。而在政治层面上，郑和率领的大型船队不仅以雄壮威武的大国之师姿态，彰显着大明王朝的恢宏铁腕，使四方高山仰止，各邦倾倒臣服，更是以大国谦逊得体的礼仪举止，恪守着朱元璋"永不征伐"的祖训，践行着朱棣"宣德化以柔远人"的愿景，赢得四海各国臣民的真心拥戴。强而不欺，威而不霸，这是一个伟大民族的宽广气魄，这更是一个泱泱大国的恢宏气度。期盼天下大同的中华民族从未眈视过海洋对面的任一国度，渴求世界一体的东方大国也从未停止过谦和友好地与海洋彼岸的所有异邦友人交流与沟通。

　　时至今日，我们站在一个崭新的历史时期。遥望往昔，对外交流的历史浩如烟海，厚重成史；展望未来，走向深蓝的重责付诸吾肩，任重道远。从秦汉两朝开始，海上丝绸之路在逐步探索开拓中成长为联通东西方经济、文化、政治交流交往的一座重要桥梁。而中华地区自古就是海上丝绸之路的重要枢纽和不可或缺的组成部分。着眼中国当前的蓬勃发展之势，立足于与东盟、南亚、西亚、北非等已然建立了牢固稳定的战略伙伴关系这一新的历史起点上，我们必须进一步深化中国与各个海上丝绸之路邻国的合作交流，构建更加紧密的命运共同体体系，提出充分为沿岸各国人民谋求福祉的战略构想。与此同时，在世界成为紧密联系的地球村的今日，我们也必须以全球化的视野来重新审视海上丝绸之路的复兴与发展。

1.1.3 欧洲发现者

公元 1492～1522 年，被欧洲人称为"发现时代"。在这段时间里，欧洲人的足迹绕地球一周。在"发现时代"，欧洲人不仅体会到海洋的广袤，还意识到地域间文化与历史的差异。

此前的近 100 年内，西方社会的政治、经济等方面都发生了一系列的震荡。尤其是在公元 1453 年，穆罕默德二世占领了拜占庭帝国首都——君士坦丁堡。此举不仅隔绝了地中海城市向印度、印度尼西亚和东亚等地的贸易沟通，而且限制了欧洲各国海洋扩张的企图。因此，发现一条沟通东方的新路线成为欧洲各国的当务之急。

15 世纪，拥有强大航海技术的西班牙与葡萄牙是当时的海上霸主。葡萄牙方面，亨利王子制定了航海制度，显著地提高了葡萄牙人的航海技术，并且利用不同的方式促进航海事业的发展。在多年的努力下，航海家迪亚士终于在公元 1486 年首次通过了厄加勒斯角，绕过非洲南端。航海家达伽马在 12 年后也绕过厄加勒斯角，并向印度航行，建立了一条通往亚洲的新贸易路线。

西班牙方面，为了找到一条穿过大西洋通向东印度群岛的新路线，西班牙君主资助了意大利航海家哥伦布。从公元 1492 年开始，哥伦布从西班牙出发向西航行，2 个月后登上了陆地(加勒比海域)，并误以为自己登上的是印度尼西亚地区，在随后的 10 年里，哥伦布又进行了穿越大西洋的航行。哥伦布的航行无疑激励了当时的无数青年。1497 年，意大利航海家卡博特登陆北美东北沿岸；1513 年，航海家巴尔博亚横渡巴拿马地峡，标志着欧洲人首次看到太平洋。此后，"发现时代"热潮不断，在航海家麦哲伦发起环球航行时达到顶峰。公元 1519 年，同样在西班牙的资助下，麦哲伦带领 280 名水手与 5 艘船从西班牙出发，穿越大西洋，沿着南美东海岸，穿过一条位于 52°S 的海峡(今称麦哲伦海峡)驶入太平洋。在航行 2 年后，麦哲伦登陆菲律宾。虽然麦哲伦在一次战斗中遭遇不幸，但是剩余的 18 名船员仍然穿越印度洋，绕过非洲，在 1522 年抵达西班牙，完成了这次环球航行的壮举。此后，西班牙君主不满足于现状，还筹划了许多争取南美洲地区权益的探险活动。但是由于荷兰与英国等国家的造船技术不断发展，西班牙的海上控制权逐渐衰弱。公元 1588 年，西班牙无敌舰队被英国击败，标志着海上霸主地位的更替，而英国的海洋影响力一直持续到了 20 世纪初叶。

在海洋权利争夺中，英国首先意识到只有获得更多的海洋科学知识，才能更加长久地控制海洋。公元 1768 年开始，英国航海家詹姆斯·库克分别驾驶"奋勇号"、"决心号"和"冒险号"进行了 3 次以科学发现为目的的航行。库克不仅第一个穿越南极圈，探索了南极洲，标绘了佐治亚岛、南三明治岛和夏威夷群岛等众多未知地区的精确位置，而且他的航行极大地丰富了人类对海洋的科学认识。

得益于库克的航行，我们确定了太平洋的轮廓，获得了针对次表层海水温度、风速、洋流和水深的系统测量方法，明白了如何在珊瑚礁中采集数据，形成了能够预防船员患坏血病、保证船员行动能力的饮食方案。库克留给人类的财富不仅仅是沿用至今的第 1 幅精确地图，更是科学探索的精神。在向往海洋的精神鼓舞下，科学家们利用随船携带的采水器、网、绳子等设备开始早期的海洋研究，并不断改善，形成了今天我们仍在使用的基本海洋采样方法。

今天，随着科学技术的不断发展，海洋学家们正在利用先进的海洋调查船、海底机器人、地球轨道卫星以及高精度的海洋数值模式等方式对海洋进行详细精致的分析。在本书后面的章节中，将会详细地介绍物理海洋学所涉及的基本理论方法以及海洋科学研究所使用的工具和手段。

1.2　海洋物理环境

地球是围绕自身的短轴旋转的椭球体。赤道半径 $R_e = 6378.1349$ km（West，1982），略大于极半径 $R_p = 6356.7497$ km，地球在赤道处的轻微隆起是由地球自身旋转所造成的。

人们使用很多不同的单位对地球上的距离进行测量，例如，最常见的经纬度、米、英里和海里。纬度是局地垂直表面与赤道平面之间的夹角。子午线是垂直于赤道面并穿过地球旋转轴的平面与地球表面的交线。经度是本初子午线(经过英国格林尼治皇家天文台的子午线)和其他任何一条子午线之间的角度。以格林尼治皇家天文台所处的子午线为经度的起点，向东为东经，向西为西经。

在赤道外，纬度每度的长度与经度不同。单位纬度是沿半径为 R 的大圆测量所得，其中 R 是地球的平均半径。而单位经度是沿半径为 $R\cos\varphi$ 的圆测量所得，其中 φ 为纬度。因此，纬度 $1° = 111$ km，经度 $1° = 111\cos\varphi$ km。由于单位经度的长度不是常数，因此物理海洋学家们在地图上测量距离时使用纬度的度作为标准。

1.2.1　四大洋及边缘海

海洋占地球表面积的 70.8%，可达 3.61×10^8 km²。不同区域的海洋，其表面积差别很大(图 1.2.1 和图 1.2.2)。地球上的海洋可分为 4 个主要的大洋：太平洋、大西洋、印度洋和北冰洋。此外，海洋学家将环绕南极洲50°S附近的海域称为南大洋。除此之外，还有一些水域位于大陆与大洋的交界处，称为边缘海。

太平洋　从南极洲向北延伸到白令海峡的太平洋是地球上面积最大的海洋。它约占地球上海洋总面积的一半，是地球总表面积的1 / 3。太平洋也是世界上最深的海洋，地球上最深的海沟马里亚纳海沟(11034 m)即位于西北太平洋。16 世纪上半叶，麦哲伦航海队进入这片海域时，为了庆祝他们经历恶劣海况之后遇到的好天气，他们将此大洋命名为"太平洋"。

大西洋　从南极洲向北延伸，包括欧洲的地中海和美洲的加勒比海(图 1.2.1)的大西洋，面积约为太平洋的一半，深度浅于太平洋。大西洋将旧大陆与新大陆相隔，名字是根据古希腊神话中的阿特拉斯命名的。

印度洋　从南极洲延伸到亚洲次大陆的印度洋，包括红海和波斯湾，其面积略小于大西洋，其平均深度与大西洋相差无几(图 1.2.1)。因为它紧邻印度次大陆，因此被命名为"印度洋"。

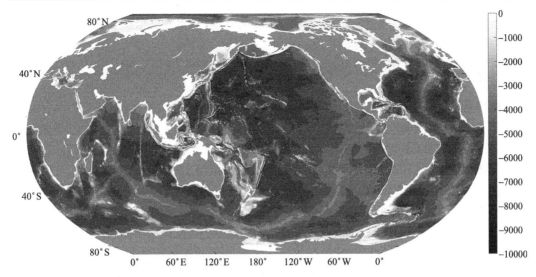

图 1.2.1 全球海洋深度分布图(深度资料来源于 ETOPO2 数据集,单位:m)

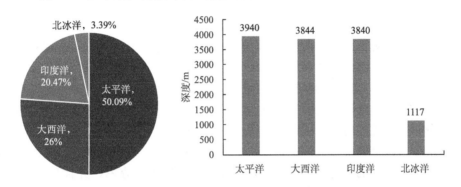

图 1.2.2 四大洋相对面积对比图(左)及平均深度对比图(右)

北冰洋 位于北极圈附近的北冰洋,是四大洋中面积最小的,其面积仅为太平洋的 7%,深度仅为其他大洋的 1/4,其表面常年覆盖永久性海冰,由于分布在北极地区,因此被命名为"北冰洋"。

南大洋 位于南极洲附近的南大洋,由太平洋、大西洋和印度洋在 50°S 附近的海域组成。南大洋是根据其位于南半球的地理位置而得名的。

边缘海 四大洋周围分布着许多边缘海,比如渤海、黄海、东海、南海、墨西哥湾、地中海、阿拉伯海和红海等。

1.2.2 海洋的尺度

海洋的尺度变化范围很大,例如大西洋的最小宽度仅约 1500 km,而南北方向的长度超过 13000 km。一般海洋深度只有 3～4 km,因此海洋盆地的水平尺度是垂直尺度的 1000 倍。太平洋的尺度模型与纸张的尺寸相似:当宽度 1000 km 缩小至 25 cm 时,深度 3 km 将缩小至 0.08 mm,仅为一张纸的厚度。

海盆的深度与宽度比值小,这对我们了解海流是非常重要的。其垂向速度肯定比水平速度小很多,即使是讨论水平尺度为几百千米的问题,垂直速度也小于水平速度的1%。这些信息稍后可用来简化方程。

1.2.3 海底特征

地球岩石表层分为两类:海洋岩石层,即很薄的一层密度较大的地壳,厚度约为 10 km;大陆岩石层,即较厚的一层密度较小的地壳,厚度约为 40 km。密度较小的大陆地壳在密度较大的地幔上比海洋地壳漂浮得更高,而地壳平均高度相对于海平面是不同的:大陆平均海拔为 1100 m,海洋平均深度为 3400 m(冯士筰等,1999)。

由于海洋中海水的体积超过了海盆的体积,所以一些海水会溢出到大陆的低洼地区。这些浅海即为大陆架。一些浅海较为宽广,如南海,宽度超过 1100 km;大多数浅海是比较浅的,一般深度为 50~100 m。世界上有几个比较重要的大陆架:中国东海、白令海、北海、纽芬兰大沙洲和西伯利亚大陆架等。浅滩有助于散潮,通常是生物生产力很高的地区,因此一般被作为其所邻国家的专属经济区,即指从海岸线向外海延伸 200 海里的区域。

地壳会逐渐被分解成彼此相对运动的大板块。新的地壳板块在大洋中脊形成,同时之前的板块在海沟处沉入地球内部。板块的构造和地壳的相对运动,产生了图 1.2.3 所描述的海底显著特征,包括海盆、大洋中脊、海山和海沟等。大陆架是靠近大陆(或环绕岛屿)从低水位线向深处延伸的区域,深度通常为 120 m,而该处存在明显向更深处下降的趋势。大陆坡是从陆架边缘向海一侧倾斜下降到深海底的斜坡。大陆隆连接大陆坡和深海平原,靠近大陆坡的地方较陡,靠近深海平原的地方较平缓。海盆是海底的深凹陷,或多或少呈圆形或椭圆形。大洋中脊是长而窄的海底高地,边缘陡峭,地形粗糙。海山是孤立的或相对孤立的高地,由海底上升至海面以下 1000 m 左右,并且有小高峰区域。海沟是海底狭长而深的凹陷,有相对陡峭的边缘。

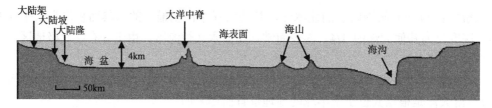

图 1.2.3 海洋剖面示意图,显示了海底的主要特征。需要注意的是图中海底的坡度被极度放大

海底特征对海洋环流有非常强的影响。大洋中脊将海洋深层水隔离到不同的海盆。两海盆中间的深度极深,以至于不能相互移动。整个海洋盆地中分散着成千上万的海山,海山会中断洋流,并产生导致海洋垂直混合的湍流。

1.2.4 海洋深度的测量

通常有两种方式测量海洋的深度:①船载声学回声测深仪;②卫星高度计。

回声测深仪 大多数的海洋地图都是基于回声测深仪的测量数据来进行绘制的。仪器向海洋发射 10～30 kHz 的声波并接收海底反射的回声。脉冲发射和回声接收之间间隔时间的一半乘以声音的速度，即可得到海洋的深度。回声测深仪对海洋深度的测量是最为精确的，准确度为 ±1%（侍茂崇等，2000）。

卫星高度计 海洋的深度也可使用卫星高度计系统测量，该系统描绘了海平面的形状。重力会影响海平面，海底地形异常(比如海山)会增加局地重力，因为往往岩石的密度是海水的三倍，所以海山的质量大于它所置换的海水的质量，这将会增加局地引力，吸引海水流向海山。这些海底特征引起的重力异常将会影响海表面的局部形状。

为了避免此种误差，引入一个特殊表面：大地水准面。它是一个与海表相对静止的水平面。首先假设大地水准面是一个椭球面，流体没有内部流动，可以完全当作一个参考椭球面。当存在重力的局部变化时，大地水准面不同于椭球面。参考椭球面与大地水准面之间的偏差称为大地水准面起伏，也叫大地水准面变化，起伏的最大幅度为 ±60 m。又由于海洋不是静止的，海表面会偏离大地水准面。海表面与大地水准面之间的偏差，称为动力地形(图 1.2.4)。

卫星高度计可以足够精确地观测海底特征对大地水准面的影响。测量的海表面形状结合了船舶航行观测数据，深度精度为 ±100 m，水平精度为 ±3 km。

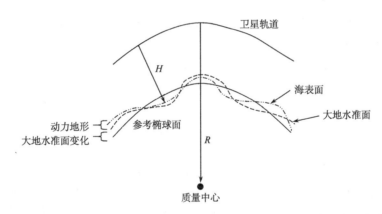

图 1.2.4 卫星高度计测高原理示意图。卫星轨道高度 R 减去 H 为相对地心的海表面高度。海表面形状为海表面偏离大地水准面的偏差，是由产生大地水准面起伏的重力异常和产生海洋地形的洋流造成的。参考椭球面是对大地水准面的最佳平滑近似。图中大地水准面、大地水准面变化和动力地形的变化被放大(Stewart，1985)

1.2.5 海洋中的声音

声音是海洋中远距离传递信息的唯一便利手段，由于海洋卫星遥感只能测量海表信息，因此海洋声学信号是几十米深度以下用于海洋遥感的唯一信号。声音可用于测量海底特征、海洋深度、温度和海流。鲸鱼和其他一些海洋动物也会利用声音进行导航、远距离联系和寻找食物。

在海洋中，声速随温度、盐度和压力而变化(MacKenzie，1981；Munk, et al.，1995)：

$$C = 1448.96 + 4.591t - 0.05304t^2 + 0.0002374t^3 + 0.0160Z$$
$$+ (1.340 - 0.01025t)(s - 35) + 1.675 \times 10^{-7}Z^2 - 7.139 \times 10^{-13}tZ^3 \quad (1.2.1)$$

其中，C 是声速（m/s）；t 为温度（℃）；s 为盐度（psu）；Z 为深度（m）。方程精度约为 ± 0.1 m/s（Dushaw，et al.，1993）。

在一般海洋状况中，C 通常为 $1450 \sim 1550$ m/s（Stewart，2008）。使用式（1.2.1）可以计算得到 C 对温度、深度和盐度变化的敏感性。近似得到，温度每升高 10℃ 速度增加 40 m/s，深度每增加 1000 m 速度增加 16 m/s，盐度每增加 1 psu 速度增加 1.5 m/s。可以看出，引起声速变化的主要因素为温度和深度（压力）。实际海洋中，盐度变化较小，因此盐度对声速的影响不大。

声速是深度的函数，1000 m 深度处通常会存在一个速度最小值（Munk，et al.，1995）。由于折射效应，声线总是向着声速小的方向弯曲，使声线保持在相邻 2 个声速相等的层内传播。由于此折射原理，最小速度所在的深度适合声线的传播，称为声道（sound channel），它存在于海洋各处，并且在较高纬度处一般可达表层。声道是非常重要的，因为声道中的声音可以传播很远，有时甚至可以环绕地球半周。一般情况下，声道深度为 $10 \sim 120$ m，这取决于其所在的地理区域。

除了测量海洋深度，海洋声学还有其他广泛的应用。比如在 20 世纪 50 年代，美国海军在不同深度的海底布置了数组扩音器，并将其连接到海岸上的站台。虽然声音监控系统的设计目的是为了追踪潜艇，但该系统还有很多其他的用途，如可以用来监听和追踪迁徙距离达 1700 km 的鲸鱼，或用来定位海底喷发的火山。

1.3　大气动力作用

海洋和大气是地球上两种密度不同的流体，两者之间具有广阔的交界面，因此海气之间总会存在着热量、动量等物理量的交换，两者组成了一个复杂的耦合系统。海洋和大气之间的相互作用既包括各种时间尺度也包含各种空间尺度，通常我们把空间范围达数千米以上、时间长达几周以上的海气相互作用称为大尺度海气相互作用，其对天气和气候的影响十分重要，也与人类的活动有着密切的关系。

由于大气和海洋所具有的物理特性（比热容等）不同，因此它们在通量的交换以及全球能量的收支中也起到不同的作用。在大尺度的海气相互作用中，海洋对大气的作用主要是热力作用，海洋大约吸收了 70% 的太阳辐射，这些能量以感热、潜热以及长波辐射的形式输送给大气。又由于海洋热量收支分布不均匀，从而形成了温度梯度以及气压梯度，使得大气中产生了风。热带海洋接收到的太阳辐射较大，蒸发量也大，而极地地区的海洋由于接收到的太阳辐射较少，因此蒸发量也极少，在这一过程中，热量以水汽为载体传递到大气中，在空间尺度上，热量通过风和洋流传向地球两极。

大气对海洋的作用主要是动力作用，海洋中几乎所有的动力学过程都是由于太阳以及大气的直接或者间接的影响来驱动的。海洋主要的能量收支是太阳辐射、蒸发、海面的红外辐射以及温暖或寒冷的风对海洋的作用。风力驱动的表层环流能够影响大约

1000 m 深的海洋,风与潮汐的共同作用可以影响更深层的海洋。因此,由于太阳辐射随纬度分布的不均匀、地球自转、地形分布不均匀和地面摩擦等因子造成的气压梯度分布不均匀而产生的风是研究大气对海洋影响的重要物理量。

1.3.1　大气风生系统

地球绕太阳的轨道是一个半径约为 1.5×10^8 km 的近似圆,其偏心率很小,约为 0.0168。因此,地球与太阳的距离在远日点时比近日点远 3.4%。近日的时间在每年 1 月初,黄赤交角大约为 23.43°。这样的倾斜导致了太阳直射点在南北回归线(23°26′ S ~ 23°26′N)之间移动。黄赤交角的存在导致了太阳辐射随纬度分布的不均性,从而产生了季节的变化。在近日点,地球最接近太阳,又由于偏心的地球轨道,地球表面平均最强太阳辐射大约发生在每年 1 月初。由于地轴倾斜,北半球日照时间最长发生在 6 月 21 日左右,而南半球约在 12 月 22 日左右。

如果太阳辐射能够迅速在地球上平均并再分配,地表最高温度将发生在 1 月。相反地,如果热量不能充分地平均分配,北半球的最高温度将在夏季发生。因此,对于实际情况,我们能够明显看出,通过风和海流的作用,热量并没有迅速地重新分配。图 1.3.1 展现了 1989 年的海表平均风速和海平面平均气压场的分布情况。我们能从图中看出,在 40°N ~ 60°N 附近,一股强劲的风自西向东吹,我们称之为西风带。另外在 30°N 以南的地区存在着一股强度较弱的风,我们称之为热带地区的东南信风。同时还有一股更为弱势的风沿赤道向西行进。大气中风带的产生是由太阳辐射分布不均、地球自转、地形分布不均匀以及垂直径向环流造成的。

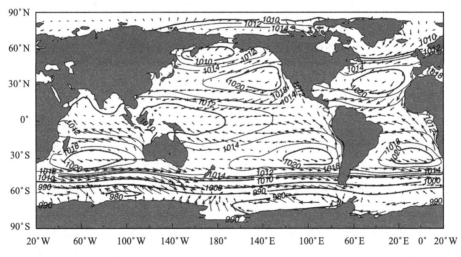

图 1.3.1　1989 年的全球海表面平均风速以及海平面气压场(Stewart,2008,单位:hPa)

地球风带及大气环流分布(图 1.3.2)表明,地表风受赤道对流和大气中其他过程的影响。海洋上空 10 m 平均风速为 7.4 m/s(Wentz, et al., 1984)。地表风带会有季节性的变化,其中变化最大的是印度洋和西太平洋区域(图 1.3.3),这两个地区都受亚洲季风的强烈影响,其中季风是指风向随季节规律性变化的风。

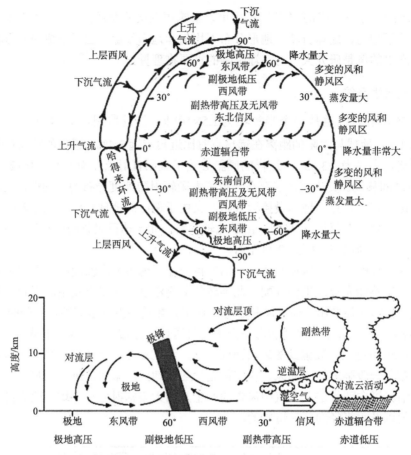

图 1.3.2　地球的大气环流示意图，上图为全球大气的风带分布，
下图为赤道−极地剖面下的经圈环流分布

1.3.2　大气对海洋的影响

　　大气对海洋的影响主要体现在海洋的流场、温度场以及盐度场，它们均会受低层大气的风以及暖湿层结的影响。大气通过风应力将动能和动量输送给海洋，从而直接产生漂流、倾斜流、海浪和增水减水等现象。配合地形与海岸效应形成的上升流、沿岸流和风暴潮等，在西风带作用下产生的西风漂流，信风带作用下产生的信风漂流和季风的影响下产生的季风漂流等，都是与大气环流相对应的海洋环流。大气的影响不仅作用于海洋表层，还可以影响到海洋中较深的水层，海洋上层温盐场对大气强迫的响应是海气相互作用过程的直接表现。海温的高低、海面蒸发的强弱以及海冰的生成和移动等，无不和大气过程有着密切的关系。此外，大气的热力层结和云量分布，也会影响海面对太阳辐射的吸收以及海气之间热量交换与输运，从而影响海洋的热力状况和温度分布。在大洋上，影响盐度的因素主要是降水和蒸发等，其中降水对上层海洋温盐具有非常明显且快速的影响。

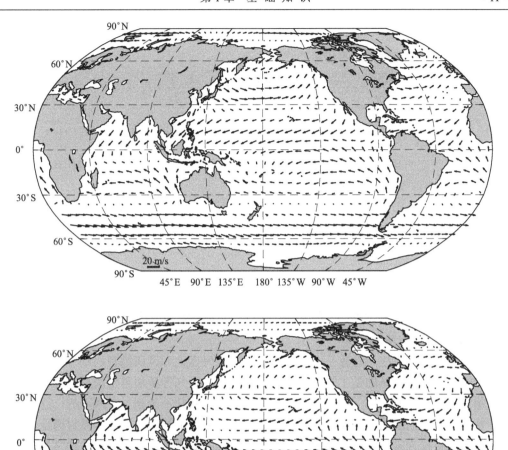

图 1.3.3　1979~2017 年全球海表平均风场(上图：1 月，下图：7 月)资料来源于 NCEP 气候预报系统
再分析资料，网格分辨率 0.5°×0.5°

1. 风对海洋的影响

风通过向海洋表层释放动量驱动海流,这个过程中最为重要的大气参量就是风应力,
我们将海面上风的水平力称为风应力。

以纬向风的大气动量方程为例：

$$\frac{\partial u}{\partial t} = -u\frac{\partial u}{\partial x} - v\frac{\partial u}{\partial y} - w\frac{\partial u}{\partial z} + fv - \frac{1}{\rho_a}\frac{\partial P}{\partial x} \tag{1.3.1}$$

将其中的变量分解为平均部分和湍流部分：

$$u = \overline{u} + u', w = \overline{w} + w' \tag{1.3.2}$$

就可以得到包括湍流过程的平均运动纬向方程：

$$\frac{\partial \overline{u}}{\partial t} = -\frac{\partial \overline{uu}}{\partial x} - \frac{\partial \overline{vu}}{\partial x} - \frac{\partial \overline{wu}}{\partial x} + f\,\overline{v} - \frac{1}{\rho_a}\frac{\partial \overline{p}}{\partial x} + F_u \tag{1.3.3}$$

其中，$F_u = -\dfrac{\partial \overline{u'u'}}{\partial x} - \dfrac{\partial \overline{v'u'}}{\partial y} - \dfrac{\partial \overline{w'u'}}{\partial z}$ 为 3 个方向上的辐合通量即湍流黏性，其中 $\overline{u'u'}$、$\overline{v'u'}$、$\overline{w'u'}$ 与空气密度的乘积为纬向湍动量在 x、y、z 3 个方向上的通量，它们具有与压力相同的量纲，我们称之为雷诺应力。

于大气而言，雷诺应力就是摩擦力，而它的反作用力（即大气对海洋的作用力）就是风应力，那么大气由于海表摩擦力失去的动量会被用来驱动海流。雷诺应力与速度平方的量纲相同，通常用表面平均风速的平方的参数化形式来表示，可得风应力的参数化表达式为

$$\tau = \rho_a C_D U_{10}^2 \tag{1.3.4}$$

其中，ρ_a 为空气的密度（通常取值 1.3 kg/m³），U_{10} 是海表面风速矢量，一般用海面 10 m 风速来表示，C_D 为拖曳系数。

这个参数化的风应力计算公式，导出了涉及大气近地面风所携带的动量在垂直方向传递的过程，其理论基础是"常值通量层"的存在：大气行星边界层的底部存在着一个受下垫面影响强烈的薄层，称为近地面层，它的厚度从几十米到一千米不等，这主要取决于作用于海表的风的强度和海水的温度。在近地面层中热量和动量的垂直通量几乎是恒定的，也被称为常值通量层。因此，测量风速时的高度是十分重要的，通常来说，一般测量距离海表面约为 10 m 的风速 U_{10}。

一般拖曳系数 C_D 依赖于风速、粗糙度和稳定度，稳定度通常用常值通量层气温和海面温度之差来表示。拖曳系数 C_D 的变化范围是 $1 \times 10^{-3} \sim 2.5 \times 10^{-3}$，中间数值是 1.3×10^{-3}。Trenberth 等（1989）和 Harrison（1989）讨论了全球范围内风应力与风速之间的有效拖曳系数的准确性。目前，被较为广泛认同的由 Yelland 等（1998）给出：

$$C_D = \begin{cases} \dfrac{1}{1000}\left(0.20 + \dfrac{3.1}{U_{10}} + \dfrac{7.7}{U_{10}^2}\right) & (3 \leqslant U_{10} \leqslant 6 \text{ m/s}) \\[2mm] \dfrac{1}{1000}(0.50 + 0.071U_{10}) & (6 \leqslant U_{10} \leqslant 26 \text{ m/s}) \end{cases} \tag{1.3.5}$$

2. 云量对海洋的影响

对于地球气候系统来说其能量来源是太阳的短波辐射。地球的温度取决于入射的太阳短波辐射和地球大气反射出的长波辐射之间的净值。云反射太阳短波辐射起到冷却地球的作用，同时云吸收地球表面向上的长波辐射并向地球表面发射向下的长波辐射，又可以起到加热地球的作用。因此，云辐射效应对海洋以及气候系统能量变化有着不可或缺的调节作用。

云能够通过各种物理过程影响海面的净辐射通量，从而影响海表温度，进而影响海

洋的各种动力和热力过程。海气界面上的水汽通量和热量通量的交换很大程度上取决于海温,从而影响边界层的大气稳定度以及水汽分布,进而影响云的产生、发展和消亡,以及云的种类变化,这也是地球系统的水循环和能量再分配过程。所以,云和海气作用的复杂性主要取决于云和海温之间复杂的反馈过程。

1.4 海洋热量收支

地球表面的热量主要来源于接收到的太阳辐射,这些热量约一半被海洋和陆地吸收,临时存放在表面,只有约 20%的热量被大气吸收。海洋储存的热量主要通过蒸发和辐射等方式与局地大气进行交换,剩余的热量随着海水的流动被输入至其他地区。因此了解海洋热量收支和输运有助于了解地球气候的变化。

1.4.1 海洋热收支

海洋中的热量变化是由海面热量的输入和输出之间的不平衡导致的,我们称这种穿过表面传递的热量为热通量。热通量是浮力通量的一部分,它会改变海表层水的密度。热量流入或流出水体的总和称为热收支。我们计算热收支一般使用

$$Q = Q_{SW} + Q_{LW} + Q_S + Q_L + Q_V + Q_I + Q_D \tag{1.4.1}$$

其中,Q_{SW} 为短波辐射项,指太阳进入海洋的热量;Q_{LW} 为长波辐射项,指海洋向外辐射的热量;Q_S 为感热项,指热传递导致的海洋热量损失;Q_L 为潜热项,指海水的相位变化带来的热量损失;Q_V 为平流项,指海水流动导致的热量变化;Q_I 为间歇性的外部热源,如海底热液喷发、火山爆发;Q_D 为混合导致的热量耗散。

就平均而言,总体上海洋热量是平衡的,即热收支为 0,但对于特定海区、特定时间而言,上述 7 项可能并不能达到平衡。一般来说,对于同一地点,夏季海洋通常吸收热量使海水升温,冬季则损失热量而降温。

1.4.2 影响热收支各项的因素

日照 日照短波辐射 Q_{SW} 的年平均值一般为 30~260 W/m²。影响太阳辐射的主要因素有纬度、季节、时间和云量等。极地地区比热带地区接收热量少,同一地区的冬季接收的热量少于夏季,一天中清晨接收的热量少于正午,此外,阴天接收的热量少于晴天。具体表现为以下 5 个因素。

(1)太阳高度,即太阳光线和地平面之间的夹角,主要取决于纬度、季节和时间的变化。

(2)白昼时间,取决于纬度和季节的变化。

(3)吸收太阳光的表面横截面积,取决于太阳高度的变化。

(4)太阳光线的衰减,取决于云层的吸收、散射和辐射。大气中的一些气体分子如水汽、O_3 和 CO_2 等会吸收一些波段辐射(图 1.4.1),同时,气溶胶和灰尘也会影响大气的散射和辐射。

(5)表面反射率，这取决于太阳仰角和海面介质的性质与粗糙度。

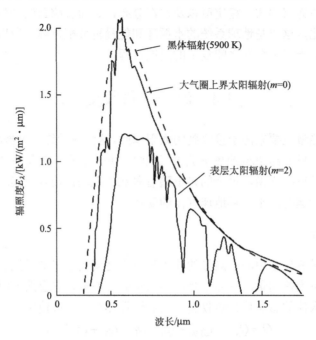

图 1.4.1   天气晴朗时在大气顶部和海面上的日照(短波辐射 Q_{SW})。虚线是黑体辐射最适合的太阳大小和距离的曲线。指定标准大气质量的数量由 m 代替(Stewart，1985)

红外通量   净红外线通量即长波辐射项 Q_{LW} 的年平均值，一般在很窄的范围，约为 –60～–30 W/m^2(负号表示海洋失去热量)，海面以黑体辐射的形式进行，其温度与水的温度相同，约为 290 K。由普朗克方程计算辐射的函数，290 K 的海水在波长接近 10 μm 时接收的辐射最强。太阳辐射在经过大气时，有些波长会被云吸收，有些被水蒸气吸收。如图 1.4.2 所示，大气在一些称为窗口的波段中几乎是透明的。

在晴朗的天气下，8～13 μm 波段的透过率主要由水蒸气决定。其他波段中，如 3.5～4.0 μm 波段的吸收取决于大气中 CO_2 浓度。随着 CO_2 浓度的增加，这些窗口的关闭会导致更多的辐射限制在大气中。

由于大气对入射太阳光几乎透明，对于出射的红外辐射则有些不透明，因此大气在某种程度上可以吸收长波辐射，保持地球表面平均温度约为 33℃。大气层的作用像温室中的玻璃一样，因此其效果被称为温室效应。CO_2、水蒸气、CH_4 和 O_3 都是十分重要的温室气体。

影响净红外通量的主要因素有以下 5 点。

(1)云层厚度。云层越厚，散发的辐射通量越少。

(2)云层高度。其决定了云辐射传入海洋的温度，其辐射率与 t^4 成比例，其中 t 是辐射体的开氏温度，高层云的温度冷于低层云。

(3)大气中的水汽含量。大气越潮湿，散发的热量就越少。

(4)水温。水温越高，热辐射越大，同样，辐射取决于 t^4。

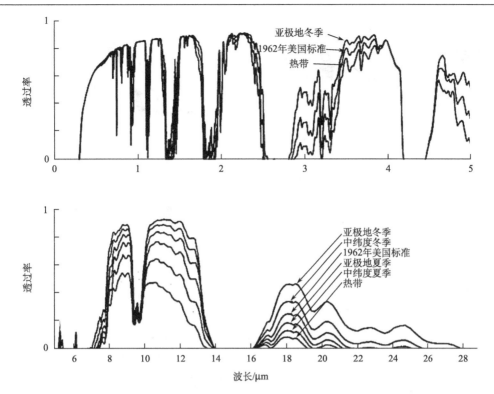

图 1.4.2　用 6 个具有非常明显的 23 km 可见性并且包括分子和气溶胶散射的大气模式,模拟海面以上垂直的大气透过率。其中水蒸气在 10～14 μm 大气窗口调节透明度,从而调节 Q_{LW},而这在这些波中波长最大(Selby and McClatchey,1975)

(5)冰雪覆盖。冰的覆盖使海洋与大气隔绝,比开放水域的制冷效果更强。

水蒸气和云对红外辐射净损失的影响超过表面温度的影响,炎热的热带比寒冷的极地损失的热量更少。从极地中心到赤道的温度范围约为 0～25℃或 273～298 K,最高与最低开尔文温度的比值为 298/273 = 1.092。根据黑体辐射原理,转换成 t^4,该比值为 1.42,即从极地到赤道辐射增加了 42%。在相同的距离上,水蒸气可以将净辐射改变 200%。

感热通量　感热通量 Q_S 的年平均值约为-42～-2 W/m^2。感热通量受风速和温差的影响,大风和较大的温度差都会导致较高的感热通量。

潜热通量　潜热通量 Q_L 的年平均值约为-130～-10 W/m^2。潜热通量主要受风速和相对湿度的影响。在风速较高和空气较为干燥的情况下,会蒸发更多的水。在极地地区,被冰覆盖的海洋的蒸发量远远低于开放水域。在极地地区,大部分海上的热量都是通过无冰区流失的。因此,开放水量所占比例对极地地区热量收支非常重要。

1.4.3　热收支的空间分布

图 1.4.3 揭示了地球表面热收支各项的分配,这些数据来自于卫星遥感实测资料和数值模式再分析产品。从图中我们可以看到,在大气层顶部,太阳短波辐射与红外长波辐射处于平衡状态;在地球表面,潜热与红外辐射和太阳短波入射平衡,感热通量较小。

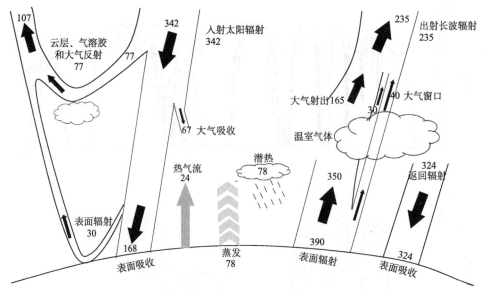

图 1.4.3　地球年平均辐射和热平衡，数据摘自 Kiehl 和 Trenberth (1997)，单位：W/m²

从图中可以发现，到达地球的太阳辐射只有约 20% 直接被大气吸收，而 49% 被海洋和陆地吸收。是什么加热了大气以及驱动大气环流呢？答案是降水和热带大气吸收的来自海洋的红外辐射。太阳辐射到达地球加热热带海洋，同时海水蒸发以防止不断升温。海洋也向大气辐射热量，但净辐射项比蒸发项小。信风将热量以水汽的形式带到热带辐合带，在那里，水汽凝结成雨，释放潜热，并使大气加热，年平均值可达到 125 W/m²。夏季的暴风雨是典型的潜热释放过程，降水释放的热量使中层空气变暖，从而导致空气迅速上升，因此风暴是大型的自然热机，能将巨大的潜热转换成风的动能。

我们进一步看一下海洋热收支各项的纬向分布，如图 1.4.4 所示，热带地区太阳短波辐射 (Q_{SW}) 最强，蒸发 (Q_L) 和长波辐射 (Q_{LW}) 与太阳短波辐射 (Q_{SW}) 能量平衡，感热通量 (Q_S) 小。

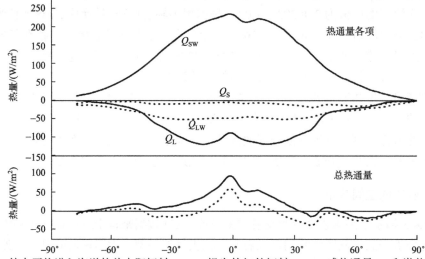

图 1.4.4　纬向平均进入海洋的总太阳辐射 Q_{SW}、损失的红外辐射 Q_{LW}、感热通量 Q_S 和潜热通量 Q_L，这是由 da Silva 等 (1995) 利用模式再分析产品计算得到

1.5 海洋物理参数

一般而言，热通量、蒸发量、雨量、河流径流量以及海冰融化均会对海洋表面温度和盐度的分布产生影响。温度和盐度引起的表层海水密度的增加或减少，可能会导致对流的产生。如果表层海水下沉时保留了温度和盐度之间的独特关系，这将有助于海洋学家追踪深层水的运动。此外，密度的计算通常用到的 3 个参数分别为温度、盐度和压强。水平压力梯度和海流的分布直接影响着全球海洋的密度分布。总而言之，温度、盐度和密度在海洋中的分布是研究物理海洋的基础。

1.5.1 温度

许多物理过程均依赖温度 T 的变化。由于海温随处可测，因此通常使用内插式装置——铂电阻式温度计测量，其电阻为温度的函数。它在 13.8033 K 的平衡氢三相点和 961.78K 的 Ag 冰点之间的固定点进行校准，包括 0.060℃的 H_2O 的三相点，29.7646℃的 Ga 熔点以及 156.5985℃的 In 凝固点（Preston-Thomas，1990）。

水的三相点指冰、水和水蒸气处于平衡状态的温度。开尔文温度（T）与摄氏温度（t）的转换关系式如下所示：

$$t[℃] = T[K] - 273.15 \tag{1.5.1}$$

需注意，虽然海洋学家使用的是校准精度为 0.1℃的温度计，但温度计本身具有几毫度的误差。

1.5.2 盐度

世界上液态的纯水量不多，自然界存在的淡水也并不纯净，其中往往溶有其他物质。海水则更甚，它溶解了多种无机盐、有机物质和气体，而且含有悬浮物质。溶解物质中，尤以 NaCl 含量最高，因此海水带有苦咸味。为了描述海水含盐的浓度，1865 年福希哈默尔（Forchhammer）引入"盐度（salinity）"一词。随着对海洋研究的逐步深入，海洋学家们发现海洋中的许多现象和过程都与盐度的分布和变化息息相关，从而对盐度的确切定义和精确测定提出了更高的要求。

盐度是指海水中全部溶解固体物质质量与海水质量之比，通常用每千克海水中所含的固体物质克数表示。所以盐度是一个量纲为 1 的量。由于溶解盐的变化非常小，大部分的海水盐度范围在 34.60～34.80 psu，因此盐度的测定需要极其精细与准确。通过海水干燥并称重来测定盐度的方法会产生很大偏差，这是因为蒸发水分所需的温度会使某些无机盐发生反应，含量产生变化。因此要通过化学分析法对海水的实际含盐量进行测定。

1. 克努森盐度

1902 年，丹麦海洋学家克努森依据采自北海、波罗的海、红海等 9 个海域的表层水样进行处理分析, 首次将盐度定义为每 1 kg 海水中的碳酸盐转换成氧化物, 用 Cl 当量置换出 Br 与 I, 当有机物氧化后的剩余固体物质的总克数。单位为 g/kg, 以符号 $S‰$ 表示。

最初的操作方法是将 1 kg 的海水样品用 HCl 进行酸化, 加氯水后蒸干, 在 480℃下干燥 48 h, 所剩固体物质的质量为海水盐度。但由于此过程太过复杂, 因此实际操作中一般利用海水主要成分的恒定性(通过观测结果得, 无论海水有多少盐分, 变换的组分有一个固定比率), 通过氯度间接计算盐度。

首先定义氯度为每 1 kg 海水中用 Cl 当量置换出 Br 与 I, 有机物氧化后 Cl 的总克数。单位为 g/kg, 以符号 $Cl‰$ 表示。

在上述盐度和氯度的定义基础上, 可通过 $AgNO_3$ 滴定测氯度的方法来计算盐度, 其中我们需要氯度与盐度的关系式(即克努森盐度公式):

$$S‰ = 0.030 + 1.8050 Cl‰ \tag{1.5.2}$$

事实上, 克努森盐度并不完全等于实际海水所含固体物质的总量, 对于 1 kg 盐度为 35‰的海水, 计算值比实际值低约 150~200 mg。

这是科学家第一次给出盐度的准确定义, 当然不可避免存在的问题还有操作复杂、时间长、不适合于海上调查工作, 对于式(1.5.2), 当 Cl‰=0 时, $S‰ = 0.03$, 即此式并未定义出盐度为 0 的水体; 根据北海、波罗的海、红海等海区的 9 个表层水样的测定结果, 可见水域的代表性差, 既无法准确代表所有大洋水体的盐度情况, 也不能体现表层与深层水之间的差别; 氯度的测定结果也有一定误差, 误差将进一步传递给盐度的测定结果。

2. 电导盐度

通过前人的研究可知海水电导率受控于海水的盐度、温度和压力, 即海水电导率是盐度、温度和压力的函数, 因此可以通过测定海水的电导率、温度和压力来计算海水的盐度。

于是, 1969 年英国国家海洋研究中心 Cox 等(1969)对 200 m 以浅的 135 个不同海区抽取水样, 首先利用标准海水(即 1 个标准大气压情况下环境温度为 15℃、盐度为 35‰的海水)准确测定水样的氯度, 测定并计算不同盐度的水样与标准海水的电导率, 进而得到盐度-氯度的新关系式和盐度-相对电导率关系式:

$$S‰ = 1.80655 Cl‰ \tag{1.5.3}$$

$$S‰ = -0.08996 + 28.29729 R_{15} + 12.80832 R_{15}^2 - 10.67869 R_{15}^3 + 5.98624 R_{15}^4 - 1.32311 R_{15}^5 \tag{1.5.4}$$

其中, R_{15} 为 15℃下样本海水电导率与标准海水电导率的比值, 尤为注意当温度不是 15℃时要作校正。

这种测量方式的优点是精度高, 误差在 ±0.003‰, 且测量速度快。但存在的问题是建立在海水恒定性的基础上, 通过 $S‰=1.80655 Cl‰$ 式进行计算, 仍存在误差; 氯度的测量仍依赖于滴定法, 误差较大; 氯度仅与溶液中的特定离子有关, 而电导率与溶液中所有离子都有关, 两者的区别会造成误差; 水样代表性差, 水样均采自 200 m 以浅, 无法反映深海成分变化。

3. 实用盐度

由于海水的绝对电导率很难测定，因此 Lewis 和 Perkin（1978）提出 1 个标准大气压、环境温度为 15 ℃的情况下，选定 KCl 标准溶液（即 1 个标准大气压、环境温度为 15 ℃的情况下，质量比为 32.4356×10^{-3} 的 KCl 溶液为标准电导溶液），定义与此 KCl 标准溶液的电导比为 1 的海水样品的实用盐度值精确为 35 psu，则任意海水样品的盐度可通过样品与 KCl 标准溶液的电导比来确定，由此形成了此后广泛采用的实用盐度（psu，practical salinity units）。实用盐度为量纲为 1 的量，公式为

$$s = a_0 + a_1 R_{15}^{1/2} + a_2 R_{15} + a_3 R_{15}^{3/2} + a_4 R_{15}^2 + a_5 R_{15}^{5/2} \tag{1.5.5}$$

其中，a_0=0.0080，a_1= −0.1692，a_2=25.3851，a_3=14.0941，a_4= −7.0261，a_5=2.7081；$\sum a_i$=35.0000（i=0，1，2，3，4，5；2≤s≤42）。

在任意环境温度时，则需进行校正：

$$s = s_{未} + \Delta s = \sum_{i=0}^{5} a_i R_t^{i/2} + \Delta s = \sum_{i=0}^{5} a_i R_t^{i/2} + \frac{(t-15)}{1+A(t-15)} \sum_{i=0}^{5} b_i R_t^{i/2} \tag{1.5.6}$$

其中，$s_{未}$是未校正量，A=0.0162（−2 ℃≤t≤35 ℃）；b_0=0.0005，b_1= −0.0056，b_2= −0.0066，b_3= −0.0375，b_4=0.0636，b_5= −0.014。

由此可见，实用盐度彻底摆脱了对氯度的依赖，只依靠电导法进行测定，同时也克服了海水盐度标准受海水成分变化的影响（即排除了海水组分恒定性的理想假设），使盐度测定的准确性有了大幅提高。

1.5.3　海表温度和盐度的空间分布

海表温度分布趋于带状，即与经度无关（图 1.5.1）。最暖的水分布在赤道附近，最冷的水在两极附近，纬向的偏差很小。在南北纬 40°之间，较冷的水域往往分布在海盆东侧。在南北纬 40°以外区域较冷的海域往往分布于海盆西侧。

除了赤道太平洋外，其他地区海面温度异常与长期平均值的偏差都很小，并且都小于 1.5 ℃（Harrison and Larkin，1998），赤道太平洋偏差约为 3 ℃（图 1.5.2 上图）。海温年平均最大变化值出现在中纬度地区，特别是大洋西侧（图 1.5.2 下图）。冬季冷空气从欧洲大陆吹向海洋，进而冷却海洋。但在热带地区，温度变化范围大多低于 2 ℃。

海表盐度的分布也趋向于带状。盐度最高的海水位于蒸发最大的中纬度地区。盐度较低的海水分布在赤道附近，该区域降水较多，增加了该区域的淡水输入。此外，高纬度地区融化的海冰，也使高纬度海区的盐度降低（图 1.5.3）。盐度的纬向平均值（东西向）显示，盐度与蒸发量、降水量以及河流径流量存在密切的关系（图 1.5.4）。

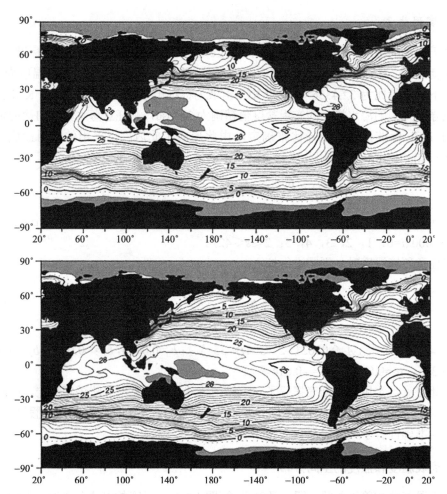

图 1.5.1　采用船舶报告和 AVHRR（advanced very-high resolution radiometer）测量的温度数据，基于最优内插法计算的平均海面温度（上图：1 月，下图：7 月）（Reynolds and Smith, 1995），等值线间隔为 1℃，粗线间隔为 5℃；阴影区域温度大于 29℃

1.5.4　密度、位温和中性密度

　　在冬季，冷水在表层形成后向下沉，其下沉深度是由相对较深水的密度决定的。然后通过海流把水带到海洋的其他区域。海洋中洋流的分布取决于压力的分布，而压力的分布取决于海洋的密度变化。所以，如果想研究海洋水团的运动，首先需要知道海洋的密度分布。

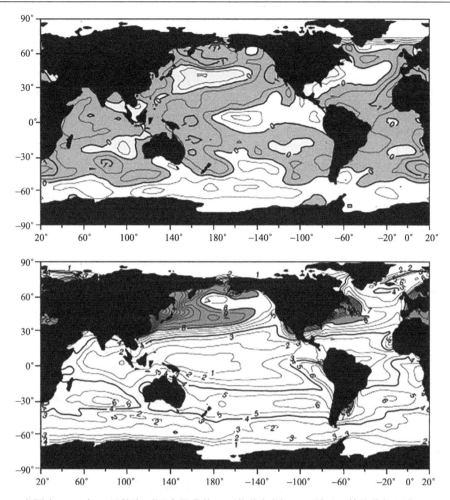

图 1.5.2 上图为 1996 年 1 月的海面温度异常值，平均值如图 1.5.1 所示。等值线间隔为 1℃；阴影区域为正。下图为海表面温度年变化范围。等值线间隔为 1℃，粗等值线间隔为 4℃和 8℃；阴影区域不超过 8℃(Stewart, 2008)

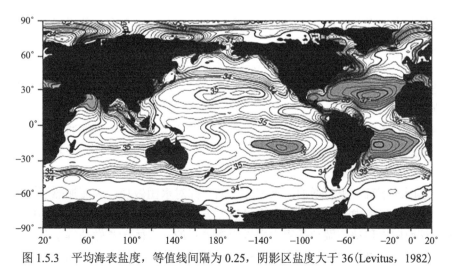

图 1.5.3 平均海表盐度，等值线间隔为 0.25，阴影区盐度大于 36(Levitus, 1982)

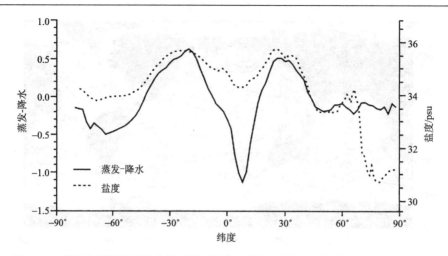

图 1.5.4　所有海洋的海面盐度的区域平均值和蒸发-降水之间的差异(Levitus，1982)

密度　单位体积海水的质量定义为海水的密度，用符号 ρ 表示，其单位是"千克每立方米"，即 kg/m³。在物理海洋学中还常用"比容"，它指的是体积除以相应的质量，符号为 α 或 v，即 $\alpha = 1/\rho$，单位是"立方米每千克(m^3/kg)"。

因为海水的密度是其盐度、温度和压力的函数，所以通常使用 $\rho(s,t,p)$ 表示盐度为 s、水温为 t、海压为 p 条件下的海水密度。

在实践中，密度不是测量值，它是利用海水状态方程通过压力、温度和电导率计算所得。精度为百万分之二。

海水密度通常为 1027 kg/m³。为简化起见，物理海洋学家通常仅使用密度的最后 2 位，称为密度异常或 $\sigma(s,t,p)$：

$$\sigma(s,t,p) = \rho(s,t,p) - 1000\text{kg/m}^3 \tag{1.5.7}$$

物理海洋学中的符号、单位和命名法工作组(SUN，1985)建议将 σ 替换为 γ，因为 σ 最初是相对于纯水定义的，它是量纲为 1 的量。然而，本书将遵循常规做法，依然使用 σ。

如果只研究海洋的表层，则可以忽略压缩性。因此，本书在此使用了一个新的数称为(海水的)条件密度(记为 σ_t)：

$$\sigma_t = \sigma(s,t,0) \tag{1.5.8}$$

这是当其总压力降低到大气压力(即零水压)时，水样品的密度异常，但是温度和盐度是原位值。

位温　随着水团在混合层之下的海洋中移动，其盐和热含量只能通过与其他水混合而改变。因此，我们可以通过测量温度和盐度来跟踪水团的路径。这是我们消除压缩性最好的办法。

随着水团的下沉，压力增加，水团被压缩，并对水团做功，因而加热了水团。为了解水团变暖，我们考虑一个含有固定水量的立方体。当立方体下沉时，它的侧面随着立方体被压缩而向内移动。做功是用力乘以距离表示的，水团一侧做功等于侧面移动的距离乘以压力在该侧的力。与相邻水温的小变化相比，加热虽小却显著(图 1.5.5)。在 8000 m

深处，温度升高约 0.9℃。

为了消除压缩性对温度测量的影响,海洋学家(以及在大气科学中具有相同问题的气象学家)引入位温的概念。位温的定义为海洋中某一等压面(深度)处的海水微团绝热上升到海面时所具有的温度。绝热上升运动是指在隔热容器不存在与周围环境发生热交换。当然，水团实际上并没有到表面。位温是由处于一定深度的水的温度计算所得。

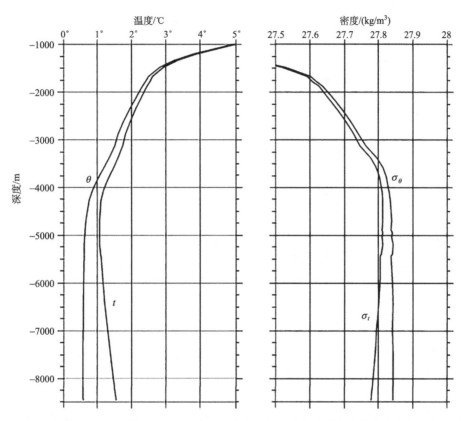

图 1.5.5　1967 年 7 月 13 日，在（175.825°E、28.258°S）测量的太平洋克马德克海沟中温度 t 和位温 θ
　　　　　剖面图(左图)，以及 σ_t 和 σ_θ 剖面(右图)，数据来自 Warren（1973）

位势密度　当我们研究海洋中层时，其深度约为 1 km，此时压缩性则不能忽视。由于压力的变化主要影响水的温度，所以可以通过位势密度去除压力的影响。

位势密度 σ_θ 是把某压力下的流体质点绝热移动到标准大气压下面时，其对应的密度值。盐度不发生变化，记为 σ：

$$\sigma_\theta = \sigma(s, \theta, 0) \tag{1.5.9}$$

其中，σ_θ 用处很多，因为它满足热力学守恒的性质。

位势密度对于比较深的水是不适用的。如果我们把水团带到海表并比较它们的密度，位势密度的计算则忽略了压力对热和盐膨胀系数的影响。例如，均位于 4 km 深度具有相同密度但不同温度和盐度的两个水团样本，可能具有明显不同的位势密度。在某些地区，使用 σ_θ 可以导致密度随深度明显降低(图 1.5.6)，尽管我们知道这是不可能的，因为这样水柱是不稳定的。

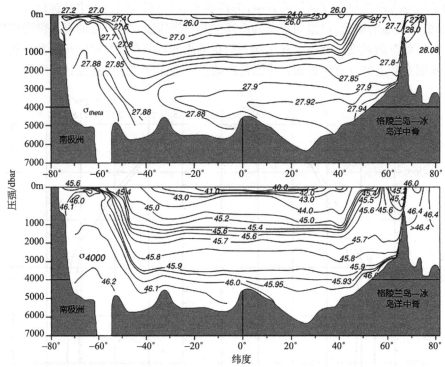

图 1.5.6　大西洋西部密度的垂直界面图，上图 σ_θ，在 3000m 以下的深度处，密度出现明显的反转；
下图 σ_4，密度随着深度的增加而增加，单位：kg/m³ (Lynn and Reid，1968)

　　为了比较更深位置的样本，最好将两个样本都带到海洋中层而不是表面。例如，我们可以将两个水团带到深度为 4 km 左右的深度，此时压强提高到 4000 dbar[①]。

$$\sigma_4 = \sigma(s,\theta,4000) \qquad (1.5.10)$$

其中，σ_4 是绝热压力达到 4000 dbar 时水团的密度。一般地说，海洋学家通常使用 σ_τ 表示

$$\sigma_\tau = \sigma(s,\theta,p,p_\tau) \qquad (1.5.11)$$

其中，p 表示压强；p_τ 表示某一参考层的压强。在式 (1.5.9) 中 $p_\tau =0$ dbar，式 (1.5.10) 中 $p_\tau =4000$ dbar。

　　使用 σ_τ 会导致一些问题。如果我们想在海洋深层中追踪一个水团，我们可能在某些地区选择 σ_3，在其他地方可能选择 σ_4。但是，当一个水团从一个 3 km 深度的地区移动到一个 4 km 深处的地区时会发生什么呢？比较 σ_3 和 σ_4 会发现密度之间存在小的不连续。为了避免这种不连续，Jackett 和 McDougall (1997) 提出了一个称为中性密度的新变量。

　　中性表面与中性密度　　一个水团沿着一个恒定密度的路径局部移动，那么它总是位于较稀疏密集的水和较密集的水之间。更精确地讲，它是沿着局地深度为 τ，参考位势密度为 σ_τ 的路径移动。这样的道路被称为中性路径 (Eden and Willebrand，1999)。中性

———————————
[①] 1 bar=10⁵Pa。

表面元通过水中的点与中性路径成切线。任意水团在这个表面上移动都不做功,因为它移动时没有作用在该水团上的浮力(忽略摩擦)。

Jackett 和 McDougall(1997)发现了一种实用的中性密度变量 γ^n 和中性表面,该表面保持在世界上任何地方的理想表面的几十米内。他们使用 Levitus(1982)地图集中的数据构建了他们的变量,然后将中性密度值用于标记地图集中的数据。这个预标记数据集用于计算新位置的 γ^n,其中 t 和 s 通过内插测量所得,作为深度的函数,与 Levitus 地图集中最靠近的 4 个点进行插值。通过这种做法,中性密度 γ^n 变成盐度 s、温度 t、压力 p、经度和纬度的函数。

上面定义的中性表面与理想的中性表面略有不同。如果一个水团在中性表面上的环形轨道上移动并返回到其起始位置,则其末端的深度将与开始时的深度相差大约 10 m。如果使用位势密度表面,差异可能是数百米,存在较大误差。

1.5.5 温度的测量

目前有多种海洋温度的测量方法。其中,热敏电阻和水银温度计常用于船舶和浮标。但在使用前,需要先经过实验室校准,而且使用后,需要追溯水银温度计或铂电阻式温度计的精度,要求达到国家标准。此外卫星红外辐射计可用于测量海表温度。

水银温度计 它是使用最广泛的非电子温度计。水银温度计通常被放置在瓶子内,用于测量船侧表层海水的温度,同时也可放在南森瓶内测量海底温度或在实验室内校准其他温度计。在经过非常小心的校准之后,最好的水银温度计的精度约为±0.001℃。

铂电阻式温度计 铂电阻温式度计测量的温度往往可作为其他温度计测量的标准,用于校准其他的温度传感器。

热敏电阻温度计 热敏电阻是一种半导体,电阻对温度变化特别敏感,可随着温度的变化发生迅速的变化。1970 年起广泛用于锚系仪器和船载仪器的测温。它有较高的分辨率和±0.001℃的精度。

水桶测温度 通常用于测量表层海水温度。将水银温度计放入水桶内,再将水桶抛入海中,在 1 m 左右的水深处保持几分钟,等到温度计的数值稳定之后,马上将水桶拎回甲板上,在水桶内海水还未影响温度计的数值前读取数值。该方法测得的海表温度精度大约是 0.1℃。这是一个常用的直接测量海表温度的方法。

船舶进水口温度 船上通常会有海水入水口,用于冷却船舶引擎,并长期一直定期记录入水口海水的温度。进水口水温的误差主要来源于船舶引擎导致的海水变暖,当温度计没有精确放置在船体进水口时,误差则会更大。精度为 0.5~1℃。

先进的高分辨率辐射计(AVHRR) 在空间上常用的大范围测量海表温度的仪器是先进的高分辨率辐射计(AVHRR)。仪器搭载在 NOAA 发射的 TIROS-N 极轨气象卫星上,该卫星从 1978 年开始投入使用。AVHRR 最初的设计目的是测量云的温度和高度。由于仪器有足够的准确度和精密度,因此很快就被用于测量区域和全球海表温度。

1.5.6 电导率或盐度的测量

电导率的测量过程是将铂电极放入海水中,测量已知电压的两电极间的电流大小。

电流的大小取决于电导率、电压和电极之间海水的体积。如果电极放在不导电的玻璃管内，水的体积为已知，电流和传导单元附近的其他变量不相关(图 1.5.7)。用电导率来测量盐度的最好精度为±0.005。

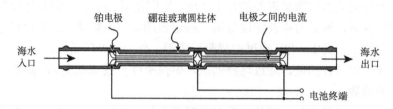

图 1.5.7　海鸟公司设计的一个测电导率的传导单元。当海水中的电流流经两个铂电极之间的长 191 mm、内径 4 mm 的硼硅玻璃圆柱体时，电场线(实线)在传导单元的内部对电导率进行测量(已经经过仪器校准)

在利用电导率方法测量盐度被广泛使用之前，盐度是利用 AgNO₃ 滴定海水样品测得的。用化学滴定法测量盐度的最高精度约为±0.02。

海水盐度的测量通常需要用标准海水盐度进行校准。长期研究表明深海水团具有已知稳定的盐度。Saunders(1986)指出，大西洋西北的地中海净流出区域的深海海盆与盐度相关的温度测量非常精准。他利用一致的测量方法测量区域内各个水文站点的温度、盐度和含氧量，从而计算测量的精确度，得到结论，自 1970 年以来盐度的精度为±0.005，温度的精度为±0.005℃。盐度误差的最大来源为选取的用于校准的标准海水。

1.5.7　测量不同深度的温度和盐度

温度、盐度和压力作为深度的函数，可以使用各种工具和技术进行测量，并由此计算海水的密度。

深度温度计(BT)　它是一个记录温度随深度变化的玻璃机械装置。在 20 世纪 70 年代以前，深度温度计被广泛用于上层海洋的温跃层结构和混合层深度的测量等，后来逐渐被 XBT 取代。

常用投弃式深温仪(XBT)　它是使用热敏电阻测量温度与深度的电子产品。在测量时投放入水中自由落下，热敏电阻用一根细铜线连接到船上的电阻表上。XBT 是目前最广泛使用的用于测量上层海洋温度和深度的测量仪器，每年大约有 65000 台投入使用。

XBT 以恒定速度落入水中，深度可通过下降时间计算，精度约为±2%；温度的精度是±0.1℃；垂向分辨率是 65 cm。根据需要，可以测量 200～1830 m 深的温度。

南森采水瓶(图 1.5.8)　通常在船停靠在水文站点时使用。水文站点是海洋学家利用船上的仪器设计测量海水性质的地方，往往会测量从表层到一定深度，甚至到海底的一些海洋特性。通常将一条线上间隔几十到数百米的 20 个瓶子投在船侧水中。由于瓶子深度的选择是经过考虑和设计的，大多数瓶子内的海水温度随深度的变化很大。南森采水瓶内通常会有两支颠倒温度计，一支防压，一支受压，用于测量温度和水深。瓶子两端带阀门的管可用于收集相应深度的海水。在实验室内对采集的海水进行分析，可以得到盐度。

所有的南森采水瓶被连接到线上并投入到相应的深度,铅条绑在瓶子上,它的重量使得瓶子翻转,里面的颠倒温度计也颠倒并测温,同时关闭阀门,相应深度的海水被储存在瓶子内。当所有瓶子内的水样采集完毕,整个绳索被拉上岸,设计并回收采水瓶通常需要几个小时。

CTD(conductivity-temperature-depth) 南森采水瓶在 20 世纪 60 年代以后逐渐被 CTD 取代,CTD 是可以测量电导率、温度和深度的电子仪器(图 1.5.8)。无论在水下还是在甲板上,测量的结果均被存成数字格式。CTD 上的热敏电阻温度计测量海水温度,电磁感应器测量电导率,石英晶体测量压力。每种仪器的精度参见表 1.5.1。

图 1.5.8 左图为即将在船侧完成投掷的 CTD,右图为南森采水器

表 1.5.1 精度参数表

变量	阈值	最高精度
温度	42℃	±0.001℃
盐度	1	±0.02(滴定)
		±0.005(电导率)
气压	1000 dbar	±0.65 dbar
密度	2 kg/m³	±0.005 kg/m³
状态方程		±0.005 kg/m³

第 2 章　物理海洋方程组

物理海洋学是一门研究海洋中的物理过程，特别是海水的运动及物理特性的学科。物理海洋学中介绍的运动力学是流体力学的延伸，也是对纳维-斯托克斯方程的延伸。而流体力学则是根据人们对湍流的深入理解所改进的牛顿力学（叶安乐和李凤岐，1992；吕华庆，2012）。

2.1　纳维-斯托克斯方程的建立

2.1.1　连续介质假设

我们知道，实际流体由大量流体分子组成，分子之间存在着比自身尺度大得多的间隙，并且流体分子不停地做无规则运动，因此流体的微观结构和运动无论在时间上还是空间上都充满着随机性。在物理海洋学中，通常我们研究的海水运动是指海水的宏观运动，这并不需要涉及海水分子的运动及分子的微观结构。也就是说，研究海水的运动时，可以不考虑海水离散分子的结构状态，而是把海水当作连续介质来处理。连续介质假设是把由离散分子构成的实际流体看成是由连续且没有间隙的无数流体质点组成的。所谓流体质点指的是微观上足够大，宏观上足够小的流体分子团，其统计平均可以反映稳定的宏观数值。微观上足够大的意思是流体质点的尺度大于分子运动的尺度，宏观上足够小的意思是流体质点的尺度小于流体运动的尺度。

有了连续介质假设，在研究海水运动时，就可以把离散分子的运动问题近似转化为连续充满整个空间的流体质点的运动问题。在此基础上我们可以把描述流体物理性质的各种物理量视为随空间和时间变化的连续函数，从而可以采用牛顿力学的基本规律和数学微积分等工具来解决问题。正是因为这样，连续介质假设是流体力学和物理海洋学里的一个基本假设。

引进连续介质假设后，需要注意：①海水是宏观的连续体而不是微观上包含大量分子的离散体；②在物理海洋学中谈到海水质点的位移，不是指个别海水分子的位移，而是指包含大量分子、在流体力学中看成是几何点的分子团的位移，特别当我们说海水质点处于静止状态时，那就是说它将留在原地不动，即使从微观角度来看那里的分子仍在做热运动。

2.1.2　基本守恒定律

"守恒"是深深烙印在物理学家脑中的核心思想之一。物理学家常常利用守恒定律来分析解决物理问题，它的主要思路是正确选择守恒的变量、列出守恒方程以及最后化简求解的过程。物理海洋学的整个学习过程也是沿着这个思路展开的。

物理海洋学主要是在动量守恒、质量守恒、盐度守恒、能量守恒以及角动量守恒这几个守恒定律基础之上建立起来的，其中能量守恒又包括热量守恒和机械能守恒。不同的守恒可以导出各自的方程(表 2.1.1)，这些方程的名字也隐含着它们的来源。本章所讲的物理海洋学基本方程组主要包括动量守恒、质量守恒、盐度守恒和热量守恒这 4 个守恒定律。而机械能守恒导出的波动方程和角动量守恒导出的涡度守恒方程则是通过另外的视角来更加生动地刻画一些特定的海水运动，它们更有利于我们了解海洋中的波动现象和水体的旋转运动过程。

表 2.1.1　流体运动基本方程的守恒定律

守恒定律	基本方程
动量守恒	导出运动方程(纳维-斯托克斯方程)
质量守恒	导出连续性方程
盐度守恒	导出盐度扩散方程
能量守恒	热量守恒导出热传导方程
	机械能守恒导出波动方程
角动量守恒	导出涡度守恒方程

在这里我们举一个利用质量守恒定律解决实际问题的简单例子。例如，我们讨论中国东部 200 m 等深线以浅的陆架海区水量收支问题，该区域包括渤海、黄海和东中国海广阔的陆架区域，由南侧的台湾海峡、东侧的对马海峡和 200 m 等深线以及陆地围绕而成(图 2.1.1)。在这里，200 m 等深线跨度很长，较难获得详尽的观测资料来计算穿过这条等深线的净流量，但了解这个流量对于研究黑潮水入侵东海陆架以及中国东部沿海海

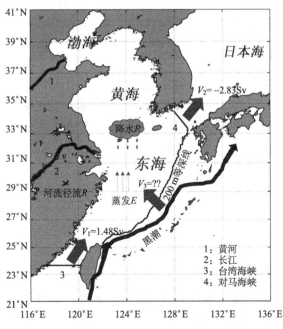

图 2.1.1　中国东部沿海陆架区水量收支示意图，台湾海峡与对马海峡流量由日本海洋科学与技术中心 (JAMSTEC)提供的第二代日本近海预报实验(JCOPE2)再分析资料计算得到

平面变化等问题十分重要。如果我们已知通过台湾海峡的平均流量 V_1 为净流入 1.48 Sv（这里体积通量的单位是 Sverdrup，简写为 Sv，$1\,\mathrm{Sv}=10^6\ \mathrm{m^3/s}$），而通过对马海峡的平均流量 V_2 为净流出–2.83 Sv（负号表示流出），那么单位时间通过这两个海峡的海水质量则为 $\rho_1 V_1$ 和 $\rho_2 V_2$，ρ_1 和 ρ_2 为通过两个海峡的海水密度。由于整个研究海区的海水质量是基本恒定不变的，根据质量守恒定律可得到

$$\rho_1 V_1 + \rho_2 V_2 + \rho_3 V_3 = 0 \tag{2.1.1}$$

其中，$\rho_3 V_3$ 为单位时间穿过 200 m 等深线净流入研究区域的海水质量。在物理海洋的研究中，由于海水的可压缩性小，常认为海水是不可压的，海水中的密度变化非常小，我们通常可以假设 $\rho_1 = \rho_2 = \rho_3 =$ 常数，这样假设带来的误差也非常小。于是，我们得到了

$$V_1 + V_2 + V_3 = 0 \tag{2.1.2}$$

由此我们可以大致推测出通过整个 200 m 等深线的平均输运量 V_3 为净流入 1.35 Sv。如果我们考虑得更加全面一些，还需要考虑研究区域海面的蒸发量 E 与降水量 P，以及主要河流的径流量 R：

$$V_1 + V_2 + V_3 - E + P + R = 0 \tag{2.1.3}$$

但这些量相对于几个海峡的流量来说是小量，对于最后的结果影响不大。

在这个例子中，整个中国东部沿海陆架区可以看作是一个封闭的箱子，根据海水质量守恒定律，箱子内海水的总量是收支平衡的。而在实际的海洋学研究中，我们通常将大型的系统分成有限个封闭箱子，流体、化学物质或生物体可以在箱子之间移动，并且使用不同的守恒方程来限制系统内的相互作用。这便是所谓的箱式模型。如果一个系统中的箱子数量随着每一个箱子的缩小而增加到一个非常大的量值，那么我们最终就接近了微分学中的限制，这实际上是采用欧拉(Euler)观点来获得微分方程的过程。

2.1.3 欧拉的理想流体

海水的运动是物理海洋学最为关注的问题。在高中我们学习过很多的运动学问题，比如滑块问题、弹簧问题、滑轮问题和单摆问题等。掌握了物体的初始状态，通过受力分析就可以非常准确地预测其后来的运动状态。这要感谢牛顿(Newton)第二运动定律：

$$\frac{\mathrm{d}(mv)}{\mathrm{d}t} = \boldsymbol{F} \tag{2.1.4}$$

对于单位质量海水微团，公式(2.1.4)还可以写成

$$\frac{\mathrm{d}\boldsymbol{v}}{\mathrm{d}t} = \frac{\boldsymbol{F}}{m} = \boldsymbol{f}_m = \sum_i \boldsymbol{f}_i \tag{2.1.5}$$

其中，$\displaystyle\sum_i \boldsymbol{f}_i$ 为作用于单位质量海水微团上的合力。牛顿第二运动定律本质上就是动量守恒：如果一个系统不受外力或所受外力的矢量和为 0，那么这个系统的总动量保持不变。动量守恒是人类最早发现的一条守恒定律之一，它使我们掌握了宏观物体的基本运动规律。

我们高中所学的运动学问题基本都是刚体的运动，但是海水是流体。在研究刚体运动时，刚体内部密度保持不变，也就是刚体内部没有质点的迁移，因此刚体可以看作一个完整的系统来进行受力分析。我们可以一直跟踪刚体的运动，记录刚体的位置、速度、加速度及其他物理参数的变化，这种方法被称为拉格朗日（Lagrange）法；而研究流体运动时，由于受流动空间变化(或压强变化)的影响，其内部流体质点往往会相互迁移，很难将一团流体看作一个整体来进行跟踪研究，因此我们常常采用欧拉（Euler）法。欧拉法不再跟踪运动的物体，而是将视角固定，采用前面提到的箱式模型，将一个区域分解成大量固定的封闭空间，分别研究每个封闭空间内的流体运动，进而得到整个流场的运动情况。拉格朗日观点与欧拉观点的不同就像是篮球比赛中的盯人战术与联防战术一样，盯人战术是每人盯住一个对手，而联防战术是每人负责防守一个区域。

1. 全导数

在进行运动学求导时，流体力学里的导数与刚体力学里的不一样。在拉格朗日观点下的刚体力学里，由于只有一个时间自变量，就叫导数；而在欧拉观点下的流体力学里，流体微团的运动改变受到某个位置的流场时间变化率(局地变化)和不同位置之间流场的空间变化率(平流变化)两个方面的影响。其实不仅是速度变化率受这两方面的影响，任意变量随时间的变化率都是这样，我们假设有一个变量q，它的变化率在欧拉观点下的微分过程可以写为

$$\frac{\mathrm{d}q}{\mathrm{d}t} = \lim_{\Delta t \to 0} \frac{q(x+\Delta x, t+\Delta t) - q(x,t)}{\Delta t} \tag{2.1.6}$$

$$= \lim_{\Delta t \to 0} \frac{q(x+\Delta x, t+\Delta t) - q(x+\Delta x, t)}{\Delta t} + \lim_{\Delta t \to 0} \frac{q(x+\Delta x, t) - q(x,t)}{\Delta t}$$

$$= \frac{\partial q}{\partial t} + \lim_{\Delta t \to 0} \frac{\Delta x}{\Delta t} \cdot \lim_{\Delta x \to 0} \frac{q(x+\Delta x, t) - q(x,t)}{\Delta x}$$

$$= \frac{\partial q}{\partial t} + u \frac{\partial q}{\partial x}$$

其中，$\frac{\mathrm{d}}{\mathrm{d}t}$ 被称为全导数；$\frac{\partial}{\partial t}$ 为局地变化项；u 为沿 x 方向的速度；$u\frac{\partial}{\partial x}$ 为平流项。在三维情况下全导数可写为

$$\frac{\mathrm{d}}{\mathrm{d}t} = \frac{\partial}{\partial t} + u\frac{\partial}{\partial x} + v\frac{\partial}{\partial y} + w\frac{\partial}{\partial z} = \frac{\partial}{\partial t} + \boldsymbol{v} \cdot \nabla(\ ) \tag{2.1.7}$$

其中，$\boldsymbol{v}$ 是三维矢量速度，$\boldsymbol{v} = u\boldsymbol{i} + v\boldsymbol{j} + w\boldsymbol{k}$；$\nabla$ 是矢量场理论的运算符，$\nabla = \frac{\partial}{\partial x}\boldsymbol{i} + \frac{\partial}{\partial y}\boldsymbol{j} + \frac{\partial}{\partial z}\boldsymbol{k}$。式(2.1.7)中将一个跟随粒子的坐标转换为一个在空间中固定的坐标，并将简单的线性导数转换为非线性偏导数。据此，式(2.1.5)可写为

$$\frac{\partial \boldsymbol{v}}{\partial t} + \boldsymbol{v} \cdot \nabla(\boldsymbol{v}) = \sum_i \boldsymbol{f}_i \tag{2.1.8}$$

2. 压强梯度力

在此基础之上，数学家欧拉在 1755 年提出了描述理想流体运动的基本方程。这里的理想流体为不可压缩、不计黏性(黏度为 0)的流体。其具体表达式为

$$\frac{\partial \boldsymbol{v}}{\partial t} + \boldsymbol{v} \cdot \nabla(\boldsymbol{v}) = -\frac{1}{\rho} \nabla p + \boldsymbol{F}_{外} \tag{2.1.9}$$

其中，$-\dfrac{1}{\rho}\nabla p$ 为压强梯度力，它是由流体内部不同位置水体微团间的压强分布不均匀引起的；$\boldsymbol{F}_{外}$ 为水体微团受到的其他外力作用。压强梯度力表达式的推导过程如下。

考虑有一个小立方体海水微团(图 2.1.2)。海水微团体积为 $\delta_x \delta_y \delta_z$，各个面都受到海水压力，假设 B 面上受到的压强为 p。那么 A 面上受到的压强为

$$p + \frac{\partial p}{\partial x} \delta_x \tag{2.1.10}$$

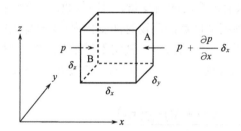

图 2.1.2　压强梯度力项推导示意图

作用在 A 面上的压力为压强乘以截面积：

$$-\left(p + \frac{\partial p}{\partial x} \delta_x\right) \delta_y \delta_z \tag{2.1.11}$$

这里的负号表示压力方向指向 x 轴的负方向。同理，B 面上受到的压力为

$$p \delta_y \delta_z \tag{2.1.12}$$

因此，x 方向上作用于海水微团的压力的合力为式(2.1.11)与式(2.1.12)的和：

$$-\frac{\partial p}{\partial x} \delta_x \delta_y \delta_z \tag{2.1.13}$$

若海水微团的密度为 ρ，则其质量为 $m = \rho \delta_x \delta_y \delta_z$。因此，作用在单位质量海水微团 x 方向上的合压力为

$$-\frac{1}{\rho} \frac{\partial p}{\partial x} \tag{2.1.14}$$

以此类推，y 和 z 方向的合压力为

$$-\frac{1}{\rho} \frac{\partial p}{\partial y} \text{ 和 } -\frac{1}{\rho} \frac{\partial p}{\partial z} \tag{2.1.15}$$

于是，周围海水对单位质量海水微团的压力矢量形式为

$$-\frac{1}{\rho}\frac{\partial p}{\partial x}\boldsymbol{i}-\frac{1}{\rho}\frac{\partial p}{\partial y}\boldsymbol{j}-\frac{1}{\rho}\frac{\partial p}{\partial z}\boldsymbol{k}=-\frac{1}{\rho}\nabla p \qquad (2.1.16)$$

其中，$-\nabla p$ 表示压强梯度。压强梯度力的特征为：

(1) 压强梯度力与等压线垂直，由高压指向低压。

(2) 压强梯度力大小和压强梯度成正比，与流体密度成反比。

理想流体并没有考虑流体中的黏性，实际上理想流体在自然界中是不存在的，它只是真实流体的一种近似模型。但是，在分析和研究许多流体流动问题时，采用理想流体模型能使流动问题简化，又不会失去流动的主要特性并能相当准确地反映客观实际流动，所以这种模型具有非常重要的应用价值。

2.1.4 纳维-斯托克斯方程表达式

试想一下，如果我们有一瓶密度均匀的水体，这些水是不可压、没有黏性的理想流体。我们对其施加外力之后，此时水面是高低不平的，水面高的位置聚集的水就多，其内部就比水面低的位置压强大，由于受到压强梯度力的作用，水会从水面高的位置流向水面低的位置，这正是"水往低处流"的道理。此时的水体会在压强梯度力的作用下一直运动下去，因为系统中没有将机械能耗散掉的机制。要想让水体重新静止下来，就需要分子黏性力。

1. 分子黏性力

在理想流体运动方程式(2.1.9)的基础之上，法国工程师纳维(Navier)加入了黏性作用，在 1827 年提出了黏性不可压缩流体动量守恒的运动方程。经过斯托克斯(Stokes)等一系列科学家的完善，形成了构成流体力学以及物理海洋学核心的纳维-斯托克斯方程，简称 N-S 方程：

$$\frac{\partial \boldsymbol{v}}{\partial t}+\boldsymbol{v}\cdot\nabla(\boldsymbol{v})=-\frac{1}{\rho}\nabla p+\frac{\mu}{\rho}\Delta\boldsymbol{v}+\boldsymbol{F}_{\text{外}} \qquad (2.1.17)$$

其中，Δ 为拉普拉斯算子，$\Delta=\dfrac{\partial^2}{\partial x^2}+\dfrac{\partial^2}{\partial y^2}+\dfrac{\partial^2}{\partial z^2}$；系数 μ 为动力学黏性系数(单位：Pa·s 或 N·s/m²)，与温度有关；$\dfrac{\mu}{\rho}\Delta\boldsymbol{v}$ 是分子黏性力，它实际上是一种摩擦力。

分子黏性力对固体边界附近的流体运动产生重要作用，流体中靠近固体边界的分子会击中边界并把动量转移给边界，固体边界附近流体流速固定为 0 或者非常缓慢，这样它们与内部流体之间就会产生流速差，由于分子的不规则运动，不同流速的流体之间会产生分子的碰撞并交换动量，这会进一步降低内部流体的速度，形成一个速度逐渐变化的剖面(图 2.1.3)。该过程仅在几毫米的"边界层"中起作用，这个作用范围就是"边界层厚度"。图 2.1.3 中的边界层厚度明显大于这个量级，这是因为在流体运动过程中，分子黏性力的摩擦作用是非常小的，真正起到摩擦作用的是后面会讲到的"湍流摩擦力"。

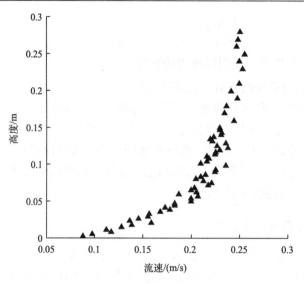

图 2.1.3　平板湍流边界层速度剖面观测结果，由南京信息工程大学海洋物理模型实验室提供，分子黏性引起的边界层具有类似的速度剖面

分子黏性力的形式是如何得到的呢？首先要了解分子黏性应力的概念，黏性应力的本质是物体为抵抗自身形变在单位面积上产生的内力。牛顿给出了分子黏性应力与速度梯度之间的关系。牛顿黏性定律指出，分子黏性应力 τ 与速度梯度成正比，那么速度 u 分量在 z 方向上的速度梯度 $\dfrac{\partial u}{\partial z}$ 引起的分子黏性应力 τ_{xz} 可表示为

$$\tau_{xz} = \rho \nu \frac{\partial u}{\partial z} = \mu \frac{\partial u}{\partial z} \tag{2.1.18}$$

其中，ρ 为流体的密度；系数 ν 为流体运动学黏性系数（单位：m^2/s），$\nu = \mu / \rho$。式（2.1.18）可以简单地理解为由于不同流体层之间的速度差，通过黏性产生一个水平拖曳力，该拖曳力与速度差和黏性大小是正比关系。

与压强梯度力的推导过程相似，假设有一个小立方体海水微团（图 2.1.4），处于 $\dfrac{\partial u}{\partial z}$ 的速度梯度场中，B 面上的分子黏性应力为 $-\tau_{xz}$，负号表示分子黏性应力的方向指向 x 轴的负方向，这是因为 B 面受到了下方流速较慢海水的阻力作用。而 A 面上的分子黏性应力可写为 $\tau_{xz} + \dfrac{\partial \tau_{xz}}{\partial z} \delta_z$，方向指向 x 轴的正方向，A 面受到上方流速较快海水的拖曳力作用。所以速度梯度 $\dfrac{\partial u}{\partial z}$ 引起的海水微团的分子黏性力合力，即 A、B 面上的分子黏性应力的合力，乘以截面积为

$$\frac{\partial \tau_{xz}}{\partial z} \delta_x \delta_y \delta_z \tag{2.1.19}$$

单位质量海水微团所受的合力为

$$\frac{1}{\rho}\left(\frac{\partial \tau_{xz}}{\partial z}\right) = \frac{1}{\rho}\frac{\partial}{\partial z}\left(\rho \nu \frac{\partial u}{\partial z}\right) = \nu \frac{\partial}{\partial z}\left(\frac{\partial u}{\partial z}\right) \tag{2.1.20}$$

同理，速度梯度 $\frac{\partial u}{\partial x}$ 和 $\frac{\partial u}{\partial y}$ 都会带来 x 方向上的分子黏性力，分别为

$$\frac{1}{\rho}\left(\frac{\partial \tau_{xx}}{\partial x}\right) = \frac{1}{\rho}\frac{\partial}{\partial x}\left(\rho \nu \frac{\partial u}{\partial x}\right) = \nu \frac{\partial}{\partial x}\left(\frac{\partial u}{\partial x}\right) \tag{2.1.21a}$$

$$\frac{1}{\rho}\left(\frac{\partial \tau_{xy}}{\partial y}\right) = \frac{1}{\rho}\frac{\partial}{\partial y}\left(\rho \nu \frac{\partial u}{\partial y}\right) = \nu \frac{\partial}{\partial y}\left(\frac{\partial u}{\partial y}\right) \tag{2.1.21b}$$

因此对于不可压缩流体，在 x 方向上单位质量海水微团所受的分子黏性力表示为

$$F_x = \frac{1}{\rho}\left(\frac{\partial \tau_{xx}}{\partial x} + \frac{\partial \tau_{xy}}{\partial y} + \frac{\partial \tau_{xz}}{\partial z}\right) = \nu \frac{\partial}{\partial x}\left(\frac{\partial u}{\partial x}\right) + \nu \frac{\partial}{\partial y}\left(\frac{\partial u}{\partial y}\right) + \nu \frac{\partial}{\partial z}\left(\frac{\partial u}{\partial z}\right) \tag{2.1.22}$$
$$= \nu \Delta u$$

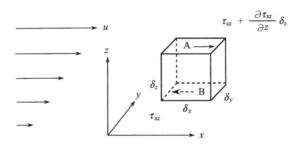

图 2.1.4　分子黏性力项推导示意图

同样的，在 y 方向和 z 方向上也分别有 3 个分子黏性应力。因此在流体的某一点上总共可以给出 9 个应力，同截面垂直的力称为正应力或法向应力，同截面相切的力称为剪应力或切向应力，统称应力张量。

在不考虑外力的情况下，根据上述介绍的各个力可以得到纳维-斯托克斯方程式 (2.1.17) 的三维表达式

$$\begin{cases} \dfrac{\partial u}{\partial t} + u\dfrac{\partial u}{\partial x} + v\dfrac{\partial u}{\partial y} + w\dfrac{\partial u}{\partial z} = -\dfrac{1}{\rho}\dfrac{\partial p}{\partial x} + \nu \Delta u \\[2mm] \dfrac{\partial v}{\partial t} + u\dfrac{\partial v}{\partial x} + v\dfrac{\partial v}{\partial y} + w\dfrac{\partial v}{\partial z} = -\dfrac{1}{\rho}\dfrac{\partial p}{\partial y} + \nu \Delta v \\[2mm] \dfrac{\partial w}{\partial t} + u\dfrac{\partial w}{\partial x} + v\dfrac{\partial w}{\partial y} + w\dfrac{\partial w}{\partial z} = -\dfrac{1}{\rho}\dfrac{\partial p}{\partial z} + \nu \Delta w \end{cases} \tag{2.1.23}$$

2.2　物理海洋方程的建立

2.2.1　连续性方程

前面我们已经使用了表 2.1.1 中的动量守恒定律导出了 N-S 方程，现在我们需要用

到第二个守恒定律——质量守恒定律导出连续性方程。质量守恒定律要求海水在运动过程中其总量既不会自动增加，也不会自动减少。

依旧是针对一个小立方体海水微团(图2.2.1)，假设B面海水流速为u，海水密度为ρ，则A面上海水流速和密度可分别写为

$$u + \frac{\partial u}{\partial x}\delta_x \text{ 和 } \rho + \frac{\partial \rho}{\partial x}\delta_x \tag{2.2.1}$$

B面流入的海水质量可写为

$$\rho u \delta_y \delta_z \tag{2.2.2}$$

A面流出的海水质量可写为

$$-\left[\rho u \delta_y \delta_z + \frac{\partial(\rho u)}{\partial x}\delta_x \delta_y \delta_z\right] \tag{2.2.3}$$

此处负号表示净流出，x方向上小立方体的海水质量收支为式(2.2.2)与式(2.2.3)的和：

$$-\frac{\partial(\rho u)}{\partial x}\delta_x \delta_y \delta_z \tag{2.2.4}$$

再考虑y和z方向可得

$$-\left[\frac{\partial(\rho u)}{\partial x} + \frac{\partial(\rho v)}{\partial y} + \frac{\partial(\rho w)}{\partial z}\right]\delta_x \delta_y \delta_z \tag{2.2.5}$$

在单位时间内，所取空间内海水质量的变化量为

$$\frac{\partial \rho}{\partial t}\delta_x \delta_y \delta_z \tag{2.2.6}$$

其中，$\frac{\partial \rho}{\partial t}$为单位体积内质量随时间的变化率。根据质量守恒定律，式(2.2.5)应与式(2.2.6)相等，所以有

$$\frac{\partial \rho}{\partial t} + \frac{\partial(\rho u)}{\partial x} + \frac{\partial(\rho v)}{\partial y} + \frac{\partial(\rho w)}{\partial z} = 0 \tag{2.2.7}$$

写成矢量形式即为

$$\frac{\partial \rho}{\partial t} + \nabla \cdot (\rho V) = \frac{\partial \rho}{\partial t} + V \cdot \nabla \rho + \rho \nabla \cdot V = 0 \tag{2.2.8}$$

根据全导数算法式(2.1.7)，质量连续方程可写成

$$\frac{\mathrm{d}\rho}{\mathrm{d}t} + \rho \nabla \cdot V = 0 \tag{2.2.9}$$

其中，$\nabla \cdot V$为速度散度，表示流体体积在运动中的相对膨胀率(详见2.3.3节)。由于海水不可压(海水微团在运动过程中，形状可变，体积、密度不变)，所以有

$$\frac{\mathrm{d}\rho}{\mathrm{d}t} = 0 \tag{2.2.10}$$

质量连续方程则写为体积连续方程：

$$\nabla \cdot \boldsymbol{V} = \frac{\partial u}{\partial x} + \frac{\partial v}{\partial y} + \frac{\partial w}{\partial z} = 0 \tag{2.2.11}$$

式 (2.2.11) 便是物理海洋学中常用的连续方程表达式。

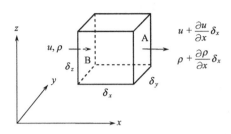

图 2.2.1　连续性方程推导示意图

结合式 (2.1.23)，我们便得到了如下偏微分方程组：

$$\begin{cases} \dfrac{\partial u}{\partial t} + u\dfrac{\partial u}{\partial x} + v\dfrac{\partial u}{\partial y} + w\dfrac{\partial u}{\partial z} = -\dfrac{1}{\rho}\dfrac{\partial p}{\partial x} + \nu\Delta u \\[2mm] \dfrac{\partial v}{\partial t} + u\dfrac{\partial v}{\partial x} + v\dfrac{\partial v}{\partial y} + w\dfrac{\partial v}{\partial z} = -\dfrac{1}{\rho}\dfrac{\partial p}{\partial y} + \nu\Delta v \\[2mm] \dfrac{\partial w}{\partial t} + u\dfrac{\partial w}{\partial x} + v\dfrac{\partial w}{\partial y} + w\dfrac{\partial w}{\partial z} = -\dfrac{1}{\rho}\dfrac{\partial p}{\partial z} + \nu\Delta w \\[2mm] \dfrac{\partial u}{\partial x} + \dfrac{\partial v}{\partial y} + \dfrac{\partial w}{\partial z} = 0 \end{cases} \tag{2.2.12}$$

如果认为流体密度 ρ 为常数，上述方程组为 4 个方程、4 个未知数 (u,v,w,p) 组成的非线性偏微分方程组，理论上该问题在数学上是可解的。遗憾的是，由于非线性平流项的存在，目前数学家还不能给出这个方程组的解析解，这也是 2000 年在法兰西学院举行的"千年数学会议"上提出的"世界七大数学难题"之一。

2.2.2　运动方程的其他外力

物理海洋学中介绍的运动力学是流体力学的延伸，它是建立在 N-S 方程基础之上的。作为一门独立的学科，物理海洋学还需要考虑一系列的外力，我们会在这一节为大家介绍。

1. 科里奥利力与惯性离心力

物理海洋学与流体力学最大的不同，也是最有趣的地方在于物理海洋学需要考虑地球自身的旋转。我们 2.1 节讲过，N-S 方程本质是动量守恒，表现为牛顿第二定律。但是牛顿第二定律只在惯性参考坐标系中成立。

在绝对空间中静止不动或匀速直线运动的参考坐标系即为惯性参考坐标系，在该类参考坐标系中牛顿运动定律都成立，力学规律的表达形式都一样。假如我们处在一个匀速下降的电梯中，我们做自由落体运动实验得到的结果与在静止的空间中得到的是完全一致的,它们都满足牛顿第二定律。而如果电梯加速下降,那么电梯可以看作是一个非惯性参考坐标系,此时物体是失重的,仿佛有一个力在托举着物体,这样我们得到的观测结果就不再满足牛顿第二定律了。但如果电梯外也有一个观察者,在以上两种情况下,他观测到的物体运动过程始终满足牛顿第二定律,因为该观察者始终处于惯性参考坐标系中。与电梯内观察者不同的是,电梯外的观察者可以观察到物体做自由落体运动实验前由于电梯加速下降所具有的初始加速度。

在惯性系中的观察者眼中,实验中物体的运动被称为"绝对运动",其对应的速度为"绝对速度V_a",绝对运动是满足牛顿第二定律的。而电梯这个坐标系的运动被称为"牵连运动",其对应的速度为"牵连速度V_e",实验物体相对于电梯这个坐标系的运动被称为"相对运动",其对应的速度为"相对速度V",这里有

$$V_a = V_e + V \tag{2.2.13}$$

对于地球上生活的人类,海水运动处于地球旋转坐标系中。旋转坐标系是非惯性参考坐标系,如果要找一个在惯性参考坐标系中的观察者,需要让他处于地球外的某一固定点。此时,地球自转带来的运动是牵连运动。而处于地球表面的我们所观察到的运动,都是相对于旋转坐标系的相对运动,是不能直接用牛顿第二定律来解释的。在现实生活中有很多这样的例子,如人们发现炮弹总是会偏离它的轨道,射向目标的右侧(在北半球);热带气旋在北半球沿着逆时针方向旋转而在南半球沿着顺时针方向旋转,仿佛有一种神秘的力在控制着这些运动。这个力实际上是不存在的,只是我们身处非惯性参考坐标系观察到的运动与我们脑中认知的运动(牛顿第二定律)不一致而产生的假象。1835年,法国气象学家科里奥利(Coriolis)在描述旋转体系的运动时,在运动方程中引入一个假想的力——科里奥利力。引入科里奥利力之后,我们在旋转坐标系中观察到的运动又可以满足牛顿第二定律了,这大大简化了旋转坐标系下对运动的处理方式,因而科里奥利力很快在地球流体运动领域取得了成功的应用。

下面我们来看一下科里奥利力的推导过程。这里要提一下的是物理海洋学研究的是地球表面上的海水运动,因此使用球坐标系更为准确,但是球坐标系中运动方程的形式复杂,而忽略球面曲率影响的局地直角坐标系带来的误差非常小,因此物理海洋学运动方程组常采用后者。但是对于科里奥利力项来说,地球曲率的影响却是不得不考虑的,因为地球的旋转效应在不同纬度上的差异是非常大的。在旋转的球坐标系中(图2.2.2),任何一点的牵连速度即切向速度,$V_e = \mathbf{\Omega} \times \mathbf{R}$,其中$\mathbf{R}$为所研究目标在球坐标系中的位置矢量;$r$为纬圈半径矢量;$\mathbf{\Omega}$为地球的旋转角速度。每个恒星日地球自转一周的弧度为2π,因此:$\mathbf{\Omega} = \dfrac{2\pi}{24 \times 3600} = 7.29 \times 10^{-5}$ rad/s。

根据公式(2.2.13)可得

$$V_a = V + \mathbf{\Omega} \times \mathbf{R} \tag{2.2.14}$$

即

$$\frac{\mathrm{d}_a \mathbf{R}}{\mathrm{d}t} = \frac{\mathrm{d}\mathbf{R}}{\mathrm{d}t} + \mathbf{\Omega} \times \mathbf{R} \tag{2.2.15}$$

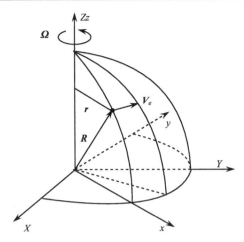

图 2.2.2　由地球自转引起的地球表面某点处的牵连速度 V_e 的示意图

可以从中提取微分算子

$$\frac{\mathrm{d}_a}{\mathrm{d}t} = \frac{\mathrm{d}}{\mathrm{d}t} + \boldsymbol{\Omega} \times \qquad\qquad (2.2.16)$$

该微分算子对于任意矢量具有普适性，我们将其套用在绝对速度 V_a 上可得

$$
\begin{aligned}
\frac{\mathrm{d}_a V_a}{\mathrm{d}t} &= \frac{\mathrm{d}V_a}{\mathrm{d}t} + \boldsymbol{\Omega} \times V_a \\
&= \frac{\mathrm{d}}{\mathrm{d}t}(V + \boldsymbol{\Omega} \times R) + \boldsymbol{\Omega} \times (V + \boldsymbol{\Omega} \times R) \\
&= \frac{\mathrm{d}V}{\mathrm{d}t} + \frac{\mathrm{d}\boldsymbol{\Omega}}{\mathrm{d}t} \times R + \boldsymbol{\Omega} \times \frac{\mathrm{d}R}{\mathrm{d}t} + \boldsymbol{\Omega} \times V + \boldsymbol{\Omega} \times (\boldsymbol{\Omega} \times R) \\
&= \frac{\mathrm{d}V}{\mathrm{d}t} + 2\boldsymbol{\Omega} \times V - \Omega^2 r
\end{aligned}
\qquad (2.2.17)
$$

在这个推导过程中，需要注意的是由于旋转角速度不变，所以 $\dfrac{\mathrm{d}\boldsymbol{\Omega}}{\mathrm{d}t} = 0$；此外 $\boldsymbol{\Omega} \times R = \boldsymbol{\Omega} \times r$。所以我们有

$$\frac{\mathrm{d}V}{\mathrm{d}t} = \frac{\mathrm{d}_a V_a}{\mathrm{d}t} - 2\boldsymbol{\Omega} \times V + \Omega^2 r \qquad\qquad (2.2.18)$$

其中，$-2\boldsymbol{\Omega} \times V$ 为科里奥利力；$\Omega^2 r$ 为惯性离心力。这两个力是由坐标系转换得到的，是为了让观察者观察到的海水运动适用于牛顿第二定律而引入的虚拟力。

科里奥利力的性质为：

(1) 在地球上，只有运动的物体才受科里奥利力的作用。

(2) 科里奥利力与速度垂直，只改变速度的方向不改变其大小，不做功。

(3) 在北半球，科里奥利力使运动向右偏转；在南半球使运动向左偏转。

在一个 x 轴指向东，y 轴指向北，z 轴指向上，原点固定在地面上的直角坐标系中（图 2.2.3），科里奥利力可以分解为

$$-2\boldsymbol{\Omega} \times V = -2 \begin{vmatrix} \boldsymbol{i} & \boldsymbol{j} & \boldsymbol{k} \\ 0 & \Omega\cos\varphi & \Omega\sin\varphi \\ u & v & w \end{vmatrix} \qquad (2.2.19)$$

$$= 2\Omega(v\sin\varphi - w\cos\varphi)\boldsymbol{i} - 2\Omega u\sin\varphi\,\boldsymbol{j} + 2\Omega u\cos\varphi\,\boldsymbol{k}$$

其中，$\boldsymbol{i}$、$\boldsymbol{j}$、$\boldsymbol{k}$ 分别是 x、y、z 方向的单位矢量；φ 为观测点所处的纬度。这里要注意，通常情况下垂向速度远小于水平速度，$w \ll v$，所以 $2\Omega w\cos\varphi$ 这一项不考虑，而 $2\Omega u\cos\varphi$ 要远小于 z 方向上的重力加速度 g，也可以忽略（但对于在行驶的船只上用重力仪进行的重力测量，它是不容忽视的）。所以科里奥利力项一般只包括 $fv\boldsymbol{i} - fu\boldsymbol{j}$ 这两项，$f = 2\Omega\sin\varphi$，被称为科里奥利参数。关于这些简化，实际上是本着尺度分析的思想，我们还会在 2.3.2 节详细介绍。

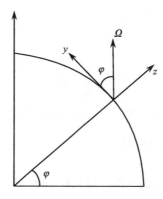

图 2.2.3　角速度分解示意图

除了科里奥利力以外，另外一个虚拟力惯性离心力则与万有引力合在一起变成重力。

2. 重力

根据万有引力定律，地球质量为 M，海水微团质量为 m，则地球表面海水微团所受到的引力可表示为

$$\boldsymbol{F}_{引} = -\frac{GMm}{R^2}\boldsymbol{k} \qquad (2.2.20)$$

其中，R 是海水微团与地心之间的距离；G 是引力常数，$G \approx 6.67 \times 10^{-11}\ \mathrm{N \cdot m^2/kg^2}$；负号表示 $\boldsymbol{F}_{引}$ 的方向指向地心。那么单位质量海水微团所受的万有引力是

$$\frac{\boldsymbol{F}_{引}}{m} = \boldsymbol{g}_{引} = -\frac{GM}{R^2}\boldsymbol{k} \qquad (2.2.21)$$

这个力仅与海水微团所处的位置有关，是一种有势力。式 (2.2.18) 中的惯性离心力也是一种有势力，因此可以将这两个力合为重力：

$$\boldsymbol{g} = \boldsymbol{g}_{引} + \Omega^2\boldsymbol{r} \qquad (2.2.22)$$

惯性离心力和重力都与海水微团所处的纬度有关。在两极点上，地球表面物体没有惯性离心力，重力等于地球引力。而在其他位置，重力是地球引力与惯性离心力的合力

（图 2.2.4）。在赤道地区惯性离心力和万有引力是反向的，部分抵消了万有引力，重力作用可以使地球呈赤道凸起的椭球形状。但是相比于地球万有引力来说，惯性离心力要小很多，在离心力最大的赤道上，也仅是地球引力的 0.35%。

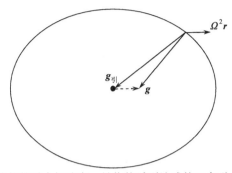

图 2.2.4　地球表面静止的物体的重力加速度 **g** 是物体受到地球的万有引力 **g**引 造成的加速度和由于地球旋转引起的离心加速度 $\Omega^2 r$ 的总和，需注意图中地球的椭圆度被夸大了

3. 天体引潮力

除了地球对海水的万有引力之外，海水还受到其他天体的万有引力作用，其中主要是太阳和月球的引力作用，除此之外的天体因其质量太小或距离地球太远，引力作用基本可以忽略。太阳和月球的引力作用引起了我们所熟知的一种地球表面海水运动现象——潮汐现象，因此这种引力也被称为"引潮力"。潮汐现象是与人类关系最密切的海水运动现象，也是人类最早研究的一类海水运动问题。牛顿首先使用引潮力解释了潮汐运动。引潮力也是一种保守力，海水微团受到的引潮力只与其在日、地、月系统中所处的位置有关。由于星体的运行十分规律，我们很早就已经非常精确地掌握了日、地、月三者的运行规律，因此人类对于潮汐现象这种周期性运动的研究也相对成熟。本书将在第 3 章为大家详细介绍潮汐理论。

4. 湍流摩擦力

在考虑了科里奥利力、重力和天体引潮力之后，前面由 N-S 方程与连续性方程组成的式 (2.2.12) 就发展为如下形式：

$$
\begin{cases}
\dfrac{\partial u}{\partial t}+u\dfrac{\partial u}{\partial x}+v\dfrac{\partial u}{\partial y}+w\dfrac{\partial u}{\partial z}=-\dfrac{1}{\rho}\dfrac{\partial p}{\partial x}+fv+\nu\Delta u+F_{Tx} \\[2mm]
\dfrac{\partial v}{\partial t}+u\dfrac{\partial v}{\partial x}+v\dfrac{\partial v}{\partial y}+w\dfrac{\partial v}{\partial z}=-\dfrac{1}{\rho}\dfrac{\partial p}{\partial y}-fu+\nu\Delta v+F_{Ty} \\[2mm]
\dfrac{\partial w}{\partial t}+u\dfrac{\partial w}{\partial x}+v\dfrac{\partial w}{\partial y}+w\dfrac{\partial w}{\partial z}=-\dfrac{1}{\rho}\dfrac{\partial p}{\partial z}-g+\nu\Delta w+F_{Tz} \\[2mm]
\dfrac{\partial u}{\partial x}+\dfrac{\partial v}{\partial y}+\dfrac{\partial w}{\partial z}=0
\end{cases}
\tag{2.2.23}
$$

其中，F_{Tx}、F_{Ty}、F_{Tz} 为天体引潮力在 x、y、z 三个方向上的分量。这个方程组中的平流项是非线性项,而这些非线性项引起了流体力学中最为复杂的现象,即湍流。湍流问题是经典物理学中一个久未解决的问题,它成为流体力学中最具有挑战性而又引人入胜的领域。

1883 年英国工程师雷诺(Reynolds)为了了解湍流而做了一次著名的实验,他把染料注入水中并以不同速度通过管道(图 2.2.5)。当速度很小时,流动就很稳定,称之为层流。流体流速增大到某个值后,流体质点除了会在原先层流流动方向上运动外,还向其他方向作随机的运动,即存在流体质点的不规则脉动,这种流体形态称为湍流。层流到湍流的转换发生在 $Re = \dfrac{\rho VD}{\mu} \approx 2000$ 时,其中,Re 是雷诺数;V、ρ、μ 分别是管道中流体的速度、密度与动力学黏性系数;D 是管道直径。

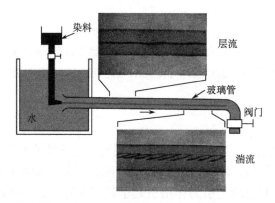

图 2.2.5　研究管道湍流的雷诺设备演示图,附带图片展示了层流流动(上)和湍流流动(下),摘自
Binder(1949)

在研究湍流运动时,雷诺尝试着对 N-S 方程中的非线性项加以处理,但在处理过程中他不但没有将此项去掉,反而让方程组又多了几项,这几项就是湍流摩擦力项。我们前面说过,分子黏性力只在距离边界数毫米的距离内需要考虑,对于大多数海水运动都可以忽略不计,那么边界的影响是如何传递到流场内部的呢?答案就是湍流摩擦力。雷诺最终在 1895 年导出湍流平均流场的基本方程——雷诺方程,奠定了湍流的理论基础。

我们使用海水运动方程组(2.2.23)来一起看一下这个经典的推导过程。根据时间平均的运算法则(雷诺条件),如果将 2 个变量分解为它们的时间平均值和脉动值之和:$a = \bar{a} + a', b = \bar{b} + b'$,那么有如下运算法则:

$$
\begin{cases}
\text{如果}m\text{为常值},\text{则}\bar{m} = m, \overline{ma} = m\bar{a} \\
\overline{a+b} = \bar{a} + \bar{b} \\
\bar{\bar{a}} = \bar{a} \\
\overline{a'} = 0, \overline{\bar{a}b'} = 0 \\
\overline{ab} = \bar{a}\,\bar{b} + \overline{a'b'} \\
\overline{\dfrac{\partial a}{\partial l}} = \dfrac{\partial \bar{a}}{\partial l}
\end{cases}
\tag{2.2.24}
$$

将式 (2.2.23) 中的连续方程分别乘以 u、v、w；然后分别与 x、y、z 三个方向上的运动方程相加可得

$$
\begin{cases}
\dfrac{\partial u}{\partial t} + \dfrac{\partial u^2}{\partial x} + \dfrac{\partial uv}{\partial y} + \dfrac{\partial uw}{\partial z} = -\dfrac{1}{\rho}\dfrac{\partial p}{\partial x} + fv + v\Delta u + F_{Tx} \\[2mm]
\dfrac{\partial v}{\partial t} + \dfrac{\partial vu}{\partial x} + \dfrac{\partial v^2}{\partial y} + \dfrac{\partial vw}{\partial z} = -\dfrac{1}{\rho}\dfrac{\partial p}{\partial y} - fu + v\Delta v + F_{Ty} \\[2mm]
\dfrac{\partial w}{\partial t} + \dfrac{\partial wu}{\partial x} + \dfrac{\partial wv}{\partial y} + \dfrac{\partial w^2}{\partial z} = -\dfrac{1}{\rho}\dfrac{\partial p}{\partial z} - g + v\Delta w + F_{Tz}
\end{cases}
\tag{2.2.25}
$$

对式 (2.2.25) 取时间平均，并近似取 $\rho' = 0$，利用式 (2.2.24) 的平均运算法则可得

$$
\begin{cases}
\dfrac{\partial \overline{u}}{\partial t} + \dfrac{\partial \overline{u}^2}{\partial x} + \dfrac{\partial \overline{u}\,\overline{v}}{\partial y} + \dfrac{\partial \overline{u}\,\overline{w}}{\partial z} = -\dfrac{1}{\rho}\dfrac{\partial \overline{p}}{\partial x} + f\overline{v} + v\Delta\overline{u} + \overline{F_{Tx}} - \dfrac{\partial \overline{u'u'}}{\partial x} - \dfrac{\partial \overline{u'v'}}{\partial y} - \dfrac{\partial \overline{u'w'}}{\partial z} \\[2mm]
\dfrac{\partial \overline{v}}{\partial t} + \dfrac{\partial \overline{v}\,\overline{u}}{\partial x} + \dfrac{\partial \overline{v}^2}{\partial y} + \dfrac{\partial \overline{v}\,\overline{w}}{\partial z} = -\dfrac{1}{\rho}\dfrac{\partial \overline{p}}{\partial y} - f\overline{u} + v\Delta\overline{v} + \overline{F_{Ty}} - \dfrac{\partial \overline{v'u'}}{\partial x} - \dfrac{\partial \overline{v'v'}}{\partial y} - \dfrac{\partial \overline{v'w'}}{\partial z} \\[2mm]
\dfrac{\partial \overline{w}}{\partial t} + \dfrac{\partial \overline{w}\,\overline{u}}{\partial x} + \dfrac{\partial \overline{w}\,\overline{v}}{\partial y} + \dfrac{\partial \overline{w}^2}{\partial z} = -\dfrac{1}{\rho}\dfrac{\partial \overline{p}}{\partial z} - g + v\Delta\overline{w} + \overline{F_{Tz}} - \dfrac{\partial \overline{w'u'}}{\partial x} - \dfrac{\partial \overline{w'v'}}{\partial y} - \dfrac{\partial \overline{w'w'}}{\partial z}
\end{cases}
\tag{2.2.26}
$$

式 (2.2.26) 中多出 9 个脉动速度乘积的时间平均值，这些项乘上 ρ 实际上提供了不同方向的动量传输。例如，$-\rho\overline{u'w'}$ 项提供了向东的动量（$\rho u'$）沿 z 方向向下的垂向输运。它们的形式与分子黏性应力项非常相似，因此也被称为雷诺应力。

通过类比分子黏性应力的式 (2.1.18)，将湍流摩擦应力也看作与时间平均速度的剪切成正比，则可以得到

$$
\begin{cases}
-\rho\overline{u'u'} = \rho A_{xx}\dfrac{\partial \overline{u}}{\partial x}, \; -\rho\overline{u'v'} = \rho A_{xy}\dfrac{\partial \overline{u}}{\partial y}, \; -\rho\overline{u'w'} = \rho A_{xz}\dfrac{\partial \overline{u}}{\partial z} \\[2mm]
-\rho\overline{v'u'} = \rho A_{yx}\dfrac{\partial \overline{v}}{\partial x}, \; -\rho\overline{v'v'} = \rho A_{yy}\dfrac{\partial \overline{v}}{\partial y}, \; -\rho\overline{v'w'} = \rho A_{yz}\dfrac{\partial \overline{v}}{\partial z} \\[2mm]
-\rho\overline{w'u'} = \rho A_{zx}\dfrac{\partial \overline{w}}{\partial x}, \; -\rho\overline{w'v'} = \rho A_{zy}\dfrac{\partial \overline{w}}{\partial y}, \; -\rho\overline{w'w'} = \rho A_{zz}\dfrac{\partial \overline{w}}{\partial z}
\end{cases}
\tag{2.2.27}
$$

其中，$A_{xx}, A_{xy}, \cdots, A_{zz}$ 为湍流黏性系数。如果假设所有的水平湍流黏性系数 A_l 和垂直湍流黏性系数 A_z 为固定值，即 $A_{xx} = A_{yx} = A_{zx} = A_{xy} = A_{yy} = A_{zy} = A_l$，$A_{xz} = A_{yz} = A_{zz} = A_z$，于是可得

$$
\begin{cases}
\dfrac{\partial \overline{u}}{\partial t} + \dfrac{\partial \overline{u}^2}{\partial x} + \dfrac{\partial \overline{u}\,\overline{v}}{\partial y} + \dfrac{\partial \overline{uw}}{\partial z} = -\dfrac{1}{\rho}\dfrac{\partial \overline{p}}{\partial x} + f\overline{v} + v\Delta\overline{u} + \overline{F_{Tx}} + A_l\left(\dfrac{\partial^2 \overline{u}}{\partial x^2} + \dfrac{\partial^2 \overline{u}}{\partial y^2}\right) + A_z\dfrac{\partial^2 \overline{u}}{\partial z^2} \\[2mm]
\dfrac{\partial \overline{v}}{\partial t} + \dfrac{\partial \overline{vu}}{\partial x} + \dfrac{\partial \overline{v}^2}{\partial y} + \dfrac{\partial \overline{vw}}{\partial z} = -\dfrac{1}{\rho}\dfrac{\partial \overline{p}}{\partial y} - f\overline{u} + v\Delta\overline{v} + \overline{F_{Ty}} + A_l\left(\dfrac{\partial^2 \overline{v}}{\partial x^2} + \dfrac{\partial^2 \overline{v}}{\partial y^2}\right) + A_z\dfrac{\partial^2 \overline{v}}{\partial z^2} \\[2mm]
\dfrac{\partial \overline{w}}{\partial t} + \dfrac{\partial \overline{wu}}{\partial x} + \dfrac{\partial \overline{wv}}{\partial y} + \dfrac{\partial \overline{w}^2}{\partial z} = -\dfrac{1}{\rho}\dfrac{\partial \overline{p}}{\partial z} - g + v\Delta\overline{w} + \overline{F_{Tz}} + A_l\left(\dfrac{\partial^2 \overline{w}}{\partial x^2} + \dfrac{\partial^2 \overline{w}}{\partial y^2}\right) + A_z\dfrac{\partial^2 \overline{w}}{\partial z^2}
\end{cases}
\tag{2.2.28}
$$

其中，带有 A_l 的项为水平湍流摩擦力项；带有 A_z 的项为垂直湍流摩擦力项。

从物理结构上看，湍流是由各种不同尺度的带有旋转结构的涡叠合而成的流动。英国气象学家 Richardson（1922）在 20 世纪 20 年代提出了"能量级串理论"：大尺度的涡破裂后形成小尺度的涡，较小尺度的涡破裂后形成更小尺度的涡。大尺度的涡不断地从主流获得能量，通过涡间的相互作用，能量逐渐向小尺度的涡传递。最后由于流体黏性的作用，小尺度的涡不断消失，机械能就转化为流体的热能。Richardson 还专门为此写了一首小诗来形象地描述这个过程：*Big whirls have little whirls that feed on their velocity, and little whirls have lesser whirls and so on to viscosity*。在我们的箱式模型中，由于计算能力的限制，箱子不能无限小下去，箱子的大小就是模型的分辨率，比分辨率更小的尺度中，依然还有不规则、多尺度的湍流存在。式(2.2.28)中的湍流摩擦力项可以将这些分辨率以下的次网格物理过程与模型能够分辨的物理过程之间建立联系，这个过程也被称为"参数化过程"。能否更好地了解湍流过程，能否确立更为准确的参数化方案，是目前物理海洋学中最具有挑战性的核心问题之一。

此外，对于连续方程来说，根据时间平均算子 $\overline{\dfrac{\partial a}{\partial l}} = \dfrac{\partial \overline{a}}{\partial l}$ 可以得到它的时间平均形式

$$\frac{\partial \overline{u}}{\partial x} + \frac{\partial \overline{v}}{\partial y} + \frac{\partial \overline{w}}{\partial z} = 0 \qquad (2.2.29)$$

2.2.3 热盐守恒过程及状态方程

物理海洋学与经典流体力学最大的不同除了前面提到的海水运动是旋转参考坐标系中的运动以外，另一个就是海水经常是"层结"的。海洋层结指海水的密度、温度、盐度等热力学状态参数随深度分布的层次结构。也就是说海水的密度在垂直方向上是不断变化的，它主要与海水的温度 θ、盐度 s 和压强 p 有关。因为又多出了 3 个未知量 θ、s、p，因此我们还需要另外 3 个方程才能让方程组重新闭合。这就用到了 2.1.2 节中提到的盐度扩散方程与热传导方程，另外一个方程则是反映海水密度、温度、盐度和压强力之间关系的数学表达式——海水状态方程。

1. 盐度扩散方程

根据盐度守恒定律，海水中的盐度在海水运动过程中既不会增加也不会减少。对于固定几何空间，单位时间内该空间盐度的增加量应等于以下两部分之和：①通过该空间表面随流动进入空间内部的盐度；②由于盐分子扩散现象而进入该空间的盐度。其中盐分子扩散现象是指盐分子的不规则运动总是从高盐度向低盐度运动的现象，其量值取决于盐度梯度。

设盐度为 s，单位体积中的盐度为 ρs，x 方向随流动进入空间内部（图 2.2.6）的盐度为

$$\rho s u \delta_y \delta_z - \left[\rho s u + \frac{\partial(\rho s u)}{\partial x} \delta_x \right] \delta_y \delta_z = -\frac{\partial(\rho s u)}{\partial x} \delta_x \delta_y \delta_z \qquad (2.2.30)$$

考虑三维运动，固定几何空间内由平流作用引起的盐度增量为

$$-\left[\frac{\partial(\rho s u)}{\partial x}+\frac{\partial(\rho s v)}{\partial y}+\frac{\partial(\rho s w)}{\partial z}\right]\delta_x\delta_y\delta_z \qquad (2.2.31)$$

除了流动输运，分子扩散作用也能引起几何空间内盐度的增加。设 x 方向盐度梯度为 $\frac{\partial s}{\partial x}$，则盐度扩散速率为 $-k\frac{\partial s}{\partial x}$，其中 k 是一个比例常数，我们将 x 方向上盐度扩散速率写为 S_x，则 x 方向上由扩散引起的盐度增量为

$$S_x\delta_y\delta_z-\left(S_x+\frac{\partial S_x}{\partial x}\delta_x\right)\delta_y\delta_z=-\frac{\partial S_x}{\partial x}\delta_x\delta_y\delta_z \qquad (2.2.32)$$

考虑三维扩散，固定几何空间内由扩散作用引起的盐度增量为

$$-\left(\frac{\partial S_x}{\partial x}+\frac{\partial S_y}{\partial y}+\frac{\partial S_z}{\partial z}\right)\delta_x\delta_y\delta_z \qquad (2.2.33)$$

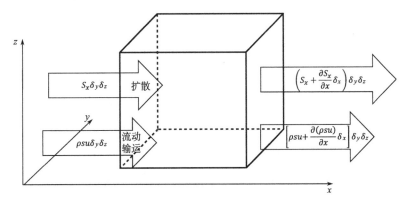

图 2.2.6　盐度扩散方程推导示意图

单位时间立方体空间内盐度的增加总量为

$$\frac{\partial(\rho s)}{\partial t}\delta_x\delta_y\delta_z \qquad (2.2.34)$$

根据盐度守恒原理可得

$$\frac{\partial(\rho s)}{\partial t}\delta_x\delta_y\delta_z=-\left[\frac{\partial(\rho s u)}{\partial x}+\frac{\partial(\rho s v)}{\partial y}+\frac{\partial(\rho s w)}{\partial z}\right]\delta_x\delta_y\delta_z$$
$$-\left(\frac{\partial S_x}{\partial x}+\frac{\partial S_y}{\partial y}+\frac{\partial S_z}{\partial z}\right)\delta_x\delta_y\delta_z \qquad (2.2.35)$$

即

$$\frac{\partial(\rho s)}{\partial t}+\nabla\cdot(\rho s\boldsymbol{V})+\nabla\cdot\boldsymbol{S}=0 \qquad (2.2.36)$$

把上式展开

$$\rho\frac{\partial s}{\partial t}+s\frac{\partial\rho}{\partial t}+s\nabla\cdot(\rho\boldsymbol{V})+\rho\boldsymbol{V}\cdot\nabla s+\nabla\cdot\boldsymbol{S}=0 \qquad (2.2.37)$$

根据式 (2.2.8) 可得 $s\dfrac{\partial \rho}{\partial t} + s\nabla \cdot (\rho \boldsymbol{V}) = 0$，所以式 (2.2.37) 写成

$$\frac{\partial s}{\partial t} + \boldsymbol{V} \cdot \nabla s = -\frac{1}{\rho}\nabla \cdot \boldsymbol{S} \qquad (2.2.38)$$

因为 $\boldsymbol{S} = -k\nabla s$，可得到盐度扩散方程：

$$\frac{\partial s}{\partial t} + \boldsymbol{V} \cdot \nabla s = k_D \Delta s \qquad (2.2.39)$$

其中，$k_D = \dfrac{k}{\rho}$ 为分子盐扩散系数，$k_D \Delta s$ 为分子盐通量。如果写为直角坐标形式则有

$$\frac{\partial s}{\partial t} + u\frac{\partial s}{\partial x} + v\frac{\partial s}{\partial y} + w\frac{\partial s}{\partial z} = k_D \Delta s \qquad (2.2.40)$$

接下来我们看一下盐度扩散方程的时间平均形式。将式 (2.2.23) 中的连续方程乘以盐度 s，与上式相加可得

$$\frac{\partial s}{\partial t} + \frac{\partial us}{\partial x} + \frac{\partial vs}{\partial y} + \frac{\partial ws}{\partial z} = k_D \Delta s \qquad (2.2.41)$$

对其进行时间平均得

$$\frac{\partial \bar{s}}{\partial t} + \frac{\partial \overline{us}}{\partial x} + \frac{\partial \overline{vs}}{\partial y} + \frac{\partial \overline{ws}}{\partial z} + \frac{\partial \overline{u's'}}{\partial x} + \frac{\partial \overline{v's'}}{\partial y} + \frac{\partial \overline{w's'}}{\partial z} = k_D \Delta \bar{s} \qquad (2.2.42)$$

其中脉动项可用时间平均的盐度梯度表示：

$$-\overline{u's'} = K_{sx}\frac{\partial \bar{s}}{\partial x},\ -\overline{v's'} = K_{sy}\frac{\partial \bar{s}}{\partial y},\ -\overline{w's'} = K_{sz}\frac{\partial \bar{s}}{\partial z} \qquad (2.2.43)$$

其中，K_{sx}, K_{sy}, K_{sz} 为湍流盐扩散系数。如果水平湍流盐扩散系数相等，即 $K_{sl} = K_{sx} = K_{sy}$，并且将式 (2.2.42) 左侧减去时间平均的连续方程式 (2.2.29) 与盐度 s 的乘积，时间平均的盐扩散方程可写作：

$$\frac{\partial \bar{s}}{\partial t} + \bar{u}\frac{\partial \bar{s}}{\partial x} + \bar{v}\frac{\partial \bar{s}}{\partial y} + \bar{w}\frac{\partial \bar{s}}{\partial z} = k_D \Delta \bar{s} + K_{sl}\left(\frac{\partial^2 \bar{s}}{\partial x^2} + \frac{\partial^2 \bar{s}}{\partial y^2}\right) + K_{sz}\frac{\partial^2 \bar{s}}{\partial z^2} \qquad (2.2.44)$$

式 (2.2.44) 的后三项为湍流盐通量。

2. 热传导方程

使用相同的方法，将盐度 s 替换为海水温度 θ，单位体积海水所含的盐度 ρs 替换为单位体积海水所含的热量 $\rho c_p \theta$，此处 c_p 为海水的比定压热容；假定分子热通量仅依赖于温度梯度，表达式为 $-\kappa\nabla\theta$，κ 是一个比例常数，可以类比式 (2.2.39) 得到热传导方程

$$\frac{\partial \theta}{\partial t} + \boldsymbol{V} \cdot \nabla \theta = \kappa_\theta \Delta \theta \qquad (2.2.45)$$

其中，$\kappa_\theta = \dfrac{\kappa}{\rho c_p}$ 是分子热传导系数；$\kappa_\theta \Delta \theta$ 称为分子热通量。同样的我们也可以得到时间平均热传导方程

$$\frac{\partial \overline{\theta}}{\partial t} + \overline{u}\frac{\partial \overline{\theta}}{\partial x} + \overline{v}\frac{\partial \overline{\theta}}{\partial y} + \overline{w}\frac{\partial \overline{\theta}}{\partial z} = k_{\theta}\Delta\overline{\theta} + K_{\theta l}\left(\frac{\partial^2 \overline{\theta}}{\partial x^2} + \frac{\partial^2 \overline{\theta}}{\partial y^2}\right) + K_{\theta z}\frac{\partial^2 \overline{\theta}}{\partial z^2} \tag{2.2.46}$$

其中，$K_{\theta l}$ 和 $K_{\theta z}$ 分别为水平湍流热传导系数和垂直湍流热传导系数。式(2.2.46)的后三项为湍流热通量。

3. 海水状态方程

海水状态方程是表示海水密度、温度、盐度和压强之间关系的方程式：

$$\rho = \rho(s, \theta, p) \tag{2.2.47}$$

海水状态方程是一个非线性方程，参考联合国教科文组织(UNESCO)在 1980 年和 2010 年推出的海水状态方程表达式 EOS-80 和 TEOS-10。通常情况下，为了使问题简化，海水状态方程可以简化为线性的形式：

$$\rho = \rho_0[1 - \alpha(\theta - \theta_0) + \beta(s - s_0)] \tag{2.2.48}$$

其中，$\rho_0 = 1028\,\text{kg/m}^3$；$\theta_0 = 10\,℃ = 283\,\text{K}$；$s_0 = 35\,\text{psu}$；$\alpha, \beta$ 分别为海水热膨胀系数和盐收缩系数，可取 $\alpha = 1.7\times10^{-4}\,\text{K}^{-1}$，$\beta = 7.6\times10^{-4}\,\text{psu}^{-1}$。

海水状态方程的时间平均形式可直接写为

$$\overline{\rho} = \rho(\overline{s}, \overline{\theta}, \overline{p}) \tag{2.2.49}$$

至此，我们将运动方程式(2.2.28)左侧分别减去时间平均的连续方程式(2.2.29)与 u，v，w 的乘积，然后与连续方程式(2.2.29)、盐度扩散方程式(2.2.44)、热传导方程式(2.2.46)和海水状态方程式(2.2.49)联立便得到了物理海洋学中局地直角坐标系下时间平均基本方程组。简便起见，一般将时间平均方程中的平均符号略去：

$$\begin{cases}
\dfrac{\partial u}{\partial t} + u\dfrac{\partial u}{\partial x} + v\dfrac{\partial u}{\partial y} + w\dfrac{\partial u}{\partial z} = -\dfrac{1}{\rho}\dfrac{\partial p}{\partial x} + fv + \nu\Delta u + F_{Tx} + A_l\left(\dfrac{\partial^2 u}{\partial x^2} + \dfrac{\partial^2 u}{\partial y^2}\right) + A_z\dfrac{\partial^2 u}{\partial z^2} \\[2mm]
\dfrac{\partial v}{\partial t} + u\dfrac{\partial v}{\partial x} + v\dfrac{\partial v}{\partial y} + w\dfrac{\partial v}{\partial z} = -\dfrac{1}{\rho}\dfrac{\partial p}{\partial y} - fu + \nu\Delta v + F_{Ty} + A_l\left(\dfrac{\partial^2 v}{\partial x^2} + \dfrac{\partial^2 v}{\partial y^2}\right) + A_z\dfrac{\partial^2 v}{\partial z^2} \\[2mm]
\dfrac{\partial w}{\partial t} + u\dfrac{\partial w}{\partial x} + v\dfrac{\partial w}{\partial y} + w\dfrac{\partial w}{\partial z} = -\dfrac{1}{\rho}\dfrac{\partial p}{\partial z} - g + \nu\Delta w + F_{Tz} + A_l\left(\dfrac{\partial^2 w}{\partial x^2} + \dfrac{\partial^2 w}{\partial y^2}\right) + A_z\dfrac{\partial^2 w}{\partial z^2} \\[2mm]
\dfrac{\partial u}{\partial x} + \dfrac{\partial v}{\partial y} + \dfrac{\partial w}{\partial z} = 0 \\[2mm]
\dfrac{\partial s}{\partial t} + u\dfrac{\partial s}{\partial x} + v\dfrac{\partial s}{\partial y} + w\dfrac{\partial s}{\partial z} = k_D\Delta s + K_{sl}\left(\dfrac{\partial^2 s}{\partial x^2} + \dfrac{\partial^2 s}{\partial y^2}\right) + K_{sz}\dfrac{\partial^2 s}{\partial z^2} \\[2mm]
\dfrac{\partial \theta}{\partial t} + u\dfrac{\partial \theta}{\partial x} + v\dfrac{\partial \theta}{\partial y} + w\dfrac{\partial \theta}{\partial z} = k_{\theta}\Delta\theta + K_{\theta l}\left(\dfrac{\partial^2 \theta}{\partial x^2} + \dfrac{\partial^2 \theta}{\partial y^2}\right) + K_{\theta z}\dfrac{\partial^2 \theta}{\partial z^2} \\[2mm]
\rho = \rho(s, \theta, p)
\end{cases} \tag{2.2.50}$$

该方程组理论上涵盖了湍流、海浪、潮汐、风生大洋环流和深层环流等我们要学习的物理海洋学中所有的海水运动形态，是本书的基本出发点。

2.3　物理海洋方程的处理方法

物理海洋学时间平均基本方程组(2.2.50)是一个由 7 个方程、7 个未知数组成的非线性偏微分方程组,我们知道这个方程组目前是没有解析解的。虽然数学上没有解,但是物理海洋学家还是需要对这个方程组进行不同的处理,从而可以用它来描述不同的物理海洋现象。例如我们在推导方程组(2.2.50)时已经用到的忽略球面曲率影响,而采用局地直角坐标系的处理;忽略科里奥利力项中的 $2\Omega w\cos\varphi$ 和 $2\Omega u\cos\varphi$ 两项等。本节我们就来专门介绍针对物理海洋学方程组的一些主要处理方法。

2.3.1　主要的近似和边界条件

1. 布西内斯克(Boussinesq)近似

首先来介绍下布西内斯克近似,它是由法国物理学家和数学家布西内斯克在 20 世纪初为求解层结流体控制方程组而提出的(Boussinesq,1903)。它的基本假设包括:①流体是不可压的,连续方程中不考虑密度的个别变化,从而以体积守恒代替了质量守恒;②动量方程中密度扰动值仅在垂向运动方程中阿基米德浮力项 $\dfrac{\rho'}{\rho}g$ 有意义,而在水平动量方程中密度取为常数。这个假设大大简化了运动方程。布西内斯克近似已成为海洋模式的经典假设,被广泛应用于现代的海洋环流模式中。

2. f-平面近似

方程组(2.2.50)中科里奥利参数 f 的大小是随纬度 φ 变化的,表现为 $f = 2\Omega\sin\varphi$。在理论研究中,如果研究的海域纬度跨度不大,常可以近似认为科里奥利参数不变,即 f-平面近似,取

$$f = f_0 = 2\Omega\sin\varphi_0 \tag{2.3.1}$$

即在整个研究海区,认为纬度为同一值 φ_0,海水运动发生在一个等 f_0 面上,在 30°N,$f_0 \approx 7.29\times10^{-5}\,\text{rad/s}$。注意该假设只适用于纬度跨度不大的研究海域。

3. β-平面近似

对于纬度跨度较大的研究海域,需要考虑 f 随 φ 的变化。为了简单起见,只考虑 f 随 φ 变化的一阶项,而且由于使用的是局地直角坐标系,f 随 φ 的变化可近似地用 f 随 y 轴的变化来代替

$$f = f_0 + \beta y \tag{2.3.2}$$

其中

$$\beta = \frac{\mathrm{d}f}{\mathrm{d}y} = 2\Omega\cos\varphi_0\frac{\mathrm{d}\varphi}{\mathrm{d}y} = \frac{2\Omega\cos\varphi_0}{R} \tag{2.3.3}$$

在 30°N,$\beta \approx 1.98\times10^{-11}\,\text{rad}/(\text{m}\cdot\text{s})$。采用 β-平面近似的好处是可以方便使用局地直角坐

标系讨论大尺度运动，而球面效应引起的 f 随 φ 的变化对运动的作用的主要部分被保留下来。

4. 边界条件

根据偏微分方程理论，求解时间平均基本方程组 (2.2.50) 需要给定一系列的边界条件。海气界面和海陆界面等不连续的界面，不满足海水运动基本方程组，必须重新确定其物理过程。物理海洋学家会根据实际和需要来选用不同的边界条件，以达到简化和求解方程的目的，我们会在后文进一步了解他们使用的不同边界条件。

2.3.2 尺度分析方法

时间平均基本方程组中包含了所有尺度的运动形式，但实际上如果我们把目光聚焦于某个尺度时，我们看到的物理现象是不同的，比如在大尺度我们可能看到的是海流，而在小尺度我们可能看到的是海浪。不同运动形式是受到方程中某些项的影响，在特定的尺度下，某些项的影响较大，而其他项的影响较小 (一般是不在一个量级上的)，那么这些影响较小的项就可以忽略不计，仅考虑影响较大的项就可以相当精确地描述和解释该尺度下的海洋运动形式和变化规律。

尺度分析方法就是一种常用的简化方程的方法，根据某种具体运动的时空尺度，分析时间平均基本方程组中各项量级的相对大小，从而简化和求解方程。尺度分析法是物理海洋学家求解基本方程组、研究物理海洋现象的最有力武器。

首先，任意一个物理量 y 可以写成特征值 Y 与无因次量 $\tilde{y}$ 的乘积： $y = Y\tilde{y}$ ，特征值 Y 称为变量 y 的尺度，可取该物理量的最大值、平均值或常见值等。如果有两个变量 $y = Y\tilde{y}$ 和 $x = X\tilde{x}$ ，其一阶导数为 $\dfrac{\partial y}{\partial x} = \dfrac{Y}{X}\dfrac{\partial \tilde{y}}{\partial \tilde{x}}$ ，尺度可写为 $\dfrac{Y}{X}$ ；二阶导数为 $\dfrac{\partial^2 y}{\partial x^2} = \dfrac{Y}{X^2}\dfrac{\partial^2 \tilde{y}}{\partial \tilde{x}^2}$ ，尺度可写为 $\dfrac{Y}{X^2}$ 。

接下来我们对式 (2.2.50) 中的运动方程组做尺度分析。在做尺度分析之前我们先将分子黏性力和天体引潮力两项忽略，因为分子黏性力项影响很小，只在讨论 1 m 以下尺度的问题时才会起作用，在我们关心的海洋各尺度运动中分子黏性力都远小于湍流摩擦力作用；天体引潮力则是物理过程比较单一的有势力，单独分析。同时我们先不忽略科里奥利力项式 (2.2.19) 中的 $2\Omega w\cos\varphi$ 和 $2\Omega u\cos\varphi$ 两项，由于 $f = 2\Omega\sin\varphi$ ，所以这两项可分别写为 $fw\cot\varphi$ 和 $fu\cot\varphi$ 。此时运动方程组变为

$$\begin{cases} \dfrac{\partial u}{\partial t} + u\dfrac{\partial u}{\partial x} + v\dfrac{\partial u}{\partial y} + w\dfrac{\partial u}{\partial z} = -\dfrac{1}{\rho}\dfrac{\partial p}{\partial x} + fv - fw\cot\varphi + A_l\left(\dfrac{\partial^2 u}{\partial x^2} + \dfrac{\partial^2 u}{\partial y^2}\right) + A_z\dfrac{\partial^2 u}{\partial z^2} \\[2mm] \dfrac{\partial v}{\partial t} + u\dfrac{\partial v}{\partial x} + v\dfrac{\partial v}{\partial y} + w\dfrac{\partial v}{\partial z} = -\dfrac{1}{\rho}\dfrac{\partial p}{\partial y} - fu + A_l\left(\dfrac{\partial^2 v}{\partial x^2} + \dfrac{\partial^2 v}{\partial y^2}\right) + A_z\dfrac{\partial^2 v}{\partial z^2} \\[2mm] \dfrac{\partial w}{\partial t} + u\dfrac{\partial w}{\partial x} + v\dfrac{\partial w}{\partial y} + w\dfrac{\partial w}{\partial z} = -\dfrac{1}{\rho}\dfrac{\partial p}{\partial z} + fu\cot\varphi - g + A_l\left(\dfrac{\partial^2 w}{\partial x^2} + \dfrac{\partial^2 w}{\partial y^2}\right) + A_z\dfrac{\partial^2 w}{\partial z^2} \\[2mm] \dfrac{\partial u}{\partial x} + \dfrac{\partial v}{\partial y} + \dfrac{\partial w}{\partial z} = 0 \end{cases} \tag{2.3.4}$$

式中各物理量的无因次形式为

$$
\begin{cases}
(\tilde{x}, \tilde{y}) = \dfrac{(x, y)}{L}, \tilde{z} = \dfrac{z}{D}, \tilde{t} = \dfrac{t}{T} \\[2mm]
(\tilde{u}, \tilde{v}) = \dfrac{(u, v)}{U}, \tilde{w} = \dfrac{w}{W}, \\[2mm]
\tilde{f} = \dfrac{f}{F}, \tilde{p} = \dfrac{p}{P}
\end{cases}
\tag{2.3.5}
$$

这里有 $L = UT; D = WT$，其中，L 和 D 分别表示海水运动的水平和垂直尺度；T 为时间尺度；U 和 W 分别为水平和垂直流速尺度；F 为科里奥利参数尺度；P 为压强尺度。前面说过，物理海洋学中最有特色的地方就是研究海水运动时需要考虑科里奥利力，科里奥利力是大尺度运动中必不可少的一个要素，为了方便比较各项与科里奥利力项量级的差异，我们将运动方程组变成无因次形式后各项都除以科里奥利力项的尺度 FU：

$$
\begin{cases}
Ro\left[\dfrac{\partial \tilde{u}}{\partial \tilde{t}} + \tilde{u}\dfrac{\partial \tilde{u}}{\partial \tilde{x}} + \tilde{v}\dfrac{\partial \tilde{u}}{\partial \tilde{y}} + \tilde{w}\dfrac{\partial \tilde{u}}{\partial \tilde{z}}\right] = -\dfrac{P}{\rho FUL}\dfrac{\partial \tilde{p}}{\partial \tilde{x}} + \tilde{f}\tilde{v} - \delta\tilde{f}\tilde{w}\cot\varphi + E_l\left(\dfrac{\partial^2 \tilde{u}}{\partial \tilde{x}^2} + \dfrac{\partial^2 \tilde{u}}{\partial \tilde{y}^2}\right) + E_z\dfrac{\partial^2 \tilde{u}}{\partial \tilde{z}^2} \\[3mm]
Ro\left[\dfrac{\partial \tilde{v}}{\partial \tilde{t}} + \tilde{u}\dfrac{\partial \tilde{v}}{\partial \tilde{x}} + \tilde{v}\dfrac{\partial \tilde{v}}{\partial \tilde{y}} + \tilde{w}\dfrac{\partial \tilde{v}}{\partial \tilde{z}}\right] = -\dfrac{P}{\rho FUL}\dfrac{\partial \tilde{p}}{\partial \tilde{y}} - \tilde{f}\tilde{u} + E_l\left(\dfrac{\partial^2 \tilde{v}}{\partial \tilde{x}^2} + \dfrac{\partial^2 \tilde{v}}{\partial \tilde{y}^2}\right) + E_z\dfrac{\partial^2 \tilde{v}}{\partial \tilde{z}^2} \\[3mm]
\delta Ro\left[\dfrac{\partial \tilde{w}}{\partial \tilde{t}} + \tilde{u}\dfrac{\partial \tilde{w}}{\partial \tilde{x}} + \tilde{v}\dfrac{\partial \tilde{w}}{\partial \tilde{y}} + \tilde{w}\dfrac{\partial \tilde{w}}{\partial \tilde{z}}\right] = -\dfrac{P}{\rho FUD}\dfrac{\partial \tilde{p}}{\partial \tilde{z}} + \tilde{f}\tilde{u}\cot\varphi - \dfrac{g}{FU} + \delta\left[E_l\left(\dfrac{\partial^2 \tilde{w}}{\partial \tilde{x}^2} + \dfrac{\partial^2 \tilde{w}}{\partial \tilde{y}^2}\right) + E_z\dfrac{\partial^2 \tilde{w}}{\partial \tilde{z}^2}\right] \\[3mm]
\dfrac{\partial \tilde{u}}{\partial \tilde{x}} + \dfrac{\partial \tilde{v}}{\partial \tilde{y}} + \dfrac{\partial \tilde{w}}{\partial \tilde{z}} = 0
\end{cases}
$$

$$\tag{2.3.6}$$

其中，Ro 为罗斯贝数；E_l 和 E_z 分别是水平和垂直埃克曼数；δ 为纵横比。这 4 个参数可以用来衡量时间平均运动方程组内各项的相对大小，定义如下。

1. 罗斯贝数

罗斯贝数是平流项的尺度与科里奥利力项的尺度之间的比值：

$$
Ro = \frac{\text{平流项}}{\text{科里奥利力项}} = \frac{U^2}{L}\bigg/FU = \frac{U}{FL}
\tag{2.3.7}
$$

其中，科里奥利参数项的尺度 F 约为 $10^{-4}\,\text{rad/s}$，而海洋中的水平流速较强的时候也就 $1\,\text{m/s}$。因此当 $Ro \ll 1$ 时，需要 $L > 10^5\,\text{m}$，此时为大尺度运动。大尺度运动中科里奥利力的量级比平流项更大，因此平流项可以忽略；当 Ro 为 $0.5 \sim 1$ 时，为中尺度和次中尺度运动；当 $Ro \gg 1$ 时，需要 $L < 10^3\,\text{m}$，此时为小尺度运动，平流项的量级比科里奥利力项更大，因此科里奥利力可以忽略，运动问题回归到经典流体力学问题。

2. 埃克曼数

埃克曼数是湍流摩擦力项的尺度与科里奥利力项的尺度之间的比值：

$$E_l = \frac{\text{水平湍流摩擦力项}}{\text{科里奥利力项}} = \frac{A_l U}{L^2} \bigg/ FU = \frac{A_l}{FL^2}$$

$$E_z = \frac{\text{垂直湍流摩擦力项}}{\text{科里奥利力项}} = \frac{A_z U}{D^2} \bigg/ FU = \frac{A_z}{FD^2} \tag{2.3.8}$$

其中，A_l 约 10^4 m²/s，A_z 约 10^{-2} m²/s。在研究大洋内部的环流时，水平尺度（$L>10^5$ m）和垂直尺度（$D>10^3$ m）都很大，E_l 和 $E_z \ll 1$，此时湍流摩擦力可以忽略；在海面边界层和海底边界层，D 约为 10 m，此时 E_z 约为 1，需要同时保留垂直湍流摩擦力和科里奥利力；在水平尺度 L 为 10^4 m 范围内的侧边界区域，此时 E_l 约为 1，则需要同时保留水平湍流摩擦力和科里奥利力；对于水平尺度 L 和垂直尺度 D 都很小的小尺度运动，科里奥利力可以忽略。

3. 纵横比 δ

纵横比 δ 指垂直和水平尺度的比值，可表示为

$$\delta = \frac{D}{L} = \frac{W}{U} \tag{2.3.9}$$

在大尺度运动中，海洋的水平尺度可达几千千米，而平均水深最多只有千米量级，因此 $\delta \ll 1$。这也是我们常忽略运动方程组中科里奥利力项 $2\Omega w \cos\varphi$ 的原因。

4. 准静力平衡近似

综上所述，在大洋内部的大尺度运动中 $Ro \ll 1$，E_l 和 $E_z \ll 1$，$\delta \ll 1$。如果我们看式 (2.3.6) 中的垂向方程，可以发现平流项与湍流摩擦力项的系数都是远小于 1 的，科里奥利力项的系数为 1，而压强梯度力项和重力项则远远大于 1。因此垂向的运动方程可简化为

$$-\frac{1}{\rho}\frac{\partial p}{\partial z} - g = 0 \tag{2.3.10}$$

沿 z 方向由特定深度 h 到自由海面 ζ 积分，可得压强表达式

$$p = p_a + \int_{-h}^{\zeta} \rho g \mathrm{d}z \tag{2.3.11}$$

其中，p_a 是海面大气压强，因此任意点的压强等于海面大气压强 p_a 与该点以上单位面积水柱重量 $\int_{-h}^{\zeta} \rho g \mathrm{d}z$ 之和。这就是物理海洋学中经常使用的准静力平衡近似。如果密度为常数，则准静力平衡方程还可以进一步写为

$$p = p_a + \rho g(\zeta + h) \tag{2.3.12}$$

2.3.3　散度与流函数、涡度与势函数

在方程组求解的过程中，常可以引入流函数或势函数来代替速度场，这样做的好处是利用一个变量就可以描述整个流体的运动，从而简化了问题，使得方程容易求解。但是流函数和势函数的引入也是需要一定条件的，引入流函数需要流场的散度为 0，即无辐散；引入势函数需要涡度为 0，即无旋。

1. 散度与流函数

散度是描述流体从周围汇合到某一处(辐合)或从某一处流散开来(辐散)程度的量。为简单起见，这里只讨论二维流体的水平速度矢量 $V=(u,v)$ 的散度。数学表达式为

$$\mathrm{div}(V)=\nabla\cdot V=\frac{\partial u}{\partial x}+\frac{\partial v}{\partial y} \tag{2.3.13}$$

由此可以看出散度为单位体积的流体体积通量。$\mathrm{div}(V)<0$ 表示流体净流入；$\mathrm{div}(V)>0$ 表示流体净流出。

在物理海洋学中，由于纵横比远小于 1，对于水平速度 u、v 来说，垂向速度 w 常可以忽略不计，根据连续性方程(2.2.11)，式(2.3.13)近似为 0。对于散度为 0 的速度矢量场，可以取流函数 ψ 来与各速度分量建立联系。此时 ψ 可表示为

$$u=\frac{\partial \psi}{\partial y}, \quad v=-\frac{\partial \psi}{\partial x} \tag{2.3.14}$$

其中，u、v 这两个变量就转化为一个变量 ψ，原先的矢量场也转化为标量场，这个标量场就是流函数场。流函数等值线也叫流线，实际上是由每一点的速度切线方向组成的瞬间性的曲线。

如图 2.3.1 所示，在两流线 ψ_1 和 ψ_2 之间加一条任意的线 $\mathrm{d}m=(-\mathrm{d}x,\mathrm{d}y)$，根据式(2.3.14)，通过 $\mathrm{d}m$ 的体积通量可表示为

$$-v\mathrm{d}x+u\mathrm{d}y=\frac{\partial \psi}{\partial x}\mathrm{d}x+\frac{\partial \psi}{\partial y}\mathrm{d}y=\mathrm{d}\psi \tag{2.3.15}$$

因此，对于稳定的流动而言，任意两条流线之间的体积通量为 $\mathrm{d}\psi=\psi_2-\psi_1$，流动左侧为流函数的高值。流线的值本身是没有意义的，可以取任意一条流线为 0 线，只有流线之间的差值才有意义，流线越密集的地方，流体体积通量越大。流函数使得某些流动对应的方程更加简洁，而且对于流场的可视化也是很有用的，如在第 6 章风生大洋环流理论中就用到了流函数。

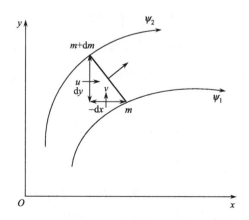

图 2.3.1　二维稳定的流体流线间的体积运输示意图

2. 涡度与势函数

涡度是指流体的旋转速率，也被称为旋度。对于二维流体的水平速度矢量 $V=(u,v)$ 来说，涡度的数学表达式为

$$\text{curl}_z(V) = \nabla_H \times V = \left(\frac{\partial v}{\partial x} - \frac{\partial u}{\partial y}\right)k \tag{2.3.16}$$

可以看出流体的速度剪切是引起涡度的主要原因。从上往下看，$\text{curl}_z(V) > 0$ 时，流体逆时针旋转；$\text{curl}_z(V) < 0$ 时，流体顺时针旋转。

对于涡度为 0 的流体而言，可以取势函数 ϕ 与各速度分量建立联系。此时 ϕ 可表示为

$$u = \frac{\partial \phi}{\partial x}, \quad v = \frac{\partial \phi}{\partial y} \tag{2.3.17}$$

与流函数相同，势函数也可以大大简化对流动方程的求解过程，如在第 8 章波浪理论中就用到了势函数。

第3章 潮　汐

潮汐是与人类关系最为密切的海洋物理过程之一，是海洋科学研究领域一个非常重要的方向。潮汐是海洋运动的一个重要能量来源，因此关于潮汐及其相关方向的研究贯穿了海洋学研究的发展史，是我们认识海洋、利用海洋的重要方面。

3.1　潮　汐　现　象

所谓潮汐，是指天体万有引力作用下海水发生的周期性运动，它不但包括了海面在垂直方向的起伏涨落，还包括了海水在水平方向的往复式流动。通常，习惯上将海水垂直方向的涨落称为潮汐，而水平方向的往复式流动称为潮流。

作为所有海洋现象中最为常见的过程之一，潮汐也是人们较先关注并研究的现象之一。约公元前450年，出现了潮汐的首份书面记录(Trujillo and Thurman，2008)，北宋年间(1083年)在福建建成的木兰陂，配套设有许多"水则"，便是用来观察水位高低的设施。据《鄞县志》记载，公元1253～1258年，县西南平桥下设立了"水则"，并指定专人看管，按观测潮水的高低，定时开闭闸门。

尽管人们很早就已经意识到潮汐的运动与月亮有着密切的联系，但是直到17世纪牛顿发现万有引力定律，关于潮汐的科学研究才真正开始。后来，一批伟大的科学家对潮汐的规律和动力学特征进行了深入的研究，并对其进行了成功预报。远在1880年，Ferrel就搭建了一台潮汐预报机(Stewart，2008)，该预报结果在原美国海岸调查局得到了应用。随着计算机的问世，计算机在潮汐预报中也得到了广泛应用。现在我们已经可以对潮汐进行较为精确的预报。

潮汐可以引起强的海水运动，在沿岸海区，潮位起伏可达几米，潮流可以达到几米每秒，这对港口工程、海上航行、军事活动和海洋渔业都有着重要的影响。此外，潮汐蕴含巨大的能量，这为海洋的混合提供了能量来源，进而驱动深层环流，影响气候变化；同时如何开发利用这些能量也是人类利用绿色能源的一个重要方面，全球已经有多个国家建立了潮汐发电站来利用潮汐能进行发电（董昌明，2017）。

3.1.1　相关天体知识

潮汐与天体的运动有着密切的关系，因此潮汐涉及许多天体相关的概念，在介绍潮汐相关理论之前，先对这些概念进行介绍。

想象如下情形，以地心为中心，半径向外无限延伸，这时会形成一个半径为无限长的球面，该假想的球体即为天球(图3.1.1)。此时，我们可以将地球上对应的相关概念投影到天球上，便得到天球相关概念的定义。如将地球的赤道面无限延伸，与天球相交的圆，称为天赤道；将地轴无限延长得到天轴，天轴与天球球面的交点分别称为南、北天极。此时，观测者所在位置对应的垂线向上无限延长，与天球球面相交，交点称为天顶，向下延长的交点则称为天底。

在天体球面上，天顶、天极连接所得到的圆为天子午圈；而天体在天球球面的投影与天极相连得到的圆为天体时圈；天顶、天体相连得到的圆称为天体方位圈。

对于任意天体，从天赤道沿着其所在天体时圈达到天体所在投影位置所张的角度称为赤纬；观测者所在位置对应的天子午圈和天体所在位置对应的天体时圈在天赤道上对应的夹角称为时角；沿着天体方位圈，由天顶到达天体位置处对应的角度称为天顶距。

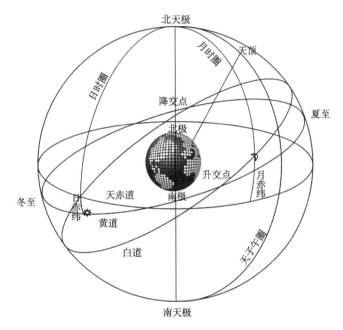

图 3.1.1　天球及相关概念示意图

3.1.2　潮汐要素

潮汐引起的最直接的现象之一便是海面的涨落，因此我们首先想到的便是通过海面高度的变化来定量刻画潮汐。在海洋中某一点，潮汐引起的海面起伏随时间变化的示意图如图 3.1.2 所示。图中变化的曲线对应的是潮汐引起的海面高度（即潮位）的变化。当潮位到达最高位置时，称为高潮；当潮位达到最低谷时，称为低潮。潮位从低潮上涨到高潮的过程称为涨潮，涨潮时期潮位不断增高达到一定高度后，潮位短时间内不发生变化或变化不明显，称之为平潮，平潮对应的中间时刻称为高潮时。平潮过后潮位开始下降，此过程称为落潮。当潮位降到最低时会有和平潮一样的现象，叫作停潮，其中间时刻为低潮时。停潮过后，潮位又开始上涨，潮汐便是如此周而复始地运动。海面上涨到最高位置时的高度称为高潮高，下降到最低位置时的高度叫低潮高，相邻的高潮高和低潮高的差值叫潮差。

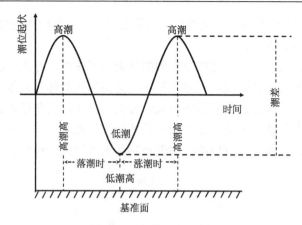

图 3.1.2　潮汐要素示意图

　　上述参数便是潮汐的基本要素，基于潮位的观测数据，通过分析这些要素，便可以定量地刻画潮汐运动，并分析其特点。通过分析不同海区的潮汐要素，人们发现，不同海区的潮汐有着不同的特点，因此，我们可以对潮汐进行分类。

3.1.3　潮汐的类型

　　根据潮汐涨落的周期和潮差的差异，可以把潮汐大体分为 4 类。

　　(1) 正规半日潮　在一个太阴日(约 24 时 50 分，图 3.1.3)内，有两次高潮和两次低潮，从高潮到低潮和从低潮到高潮的潮差几乎相等，这类潮汐就叫作正规半日潮。

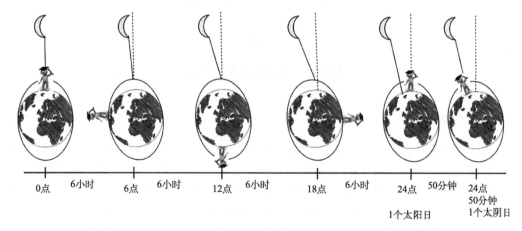

图 3.1.3　太阴日示意图。区别于以太阳为参考点得到的太阳日(24 小时)，太阴日是以月球为参考点所得到的地球自转周期长度。以月球位于观测者正上方时作为初始时刻，随着地球的自转，观测者 24 小时后会回到原来的观测位置，然而由于月球绕地球公转(方向与地球自转一致)，此时的月球已经离开原来的位置向前(逆时针)运行了一定的距离，观测者要到达月球的正下方，需继续随地球自转一段距离才能"追上"月球，这段时间大约需要 50 分钟，故太阴日的周期为 24 小时 50 分钟

　　(2) 不正规半日潮　在一个朔望月中的大多数日子里，每个太阴日内一般可有两次高潮和两次低潮；但有少数日子，第二次高潮很小，半日潮特征就不显著，这类潮汐就叫

做不正规半日潮。

(3)正规日潮   在一个太阴日内只有一次高潮和一次低潮,像这样的一种潮汐就叫正规日潮,或称正规全日潮。

(4)不正规日潮   这类潮汐在一个朔望月中的大多数日子里具有日潮型的特征,但有少数日子则具有半日潮的特征。

3.2   潮汐基本理论

3.2.1   引潮势

虽然人们很早之前就已经意识到,潮汐的运动与月亮的位置变化有着密切联系,然而长久以来月球引起潮汐运动的根本原因却始终不得而知。直到牛顿揭示万有引力定律之后,这一问题的面纱才被慢慢揭开。

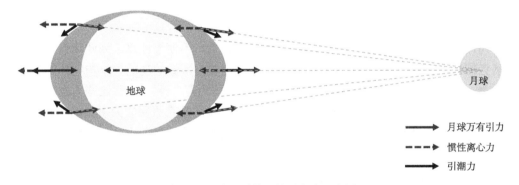

图 3.2.1   地月系统天体引潮力示意图

在太阳系中,地球上任一质点不但要受月球、太阳等天体的万有引力作用,还因绕公共质心公转而受到惯性离心力的作用。二者的合力便是海水所受到的引潮力。各个质点所受的惯性力大小和方向皆相同;而对于万有引力,则会随着质点位置的改变而改变。这意味着,在地球表面各处受到的引潮力大小、方向都不相同。图 3.2.1 给出了地月系统中地球表面海水所受外力的示意图。从图中可以看到,对于惯性力,任意位置处的海水质点所做的圆周运动一致,因此,其所受惯性力的方向和大小都一样,皆从各自圆周运动的圆心指向外侧。而对于地月之间的万有引力,地球上任意海水质点所受万有引力皆指向月心,且大小与海水质点到月心之间的距离有关。因此,月球万有引力的变化导致了合力引潮力的改变。在面向月球一侧,月球引力和惯性力叠加为一个指向地月连线的引潮力,该引潮力可以将海水向地月连线处聚集从而引起海面的升高。而在背向月球一侧,月球引力和惯性力的合力为一个指向地月连线的引潮力,该引潮力也会将海水向地月连线处聚集,海面升高。这意味着,在引潮力的作用下,海水最终会形成一个椭圆形水球,长轴为地月连线,该椭圆形水球被称为“潮汐椭球”。随着地球自转和月球公转,该椭球相对于地球发生改变,对于地球上的我们而言,此时便发生了海面的起伏,此即为潮汐。

因此，想要得出地球上任一位置潮位和相位的大小，要从计算其受到的引潮力入手。下面以月球为例，讨论引潮力的计算，对于太阳，其作用机理类似。忽略地球自转，在地球表面任一位置处的水质点，其受到的月球引力为

$$F_g = -\frac{KM}{X^2}\frac{X}{X} \tag{3.2.1}$$

其中，K 为万有引力常数 $(6.67 \times 10^{-11} \text{ N·m}^2/\text{kg}^2)$；$M$ 为月球质量 $(7.349 \times 10^{22} \text{ kg})$；$X$ 为水质点所在位置到月球的距离（单位：m），方向由月球指向质点所在位置。而对于惯性离心力，在地心处惯性离心力需要与月球万有引力平衡（否则月球无法维持绕地球旋转的状态），于是我们可以得到惯性离心力的表达式为

$$F_C = \frac{KM}{D^2}\frac{D}{D} \tag{3.2.2}$$

其中，D 为地月质心之间的距离 $(3.84 \times 10^8 \text{ m})$，方向为地月中心连线，并背离月球。二者的合力

$$F = F_g + F_C \tag{3.2.3}$$

此即为任意水质点所受到的引潮力。该引潮力为矢量，不便于计算，为此我们可以引入引潮势的概念。对于某些力，物体在运动过程中这些力所做的功的大小与物体的运动轨迹无关，只与位移（或起始位置）有关，我们便称这些力有"势"，通常这些力也会被称为保守力，最直观的例子便是地球上的重力。"势"反映的是克服保守力所做的功，而这些"功"便以"势"形式被物体所储存。显然，引潮力便为有"势"力，对于任一质点，对应的引潮势为

$$\Phi = -\int_{\infty}^{X}-\frac{KM}{X^2}\frac{X}{X}\mathrm{d}X - \int_{D}^{D+r}\frac{KM}{D^2}\frac{D}{D}\mathrm{d}D = -\frac{KM}{X} + \frac{KM}{D^2}r\cos\theta \tag{3.2.4}$$

其中，r 为质点到地心的距离（地球平均半径为 6371 km）；θ 为地心指向质点的矢量与地月连线之间的夹角。而 X、D 和 r 之间的关系可以通过余弦定理得到（图 3.2.2）

$$X^2 = D^2 + r^2 - 2Dr\cos\theta \tag{3.2.5}$$

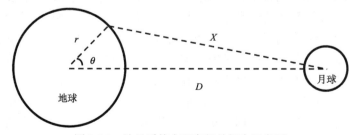

图 3.2.2　地月系统中距离相关概念示意图

通过变换可以得到

$$\frac{1}{X} = \frac{1}{D}\left[1 - 2\left(\frac{r}{D}\right)\cos\theta + \left(\frac{r}{D}\right)^2\right]^{-1/2} \tag{3.2.6}$$

对上述表达式利用幂级数方法展开，并考虑 $r \ll D$，忽略高阶项，最终得到月球引潮势近似表达式

$$\Phi = -\frac{KMr^2}{2D^3}\left(3\cos^2\theta - 1\right) \tag{3.2.7}$$

该引潮势对应的引潮力可以分解为垂直和水平分量，分别为

$$F_{\mathrm{v}} = -\frac{\partial \Phi}{\partial r} = \frac{KMr}{D^3}\left(3\cos^2\theta - 1\right) \tag{3.2.8}$$

$$F_{\mathrm{h}} = -\frac{\partial \Phi}{r\partial \theta} = -\frac{3}{2}\frac{KMr}{D^3}\sin 2\theta \tag{3.2.9}$$

从上述公式我们可以计算出，垂直引潮力引起的最大加速度是 $1.1\times10^{-6}\ \mathrm{m/s^2}$，水平引潮力引起的最大加速度是 $8.27\times10^{-7}\ \mathrm{m/s^2}$。因此垂直引潮力引起的加速度与地球自身引力诱导的重力加速度相比可以忽略。虽然水平引潮力与垂直分量量级相当，但是由于没有别的外力与它相平衡，因此它可以引起海水在水平方向上的运动，从而形成海水的起伏，也就是潮涨潮落。海水的起伏会产生水平压强梯度力，最终会平衡水平引潮力，这就是后面我们介绍的潮波理论的物理基础。基于该水平引潮力在地球表面的分布，我们可以知道，地月中心连线与地球表面的两个交点，是海水辐聚最为明显的两个位置。而在垂直于地月中心连线的截面与地球表面的相交的点上，则是海水辐散最为明显的位置。

为进一步定量考察上述引潮力对海水起伏的作用，假定地球表面被等深海水包围，且没有惯性，这种情形下海水对引潮力的响应被称为平衡潮，有关平衡潮理论在下一节详细介绍。仍然以月球为例，在水平引潮力下，海水由于辐聚辐散作用会发生倾斜。在海水达到稳定状态时，水平引潮力 F_{h} 和压强梯度力 $\boldsymbol{P}$ 在水平方向达到平衡(图 3.2.3)，于是，海面倾斜的坡度应满足如下关系：

$$\tan\alpha = \frac{\partial \eta}{\partial x} = \frac{F_{\mathrm{h}}}{g} \tag{3.2.10}$$

其中，η 为海面的起伏。考虑引潮力与引潮势满足

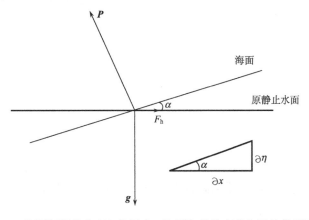

图 3.2.3 海面倾斜的角度与作用力、海面起伏的高度之间的关系示意图

$$F_\mathrm{h} = -\frac{\partial \Phi}{\partial x} \tag{3.2.11}$$

基于以上两式，可以计算得到海面起伏的表达式如下：

$$\eta = -\frac{\Phi}{g} + C = \frac{KM}{g}\frac{r^2}{2D^3}\left(3\cos^2\theta - 1\right) + C \tag{3.2.12}$$

根据海面起伏的定义，对海面高度 η 进行全球积分为 0，因此常数 C 必须为 0。于是，当 $\theta=0°$ 或 180° 时，海面高度达到最大：

$$\eta_\mathrm{max} = \frac{KM}{g}\frac{r^2}{D^3} \tag{3.2.13}$$

而当 $\theta=90°$ 或 270° 时，海面高度最小，为

$$\eta_\mathrm{min} = -\frac{KM}{2g}\frac{r^2}{D^3} \tag{3.2.14}$$

代入相关量值，可以知道，月球引起的最大潮差为

$$\eta_\mathrm{max} - \eta_\mathrm{min} \approx 0.54\mathrm{m} \tag{3.2.15}$$

类似的，通过太阳的引潮力表达式可以计算得到太阳引起的潮差约为 0.25 m。因此，每当阴历初一或者十五，地球、月球和太阳近似在一条直线上，此时对应的潮差最大，为二者之和，约为 0.79 m；而当阴历初七、初八或者廿二、廿三，此时地月连线和日地连线相垂直，对应的潮差最小，仅为 0.29 m。利用平衡潮的概念得到的这个结果在大洋中与实际潮差大小非常接近，但是在近岸该结果要比实测小得多，这主要是由于近岸的潮汐运动主要是大洋传播而来，而平衡潮并未考虑这一过程。

3.2.2　平衡潮理论

平衡潮理论是研究引潮力作用下潮汐运动特征的重要理论之一，由牛顿首先提出，伯努利和欧拉等对该理论做了进一步的完善。如上所述，平衡潮是指海水在引潮力、压强梯度力和重力作用下达到平衡而发生的潮汐运动。由于引潮力始终在变化，这要求压强梯度力随时变化以平衡引潮力，而压强梯度力的变化意味着海面的起伏，故而产生潮汐。平衡潮理论假设：

(1) 整个地球表面被等深的海水覆盖，海底是平的。

(2) 海水没有惯性，没有黏滞性。

(3) 忽略地转偏向力和摩擦力。

(4) 在重力和引潮力作用下，海水处于平衡状态。

平衡潮完全是一个假想的状态，由于引潮力水平分量的存在，该理想情况下的海水会在水平方向上发生辐聚、辐散，最终形成"潮汐椭球"。在地球自转以及地球与其他天体之间相对位置的改变下，地球上固定点的海平面便会发生周期性涨落，形成潮汐。这就是平衡潮理论的基本思想。

根据球面三角形的余弦公式，以及 3.1.1 节中介绍的天体基本知识，天顶距 θ、地理纬度 φ、月球赤纬 δ 和月球时角 T 之间的关系可以通过以下关系式表达(图 3.2.4)：

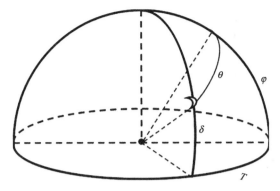

图 3.2.4　天顶距 θ、地理纬度 φ、月球赤纬 δ 和月球时角 T 示意图

$$\cos\theta = \sin\varphi\sin\delta + \cos\varphi\cos\delta\cos T \tag{3.2.16}$$

平衡潮潮高的表达式可以写为

$$\eta = \frac{KM}{g}\frac{r^2}{4D^3}\Big[\big(3\sin^2\varphi-1\big)\big(3\sin^2\delta-1\big) + 3\sin2\varphi\sin2\delta\cos T + 3\cos^2\varphi\cos^2\delta\cos2T\Big] \tag{3.2.17}$$

其中，在固定位置，右边第一项主要随着月球赤纬 δ 变化，具有半个月的周期；第二项主要随月球时角 T 变化，具有一个太阴日的周期；第三项则具有半个太阴日的周期。

　　虽然上述表达式可以将引潮力引起的海面起伏展开成三种类型的潮汐波动，然而这种分类方法是非常粗糙的，随着日、地、月三者之间相对位置的改变，月球和太阳相对于地球的运动十分复杂，且它们的运动具有很多的周期，故这三种类型的波动还可以进一步细分。杜德森(Doodson)采用天文学中的 6 个常用的天文参数对引潮力做了进一步展开，并对潮汐类型做了进一步细分(Doodson，1921)。这一展开过程较为烦琐，在这里不作具体推导。最终，引潮力被展开为多个余弦函数之和，其中，每一个余弦函数都对应着一个分潮，都有着固定频率，且可以用 6 个常用的天文参数 $\sigma_i(i=1,2,3,4,5,6)$ 进行表达：

$$\sigma = n_1\sigma_1 + n_2\sigma_2 + n_3\sigma_3 + n_4\sigma_4 + n_5\sigma_5 + n_6\sigma_6 \tag{3.2.18}$$

其中，$n_i(i=1,2,3,4,5,6)$ 为杜德森数。潮汐运动便可以认为是不同周期分潮叠加的结果。此时，对于每一个分潮，都不是实际天体直接作用的结果，而是假想天体的结果。表 3.2.1 给出了常见分潮的周期、振幅及其所对应的杜德森数。理论结果得到的分潮数目是非常多的，不过其中多数的分潮是非常弱的，实际计算中通常只需要选取较大的 8 个分潮(M_2、S_2、N_2、K_2、K_1、O_1、P_1、Q_1)就可以得到较为准确的结果。在浅水区，一般还需要补充几个由于地形作用引起的浅水分潮(M_4、M_6、MS_6)。其中 M_2、S_2、N_2、K_2 为半日周期中最大的 4 个分潮，K_1、O_1、P_1、Q_1 为全日周期中最大的 4 个分潮，称之为八大分潮，M_2、S_2 和 K_1、O_1 又被称为四大分潮。

表 3.2.1 常见分潮周期、振幅及其杜德森数

潮汐类别	名称	杜德森数					振幅/m	周期/h
		n_1	n_2	n_3	n_4	n_5		
半日分潮	$n_1=2$							
太阴主要半日分潮	M_2	2	0	0	0	0	0.242334	12.4206
太阳主要半日分潮	S_2	2	2	−2	0	0	0.112841	12.0000
太阴椭率主要半日分潮	N_2	2	−1	0	1	0	0.046398	12.6584
太阴太阳合成半日分潮	K_2	2	2	0	0	0	0.030704	11.9673
全日分潮	$n_1=1$							
太阴太阳合成全日分潮	K_1	1	1	0	0	0	0.141565	23.9344
太阴主要全日分潮	O_1	1	−1	0	0	0	0.100514	25.8194
太阳主要全日分潮	P_1	1	1	−2	0	0	0.046843	24.0659
太阴椭率主要全日分潮	Q_1	1	−2	0	1	0	0.019256	26.8684
长周期	$n_1=0$							
太阴半月周期分潮	M_f	0	2	0	0	0	0.041742	327.85
太阴月周期分潮	M_m	0	1	0	−1	0	0.022026	661.31
太阳半年周期分潮	M_{sa}	0	0	2	0	0	0.019446	4383.05

平衡潮理论的一系列假定虽与实际海洋并不相符，但平衡潮理论却能解释大、小潮现象以及潮汐的长期变化规律。当然，也正是其一系列的假定使得平衡潮理论存在着一些缺陷。比如，平衡潮理论认为当月球位于观测点正上方时，当地则应该出现高潮，但实际由于海水存在惯性，总会要滞后一段时间，称为高潮间隙。并且各地的高潮间隙不同，这主要是因为海底地形不同。此外，平衡潮理论认为朔望时，日、月引潮力的方向一致，应发生大潮，实际大潮时间滞后 1~2 天。另一方面，实际海洋中的潮位，尤其是近岸的潮位变化，直接由月球引潮力引起的潮位变化部分往往较小，更多的变化是来自于大洋的潮波，因此平衡潮理论最大的缺点是计算的潮高与实际不符，不能预报潮位。

3.2.3 潮汐不等现象

如上所述，潮汐的起伏主要是太阳和月球引潮力叠加的结果，由于太阳和月球相对于地球的位置不断变化，便产生了潮汐不等现象。根据地、月、日三者相对位置的不同，潮汐会出现多种不等现象，包括有周日不等、半月不等、月不等、年不等和多年不等。

潮汐周日不等 如图 3.2.5 所示，当月赤纬为 0 时，潮汐椭球长轴位于赤道面，地球在自转过程中，观测点 A 在旋转一周中，潮位会发生两次高潮(A 和 A_1)、两次低潮(A 和 A_1 所在纬度圈与潮汐椭球短轴面的交点)，且潮高相等。当月赤纬不为 0 时，此时潮汐椭球长轴与赤道面存在夹角，观测点 A 在经历一次高潮之后，地球自转到达 A_1 时发生第二次高潮，由于潮汐椭球倾斜，两次高潮并不相等，且从高潮点 A 到达低潮点明显大于低潮点到达高潮点 A_1 的时间。需要注意的是，当观测点纬度超过图中短轴与地球表面交点对应的纬度时，此时在一个太阴日内，仅有一次高潮和一次低潮。

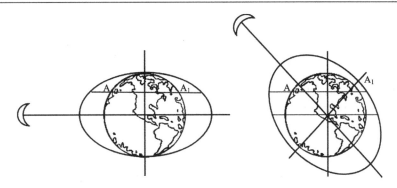

图 3.2.5　潮汐周日不等现象示意图

潮汐半月不等　因为月球、太阳和地球三者的空间相对位置的周期变化，会产生潮汐的半月不等现象。

如图 3.2.6 所示，在每月的初一(朔)和十五(望)时，太阳、月球和地球处在同一个方向上，月球和太阳的引潮力相互叠加，形成大潮。在夏历每月初七、初八(上弦)和廿二、廿三(下弦)时，太阳、月球和地球的中心连线互成直角，月球和太阳的引潮力相互抵消，形成小潮。该大、小潮具有明显的半月周期，称为潮汐半月不等。

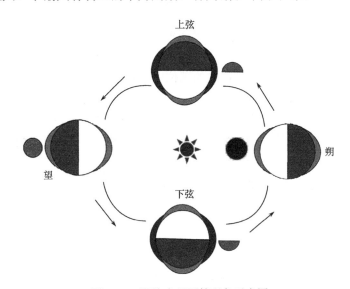

图 3.2.6　潮汐半月不等现象示意图

潮汐月不等　由于月球公转的轨道为椭圆形，因此月球位于近地点时的潮差较大，位于远地点潮差较小，这种现象为月不等，周期为一个太阴月。

潮汐年不等　地球公转的轨道是椭圆形，地球位于远日点的潮差比近日点的潮差小，形成潮差年周期变化。

潮汐多年不等　月球的近地点顺着月球运动方向每年向前移动 40° 左右，每 8.85 年完成一周。黄道、白道交点自西向东移动周期为 18.61 年，这两个长周期变化，使得潮汐产生相应的周期变化。

3.3 潮汐调和分析预报

由上所述，在周期性的引潮力作用下，在某一固定位置，海水存在该周期的运动，对于这一周期运动对应的海面起伏，我们可以写成

$$\eta = A\cos(\omega t + \theta) = fH\cos(\omega t + v + u - g) \tag{3.3.1}$$

其中，H 是振幅；f 为交点因子；ω 为圆频率；t 为时间；v 为格林尼治时间初始相位；u 为交点订正角；g 为迟角。其中，H、g 为潮汐的调和常数，调和分析时只需计算得到这两个常数，便可对潮汐进行预报；交点因子 f 和交点订正角 u 来自于分潮的长期变化，可以通过分潮的杜德森数以及其他天文常数计算得到。对于实际水位，可以认为是许多上述分潮起伏叠加的结果，即

$$h = h_0 + r + \sum_{i=1}^{N} f_i H_i \cos(\omega_i t + v_i + u_i - g_i) \tag{3.3.2}$$

将三角函数展开，也可写为

$$h = h_0 + r + \sum_{i=1}^{N} X_i \cos(\omega_i t) + \sum_{i=1}^{N} Y_i \sin(\omega_i t) \tag{3.3.3}$$

其中，h_0 是平均水位；r 为残差（包括水位的不规则起伏、数据处理的误差和被忽略的分潮等）。虽然无法通过理论求得某一位置处准确的潮位大小，如果已经有该位置处潮位的观测序列，我们可以寻找办法通过已知的潮位序列对各个分潮对应潮位进行计算，进而对未来潮位进行预报。

考虑某一位置处，有如下观测数据，在时刻 $t = t_1, t_2, t_3, \cdots, t_p$，共有 p 个潮位观测记录，为 $h = h_1, h_2, h_3, \cdots, h_p$，基于这些潮位观测数据，通过分潮的表达式可以建立如下方程组：

$$\begin{cases} h_0 + \sum_{i=1}^{N} X_i \cos(\omega_i t_1) + \sum_{i=1}^{N} Y_i \sin(\omega_i t_1) = h_1 \\ h_0 + \sum_{i=1}^{N} X_i \cos(\omega_i t_2) + \sum_{i=1}^{N} Y_i \sin(\omega_i t_2) = h_2 \\ \qquad\qquad\qquad\qquad\vdots \\ h_0 + \sum_{i=1}^{N} X_i \cos(\omega_i t_p) + \sum_{i=1}^{N} Y_i \sin(\omega_i t_p) = h_p \end{cases} \tag{3.3.4}$$

即我们认为该处潮位的变化是各分潮叠加的结果。由于实际观测潮位始终存在噪声的影响，对于上述方程，我们永远无法找到准确的方程解，即便理论上讲上述方程仅需 $2N+1$ 个记录就可以求解（未知量有 $2N+1$）。当 $p > 2N+1$ 时（实际的观测记录一般都会远远超过分潮对应的未知量的个数），上述方程组称为矛盾方程组，它的求解可以通过最小二乘法处理。故在实际计算中，尽量多的观测记录有助于得到更为准确的结果。利用水位观测数据进行潮汐调和分析以及利用调和分析预报潮汐的具体方法，可参考《潮汐和潮流的分析和预报》（方国洪，1986）等工具书。

3.4 潮 波

通过前面的介绍，我们知道，潮汐对应的海面起伏是来自于引潮力的水平分量导致的海面的辐聚辐散。然而，实际海洋中任意位置处，对应的潮位起伏并非仅仅来自于引潮力的作用。潮汐对应的海面起伏在其源地生成以后，会以波动的形式向周围海域传播，这些波动的尺度可达数百千米。这可以类比我们实际生活中常见的一种现象，在水塘中

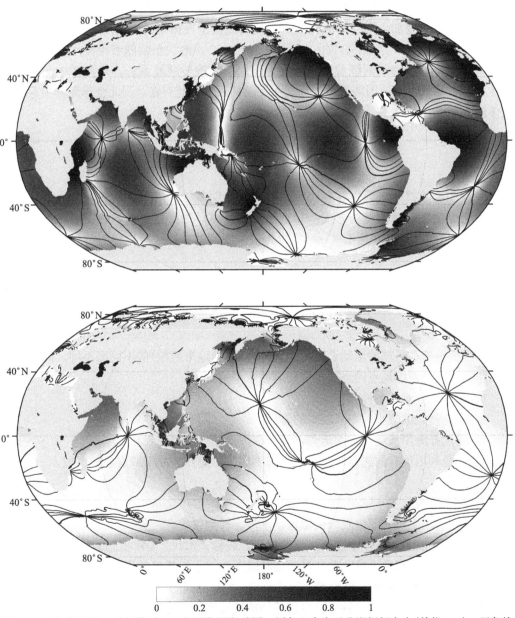

图 3.4.1 全球分潮 K1（上图）和 M2（下图）同潮时图，颜色深度表示分潮振幅大小（单位：m），黑色线
条为同潮时线（也可看作波峰线），它们的交点即为无潮点

用一根木棍上下搅动水面，此时在水面便会有波动出现并向四周传播。因此，海洋中，任意位置处的潮位起伏是局地引潮力引起的海面起伏与其他海域传播过来的潮波叠加的结果。对于近岸海域而言，其潮位起伏的变化主要是由大洋潮波传播过来引起的，局地引潮力的海面起伏相对而言较小。我们知道，引潮力为体力，即任意水团都会受到该力的作用，大洋由于水深较深，单位水平面积对应的海水能量要比近海大得多。可以想象，当潮波携带着这些能量传播到近海时，由于水深变浅，若不考虑能量的耗散，潮波所携带的能量必然会导致潮位的增加和潮流的增强。因此，在近岸，大洋传播过来的潮波是引起海面起伏的主要因素。若有沿岸边界反射回来的潮波，入射的前进潮波和反射的潮波相叠加，则会形成驻波，对应的便会出现振幅为 0 的位置，这些位置通常被称为"无潮点"。实际海洋中，以无潮点为中心，潮波振幅随着距离无潮点的距离增大而增加，而波峰线则绕着无潮点旋转，此即为旋转潮波系统，是海洋中潮波运动的主要存在形式。潮波因陆地边界而发生反射的现象广泛存在，因此全球海洋中存在着众多的无潮点(图 3.4.1)。

3.5 潮 汐 观 测

潮汐实测数据的来源主要有两种途径：①早期多为沿岸验潮站的观测数据，这也是沿用至今的传统潮汐观测方式；②近年来随着海洋卫星遥感技术的发展，卫星测高数据(即卫星高度数据，见第 4 章)也成为潮汐观测的重要手段。我们首先介绍一下验潮站观测。

3.5.1 验潮站

1. 选址

潮汐随地球、月球的运动及所处地理环境(包括地形地貌)的不同而不同，因此验潮站的建立首先要考虑地点的选择，主要遵循 4 个条件。

(1)海区须具有代表性。

(2)需选择风浪较小、船只较少的海区。

(3)需选择海岸坡度较大的地点，便于在岸上进行水尺的观测。

(4)尽量利用现有的建筑，如码头、防洪堤等，避开易冲刷或崩塌的区域。

2. 仪器设备

验潮站中，主要的潮位观测仪器包括水尺、验潮仪等。

(1)水尺。放置于海洋中测量水位的尺子，统称"水尺"(图 3.5.1)，是最原始但沿用至今的基础海洋测量设备，尤其对于临时验潮站，水尺依然使用较为频繁。

根据不同的海岸条件，可设置不同的水尺，如直立式(开阔平缓水域)、倾斜式(坡度较大或波浪较大的海区)、矮桩式(有悬浮物或航运频繁的海域)和悬锤式(水深、海底为石质或有悬崖的海域)。水尺测量潮位还需设置水准点和验潮井。

水尺观测需要在每个整点进行，高低潮前后半小时，需要每隔 10 分钟进行观测。水尺需要人工进行校准、读数并记录，所以人力条件要求较高、耗费较大。

图 3.5.1 水尺观测潮位

(2) 验潮仪。验潮仪多为自记式仪器。1831 年，美国成功研制了世界上第一台自记验潮仪。验潮仪的主要类型包括浮筒式、遥测式和声学式。浮筒式验潮仪需要每天将仪器取出并记录前一天的全部数据，进行校准后重新放入仪器。日本研制出遥测式验潮仪，可将潮位资料通过无线电发送到接收站，进行自动记录，节约了人工成本，提高了数据采集效率。声学式验潮仪也是测量潮位的常用仪器，其应用空气声学回声测距原理进行非接触式测量，可以在无测井的条件下进行测量。

3.5.2 卫星观测

传统的潮汐观测主要依靠沿岸验潮站的观测，所得数据过于稀疏。20 世纪 70 年代，随着搭载测高计的 Skylab 卫星的成功发射，覆盖程度更为广阔和密集的卫星观测拉开序幕。20 世纪 80 年代，美国海军发射的 Geosat 测高卫星，为全球潮汐研究提供了全新的数据支持。1990 年，Cartwright 和 Ray 首次利用卫星测高数据建立了全球海洋潮汐模型，证明卫星测高数据经过合适的分析方法可以获得更高精度的海洋潮汐模型。1992 年，美国国家航空航天局 (National Aeronautics and Space Administration，NASA) 和法国国家空间研究中心 (Centre National D'études Spatiales，CNES) 联合发射了海洋地形试验卫星 (TOPEX /Poseidon，T/P)，其更高的精度 (3 cm) 和更长的在空时间 (1992~2005 年) 提供了解决潮汐混叠问题的可能性，也促进了全球潮汐模型的建立。2001 年升空的 Jason-1 卫星，是 T/P 卫星的后续卫星，其科学目的之一是测量全球海表高度变化，改进潮汐模型。此后的 Jason-2 (2008 年升空) 和 Jason-3 (2016 年升空) 同 T/P 卫星和 Jason-1 卫星一起，提供了超过 20 年的潮汐实测资料，为全球潮汐研究奠定了良好基础。

在卫星观测资料的保证下，潮汐研究开始致力于细化并发展新的海洋潮汐模型，主要包括如下两个方向：①基于卫星数据的经验模型，通过潮汐分析从卫星数据中提取潮汐信息；②基于地球流体动力学方程，按照特定的优化标准和方法，将观测数据和数值模型相结合，从而获得海洋潮汐分布。目前广泛使用的全球潮汐公开数据是 TPXO9.1，是由美国俄勒冈大学开发的潮汐数据系统。

3.6　我国近海潮汐特征

3.6.1　我国近海潮波系统

中国近海的潮汐主要是由西北太平洋传入的潮波引起的，而由月、日引潮力直接引起的强迫潮的比重很小。西北太平洋潮波从东南方向进入日本和菲律宾之间的洋面后，分为南、北两支进入中国近海。其中北支经日本九州与我国台湾之间的水道进入东海；而南支从吕宋海峡进入南海，除小部分潮波往北进入台湾海峡南部外，绝大部分转向西南方向（孙湘平，2006）。

图3.6.1和图3.6.2分别给出了渤海、黄海、东海、南海半日、全日4个主要分潮的同潮时图。以 M_2 分潮波为例，半日潮波从西北太平洋传入东海后，同潮时线几乎呈并列分布，这表明半日潮在东海大部分区域保持着前进波的特点。它的主要部分通过东海北部进入黄海和渤海。进入东海潮波的另一部分又向浙江、福建传播，但因为受到岸线的反射，在舟山群岛以南海域形成了驻波，所以那里的潮波具有一定的驻波性质。向浙江、福建沿岸传播的潮波中，南侧有一部分左旋进入台湾海峡，与来自南海进入台湾海峡的南支半日潮波相遇，因而这一带的半日潮波也显示出驻波的特点。

由东海北部进入黄海的半日潮波分成两支向北传播，一支遭到山东半岛南岸的反射，另一支遭到黄海北端岸线的反射，入射波与反射波的相互干扰结果在地转偏向力的作用下形成了两个逆时针方向旋转的驻波系统。无潮点的位置分别位于山东半岛成山角外侧和海州湾外，即位于潮波入射方向的左侧。但是黄海的潮波并非纯粹的驻波，而是带有前进波的成分。在黄海北部，潮流与潮波的相位差为1/4个周期左右，波节处差值为0，到了黄海南部，潮流与潮波的相位差接近 1/2 个周期，表明黄海南部的前进波成分较北部的大。通过渤海海峡进入渤海的半日潮波，在向西传播过程中同样受到渤海西岸的阻挡，在反射作用下分别在辽东湾西侧和渤海湾南侧形成两个逆时针方向旋转的驻波系统。其无潮点分别位于秦皇岛和旧黄河口附近。

全日潮波经吐噶喇列岛的各水道传入东海大陆架后，除北侧有一小分支沿济州岛东侧转向东北进入朝鲜海峡外，主要部分仍沿韩国、朝鲜沿岸一侧继续北上进入黄海。受到辽东半岛和山东半岛海岸线的阻挡后，在地转偏向力的影响下呈逆时针方向旋转，部分潮波传入渤海，其余部分沿黄海的中国沿岸一侧向南继续传播，一直达到长江口附近海域。同半日分潮不同的是，由于全日分潮波长较长，仅在南黄海中部和渤海海峡各形成一个逆时针旋转的潮波系统。在东海的广大海区，同潮时线分布又极为稀疏，表明整个东海内区几乎同时发生高潮和低潮。而经琉球群岛进入东海的小部分全日潮波主要折向西南方向，以前进波的形式传入台湾海峡。

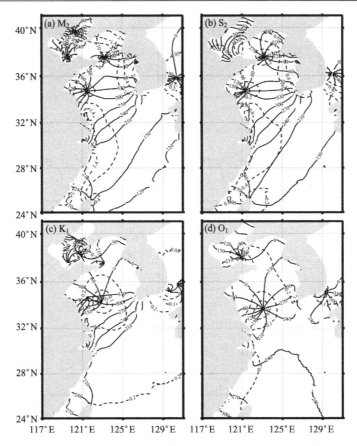

图 3.6.1　渤海、黄海、东海 4 个主要分潮同潮图(虚线为等振幅线;实线为同潮时线)

　　经吕宋海峡进入南海的半日潮波,有一小分支向北折转进入台湾海峡南部,而主要的部分朝西南方向传播进入南海。到达南海的中部又开始分支,一支折向西北进入北部湾,主要的一支继续向西南;到达马来半岛附近又再分为两支,一支向北进入泰国湾,另一支往南向巽他陆架海域传播。南海四周被大陆和岛屿包围,除了北部湾南部湾口具有前进波性质外,南海大部分海域以驻波为主。由太平洋传来的大部分全日潮波在受到东海大陆架的阻挡被折回太平洋后,沿台湾岛东侧继续传向西南方向,并经吕宋海峡进入南海,形成南海的全日潮波系统。经吕宋海峡进入南海的全日潮波与来自台湾海峡的潮波相遇,主要向西南方向传播。

　　在南海中部海区仍有部分潮波转向西北传向北部湾海区,并在湾口处形成了一个退化的全日旋转潮波系统,呈逆时针方向旋转。而在北部湾内以及南海中部海区同潮时线分布较为稀疏,潮波传播速度较快,整个海区内几乎同时发生高潮或低潮。无论是半日潮还是全日潮,南海中央的同潮时线都很稀疏。

3.6.2　我国近海潮汐类型

　　潮汐类型常以 M_2、S_2、K_1、O_1 4 个分潮的平均振幅比值来作为判别的依据,具体判别依据见参照表 3.6.1。

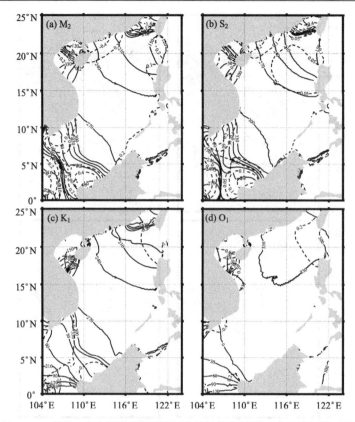

图 3.6.2　南海 4 个主要分潮同潮图(虚线为等振幅线；实线为同潮时线)

表 3.6.1　潮汐类型判别依据表

潮汐类型 ＼ 判别标准	A	B
正规半日潮	$0 < \dfrac{H_{K_1} + H_{O_1}}{H_{M_2}} \leqslant 0.5$	$0 < \dfrac{H_{K_1} + H_{O_1}}{H_{M_2} + H_{S_2}} \leqslant 0.25$
不正规半日潮	$0.5 < \dfrac{H_{K_1} + H_{O_1}}{H_{M_2}} \leqslant 2.0$	$0.25 < \dfrac{H_{K_1} + H_{O_1}}{H_{M_2} + H_{S_2}} \leqslant 1.5$
不正规全日潮	$2.0 < \dfrac{H_{K_1} + H_{O_1}}{H_{M_2}} \leqslant 4.0$	$1.5 < \dfrac{H_{K_1} + H_{O_1}}{H_{M_2} + H_{S_2}} \leqslant 3.0$
正规全日潮	$4.0 < \dfrac{H_{K_1} + H_{O_1}}{H_{M_2}}$	$3.0 < \dfrac{H_{K_1} + H_{O_1}}{H_{M_2} + H_{S_2}}$

在中国大多数采用 A 标准；但在某些海域如 M_2 和 S_2 相近时，采用 B 标准较为合理。这里的 H 表示各个分潮波的平均振幅。根据沿岸各地和海上的分潮振幅，按照上面的标准计算就可求得中国近海潮汐类型分布特征。如图 3.6.3 所示，各海区潮汐类型分布有特定规律。

(1)黄海、渤海海区。从鸭绿江口沿辽宁海岸到大连老铁山为正规半日潮；由老铁山以北，经长兴岛、营口、葫芦岛至团山角为不正规半日潮；娘娘庙附近的一小段海岸为不正规全日潮;从石河口一直扩展到秦皇岛以南即转入全日潮;从留守营(人造河口)至滦河口以北一小段又为不正规全日潮;从滦河口、大清河、埕口沿山东北岸经莱州湾至屺姆角为不正规半日潮,其中在南堡附近为正规半日潮,在老黄河口附近和五号桩附近为正规全日潮;而从屺姆角到威海,包括渤海海峡都是正规半日潮;从威海以东,经成山头、石岛至靖海角为不正规半日潮;从靖海湾沿山东南岸,到江苏海岸为正规半日潮,但在废黄河口至扁担港附近有一小段为不正规半日潮。

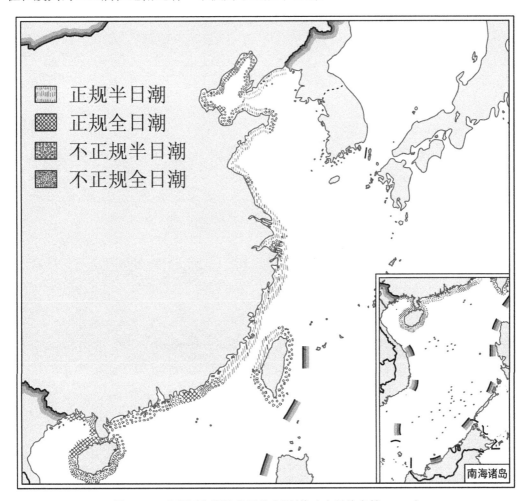

图 3.6.3 中国近海潮汐类型分布图(修改自吴俊彦等,2008)

(2)东海海区。从江苏海岸直至杭州湾为正规半日潮;宁波、定海附近有一个小范围的地区为不正规半日潮;从宁波向南至厦门浮头湾以北都是正规半日潮;而澎湖列岛北面以及台湾西岸东石以北,直至淡水也是正规半日潮;澎湖列岛南面和台湾东岸、北岸、西南岸以及钓鱼岛都是不正规半日潮。

(3)南海海区。自厦门浮头湾直到广东汕头南面的海门湾为不正规半日潮;靖海附近很小的一个地区为不正规全日潮;神泉港到甲子港附近为全日潮;广东的碣石湾、汕尾到平海湾为不正规全日潮,但有部分港湾港口如碣石港为正规全日潮,长沙港为不正规半日潮；从平海湾、大鹏湾、珠江口一直到雷州湾和琼州海峡东口为不正规半日潮；海安港附近有很小一部分不正规全日潮；从海安港沿雷州半岛西南岸直至广西珍珠港的北部湾区域，除铁山港附近为不正规全日潮外，其余为正规全日潮；海南岛东北从铺前港到铜鼓嘴为不正规半日潮，东南从铜鼓嘴到八所港南面为不正规全日潮，海南岛西北从八所港到海口港为不正规全日潮。

第4章 地 转 流

在准定常状态下，不考虑海面风应力作用，远离海岸的开阔大洋中的海流是接近水平运动的，是压强梯度力和科里奥利力平衡的结果，称为地转流。这种压强梯度力和科里奥利力平衡的状态称为地转平衡。地转流是海洋中最基本的流动。本章从基本运动方程组入手，介绍地转流及其相关的估算方法。

4.1 静 力 平 衡

在描述地转平衡之前，首先考虑最简单的方程组(2.3.4)的解，即海洋在静止情况下的静水压力。假设流体保持静止状态，则

$$u = v = w = 0 \tag{4.1.1}$$

以及

$$\frac{\mathrm{d}u}{\mathrm{d}x} = \frac{\mathrm{d}v}{\mathrm{d}y} = \frac{\mathrm{d}w}{\mathrm{d}z} = 0 \tag{4.1.2}$$

导致摩擦项为 0，在以上的假设条件下，方程组(2.3.4)简化为

$$\frac{1}{\rho}\frac{\partial p}{\partial x} = 0; \quad \frac{1}{\rho}\frac{\partial p}{\partial y} = 0; \quad \frac{1}{\rho}\frac{\partial p}{\partial z} = -g(\varphi, z) \tag{4.1.3}$$

需要注意，重力加速度 g 是纬度 φ 和深度 z 的函数。

对式(4.1.3)的最后一个方程从任意水深 $(z = -h)$ 积分到静水面 $(z = 0)$ 得到在深度 h 处的压强，其中密度 ρ 仅是水深的函数：

$$p = p_0 + \int_{-h}^{0} g(\varphi, z)\rho(z)\mathrm{d}z \tag{4.1.4}$$

其中，p_0 是在 $z = 0$ 处的大气压强。大多数情况下，g 和 ρ 可取为常数，此时 $p = p_0 + \rho g h$。在下一节的尺度分析中，我们可知即使在一般状态下，式(4.1.4)仍能精确到百万分之一。

压强的国际单位(SI)是帕斯卡(Pa)。一个标准大气压等于 10^5 Pa。气象学中，引入毫巴(mbar)作为大气压强的单位，1 mbar=100 Pa，见表 4.1.1。因为水深单位为米(m)与压强单位分巴(dbar)在数值上几乎相等，海洋学家更倾向于用分巴作为压强单位。

表 4.1.1 压强单位及其换算关系

1 Pa	$1 \text{ N/m}^2 = 1 \text{ kg/(m·s}^2)$
1 bar	10^5 Pa
1 dbar	10^4 Pa
1 mbar	100 Pa

4.2   地转方程组

4.2.1   地转方程组的推导

我们希望通过简化运动方程来描述海洋内部的基本流动，把第 2 章中介绍的尺度分析方法应用到这里方程的简化中。首先，通过确定方程组中每一项的特征尺度来去掉一些影响较小的项。对于海洋内部，水平尺度 L、科里奥利参数 f、密度 ρ、水平流速 U、重力加速度 g 的特征尺度分别为

$$L \sim 10^5 \, \text{m}; \qquad f \sim 10^{-4} \, \text{s}^{-1}; \qquad \rho \sim 10^3 \, \text{kg/m}^3;$$

$$U \sim 10^{-1} \, \text{m/s}; \qquad g \sim 10 \, \text{m/s}^2; \qquad H_1 \sim 10^3 \, \text{m}; \qquad H_2 \sim 0.1 \, \text{m}$$

其中，H_1 是垂直特征尺度；H_2 是引起压强在水平方向上变化的特征尺度。

用这些变量，我们利用连续性方程式（2.2.11）能计算出垂直流速 w、压强 p 和时间 t 的特征尺度：W、P、T。根据连续性方程，$\dfrac{\partial w}{\partial z} = -\left(\dfrac{\partial u}{\partial x} + \dfrac{\partial v}{\partial y} \right)$，$\left(\dfrac{\partial u}{\partial x}, \dfrac{\partial v}{\partial y} \right) \sim \dfrac{U}{L}$，$\dfrac{\partial w}{\partial z} \sim \dfrac{W}{H_1}$，$\dfrac{W}{H_1} = \dfrac{U}{L}$；$W = \dfrac{UH_1}{L} = 10^{-3} \, \text{m/s}$，$P \sim \rho g H_1 = 10^7 \, \text{Pa}$，$\dfrac{\partial p}{\partial x} \sim \dfrac{\rho g H_2}{L} = 10^{-2} \, \text{Pa/m}$，$T = \dfrac{L}{U} = 10^6 \, \text{s}$。

因此，垂直方向的动量方程为

$$\frac{\partial w}{\partial t} + u\frac{\partial w}{\partial x} + v\frac{\partial w}{\partial y} + w\frac{\partial w}{\partial z} = -\frac{1}{\rho}\frac{\partial p}{\partial z} + 2\Omega u \cos\varphi - g$$

$$\frac{W}{T} \qquad \frac{UW}{L} \qquad \frac{UW}{L} \qquad \frac{W^2}{H_1} \qquad \frac{P}{\rho H_1} \qquad\quad fU \quad\ g \qquad\qquad (4.2.1)$$

$$10^{-9} \quad 10^{-9} \quad 10^{-9} \quad 10^{-9} \qquad 10 \qquad\quad 10^{-5} \ \ 10$$

忽略量级较小的项，得到

$$\frac{1}{\rho}\frac{\partial p}{\partial z} = -g \qquad\qquad\qquad (4.2.2)$$

这就是静力平衡方程，其精度可达到百万分之一（10^{-6}）。

在 x 方向上的动量方程为

$$\frac{\partial u}{\partial t} + u\frac{\partial u}{\partial x} + v\frac{\partial u}{\partial y} + w\frac{\partial u}{\partial z} = -\frac{1}{\rho}\frac{\partial p}{\partial x} + fv$$

$$\frac{U}{T} \qquad \frac{UU}{L} \qquad \frac{UU}{L} \qquad \frac{WU}{H_1} \qquad \frac{P}{\rho H_2} \qquad fU$$

$$10^{-7} \quad 10^{-7} \quad 10^{-7} \quad 10^{-7} \qquad 10^{-5} \quad 10^{-5} \qquad\qquad\qquad (4.2.3)$$

科里奥利力与压强梯度力相平衡的精度可达到百分之一（10^{-2}）。可以同样得到 y 方向上近似的运动方程。

综上所得地转方程组为

$$\frac{1}{\rho}\frac{\partial p}{\partial x}=fv; \quad \frac{1}{\rho}\frac{\partial p}{\partial y}=-fu; \quad \frac{1}{\rho}\frac{\partial p}{\partial z}=-g \tag{4.2.4}$$

根据上述尺度分析可知，该平衡适用于水平尺度大于 100 km，时间尺度大于几天的海水流动。

由地转方程组可给出速度和压力的表达形式

$$u=-\frac{1}{f\rho}\frac{\partial p}{\partial y}; \quad v=\frac{1}{f\rho}\frac{\partial p}{\partial x} \tag{4.2.5a}$$

$$p=p_0+\int_{-h}^{\zeta}g(\varphi,z)\rho(z)\mathrm{d}z \tag{4.2.5b}$$

其中，ζ 是海面高度（海面可高于或低于平均海平面 $z=0$）。

式 (4.2.5) 告诉我们，在海洋中地转流是沿着等压线流动的。在北半球，沿着流动方向，地转流的右侧为高压，左侧为低压；在南半球正好相反。

将式 (4.2.5b) 代入式 (4.2.5a)，不考虑大气压强的空间变化，可以得到

$$u=-\frac{1}{f\rho}\frac{\partial}{\partial y}\int_{-h}^{0}g(\varphi,z)\rho(z)\mathrm{d}z-\frac{g}{f}\frac{\partial\zeta}{\partial y} \tag{4.2.6a}$$

$$v=\frac{1}{f\rho}\frac{\partial}{\partial x}\int_{-h}^{0}g(\varphi,z)\rho(z)\mathrm{d}z+\frac{g}{f}\frac{\partial\zeta}{\partial x} \tag{4.2.6b}$$

海表压强梯度力驱动的海表流场为

$$u_{\mathrm{s}}=-\frac{g}{f}\frac{\partial\zeta}{\partial y}, \quad v_{\mathrm{s}}=\frac{g}{f}\frac{\partial\zeta}{\partial x} \tag{4.2.7}$$

将式 (4.2.7) 代入式 (4.2.6)

$$u=-\frac{1}{f\rho}\frac{\partial}{\partial y}\int_{-h}^{0}g(\varphi,z)\rho(z)\mathrm{d}z+u_{\mathrm{s}} \tag{4.2.8a}$$

$$v=\frac{1}{f\rho}\frac{\partial}{\partial x}\int_{-h}^{0}g(\varphi,z)\rho(z)\mathrm{d}z+v_{\mathrm{s}} \tag{4.2.8b}$$

假设海洋是均质的，则密度为常数，同时不考虑重力加速度随纬度和深度的变化，式 (4.2.8) 右边第一项等于 0，即海洋内的水平压力梯度与在 $z=0$ 处的梯度是一样的。此时海水的流动是由于海面的倾斜所引起的，又可称之为倾斜流。因此，倾斜流是指海水密度为常数，不考虑重力加速度的变化以及大气压强空间变化的情况下，海面倾斜诱导的地转流。

实际的海洋是层化的，海水的密度不是常数，因此，根据式 (4.2.8)，水平速度可分解为两项，一项是倾斜流（由海面起伏的水平梯度诱导）；另一项是由于密度的水平变化所引起的相对速度项，称为梯度流。梯度流是指由海洋密度的不均匀性引起的压强水平梯度力所诱导的地转流。若要从密度扰动来计算海洋内部的绝对地转流则需要知道海洋某深度的流场 (u,v)。

当 $f\to0$ 时，$u,v\to\infty$，因此，地转平衡关系在赤道地区不适用。

4.2.2 热成风关系

在布西内斯克近似下(见 2.3.1 小节),地转平衡方程式(4.2.5a)可以写成

$$fu = -\frac{1}{\rho_0}\frac{\partial p}{\partial y} \tag{4.2.9a}$$

$$fv = \frac{1}{\rho_0}\frac{\partial p}{\partial x} \tag{4.2.9b}$$

其中, ρ_0 为参考密度,是常数。将式(4.2.9)对 z 求偏导

$$f\frac{\partial v}{\partial z} = \frac{1}{\rho_0}\frac{\partial}{\partial x}\left(\frac{\partial p}{\partial z}\right) = \frac{1}{\rho_0}\frac{\partial}{\partial x}(-\rho g) = -\frac{g}{\rho_0}\frac{\partial \rho}{\partial x} \tag{4.2.10a}$$

$$f\frac{\partial u}{\partial z} = -\frac{1}{\rho_0}\frac{\partial}{\partial y}\left(\frac{\partial p}{\partial z}\right) = -\frac{1}{\rho_0}\frac{\partial}{\partial y}(-\rho g) = \frac{g}{\rho_0}\frac{\partial \rho}{\partial y} \tag{4.2.10b}$$

其中利用了静力平衡近似。省略中间的推导步骤,式(4.2.10)可以写成

$$f\frac{\partial v}{\partial z} = -\frac{g}{\rho_0}\frac{\partial \rho}{\partial x} \tag{4.2.11a}$$

$$f\frac{\partial u}{\partial z} = \frac{g}{\rho_0}\frac{\partial \rho}{\partial y} \tag{4.2.11b}$$

上式称为热成风关系式,该式将水平速度的垂向切变与密度的水平梯度建立直接的联系,其物理意义深刻。在海洋中存在密度水平梯度的地方必然伴随着速度的垂直剪切。比如,在海洋密度锋面(即海水密度在水平方向变化剧烈的区域)存在沿锋面方向的强速度剪切。

4.3 利用卫星高度计资料计算地转流

根据地转流的分解式(4.2.8)的第二项 $u_s = -\frac{g}{f}\frac{\partial \zeta}{\partial y}$, $v_s = \frac{g}{f}\frac{\partial \zeta}{\partial x}$,可以得到由海面高度变化引起的海表地转流,而海面高度的变化可以通过卫星高度计获得。

卫星高度计是以卫星为载体,以海洋表面为对象的一种星载主动式微波传感器,由搭载在卫星上的微波测高仪向海面主动发射脉冲,该脉冲到达海面后,经过海表面反射的部分会被测高仪的天线接收到,通过测量发射和接收脉冲的时间间隔,并经过一系列精确计算可以得到海表面高度资料(刘玉光,2009)。

然而,经过大气校正、潮汐校正等处理后的海表面高度资料仍包含着大地水准面的信息。大地水准面具有地质变迁尺度的时间变化量级,相对于海表起伏而言可视为不变,即

$$h_0(t) = H_g + \zeta(t) \tag{4.3.1}$$

其中, $h_0(t)$ 是经过校正处理得到的高度计海表高度资料; H_g 是大地水准面相对于大地椭球面的起伏; $\zeta(t)$ 是海表起伏。

引入 $\bar{Q} = \dfrac{1}{T}\displaystyle\int_0^T Q\mathrm{d}t$ 为 T 时间内的平均量；$Q' = Q - \bar{Q}$ 为时间距平量，其中 $\overline{Q'} = 0$。对上式在 $[0,\ T]$ 内做时间距平运算，有

$$h_0'(t) \equiv h_0(t) - \overline{h_0}(t) = \zeta(t) - \bar{\zeta}(t) \equiv \zeta'(t) \tag{4.3.2}$$

由此可以看出,高度计测量得到的海表面高度的时间距平等价于由于海洋物理过程(海流和波浪)引起的海表起伏的时间距平。这为我们利用卫星高度计资料的距平场进行海洋动力分析奠定了数学和物理基础(何宜军,2002;董昌明和袁业立,1996)。

下面我们简单介绍一下卫星高度计的发展。

4.3.1　卫星高度计的发展简介

1969 年,在威廉斯敦召开的固体地球和海洋物理大会最早提出了卫星测高计划。1973 年,美国国家航空航天局(NASA)在发射的天空实验室(Skylab)上进行了卫星高度计的首次原理性试验,其成功运行为后续卫星高度计的设计和发展积累了宝贵的经验。世界第一颗专门的卫星高度计——地球动力实验海洋卫星(GEOS-3)由美国 NASA 于1975 年发射,进行卫星高度计在轨实验测试。

1978 年,美国 NASA 又发射了海洋卫星(Seasat),所载高度计的测高技术达到了一个新水平,在其运行的最后 25 天首次实现了重复地面轨迹运行模式,重复周期为 17 天伴随 3 天的子循环,重复轨迹偏离范围小于 2 km。Seasat-A 卫星主要测量海面温度、海面风速和风向、有效波高、海洋潮汐、流场、极区海冰等水文要素,这是遥感技术用于海洋学研究的里程碑。

美国海军于 1985 年发射了地球重力卫星(Geosat),卫星高度计开始进入业务化运行阶段。卫星上唯一的有效载荷是一部 Ku 波段(13.5 GHz)雷达测高仪,主要用于测量海洋表面有效波高,研究海洋重力场、海山海沟检测、海潮、海表形态等。

1991 年,欧洲空间局(ESA)发射了第一颗欧洲遥感卫星(ERS-1),卫星测高技术又一次取得进步,搭载的高度计测距精度达到 10 cm,卫星的重复周期为 3 天、35 天和 168天,重复轨迹偏离范围缩小到 1 km 以内。ERS-1 卫星上的扫描辐射计微波通道(ATSR/M)可同时进行水汽数据探测,用于卫星高度计数据的水汽误差修正。ERS-1 卫星首次测量 72°N 和 72°S 以上的高纬地区,实现了对格陵兰岛冰况的监测。

1992 年,美国 NASA 和法国国家空间研究中心(CNES)联合发射了 TOPEX/Poseidon(T/P)卫星,装载了第一台双频高度计 TOPEX(Ku 波段和 C 波段)和一颗实验性单频固态雷达 Poseidon 高度计,可更有效地对大气电离层的影响进行修正。卫星上搭载微波辐射计进行同步观测,用于水汽修正。T/P 卫星被认为是首颗不再需要进行轨道误差修正的卫星,其测距精度达到 2 cm,卫星高度 1336 km,重复周期约 9.9156 天。

第二颗欧洲遥感卫星(ERS-2)于 1995 年发射,其上所载高度计的设计与 ERS-1 基本相同,重复周期为 35 天。

继 Geosat 卫星之后,美国海军于 1998 年发射了其后续卫星高度计 GFO(Geosat Follow On),采用了与 Geosat 卫星相同的运行轨道,重复周期为 17 天,GFO 为单频高度计。

　　T/P 的后续卫星 Jason-1 由美国 NASA 和法国 CNES 于 2001 年底发射，所搭载的高度计 Poseidon-2 是由 Poseidon-1 发展而来，并新增了 C 波段(5.3 GHz)，变为双频高度计。与以往的高度计相比，Poseidon-2 更轻巧、更便宜，但性能毫不逊色。Jason-1 完全沿着 T/P 的轨道运行，重复周期 9.9156 天，在与 T/P 数据进行校正之后，两者并行飞行，这种并行模式可以提高观测的时空分辨率。

　　2002 年，ESA 成功发射大型海洋观测卫星 Envisat，作为 ERS 系列的后续卫星，卫星上搭载了一台双频高度计(RA-2)，工作波段为 S 波段(3.2 GHz)和 Ku 波段(13.6 GHz)。RA-2 可以采用不同脉冲模式对海洋、陆冰和海冰进行有效观测。

　　Jason-2 于 2008 年 6 月成功发射，用来代替 TOPEX/Poseidon 和 Jason-1，沿着相同的轨道运行，飞行高度为 1336 km，重复周期 9.9156 天，图 4.3.1 为 Jason-2 卫星高度计在中国海及邻近海域的轨道分布图。Jason-2 上搭载了一台新一代的双频雷达高度计 Poseidon-3。

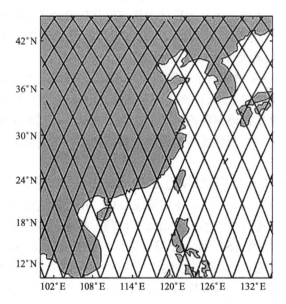

图 4.3.1　Jason-2 卫星高度计在中国海及邻近海域的轨道分布

　　Cryosat-1 卫星在 2005 年 10 月 8 日发射失败。作为其替代卫星，Cryosat-2 卫星于 2010 年 4 月成功发射，轨道倾角大约 92°，飞行高度 717 km，卫星运行周期为 369 天，伴随着 30 天的子循环（369 天的周期由连续变化的 30 天重复模式构成），图 4.3.2 为 Cryosat-2 卫星高度计在中国海及邻近海域的轨道分布图。这是 1 颗改进型的雷达高度计卫星，卫星上搭载了合成孔径雷达高度计(SRAL)，新增了延迟多普勒模式和干涉合成孔径雷达(synthetic aperture radar，SAR)模式，主要用于极地观测，可以对地球大陆冰层厚度和海冰覆盖进行有效监测。

　　中国首颗海洋动力环境卫星海洋 2 号(HY-2A)于 2011 年成功发射，其上搭载一台双波段(Ku 波段和 C 波段)的卫星高度计，用于海洋动力环境参数如海表面风场、海表面高度以及海温的测量。HY-2A 卫星的轨道高度为 971 km，重复周期 14 天和 168 天，在中国海及邻近海域的轨道分布如图 4.3.3 所示。

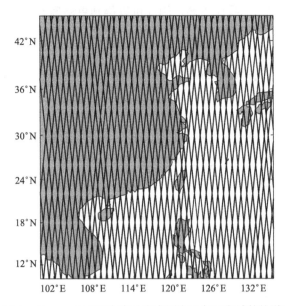

图 4.3.2 Cryosat-2 卫星高度计在中国海及邻近海域的轨道分布

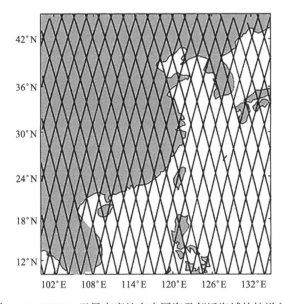

图 4.3.3 HY-2A 卫星高度计在中国海及邻近海域的轨道分布

Sentinel-3 卫星与 Copernicus 计划长期合作，进行高度测量。卫星上的有效载荷主要包括与 Poseidon-3 相似的双波段（Ku 波段和 C 波段）雷达高度计并且增加了 SAR 模式，可以提高沿轨分辨率、降低噪声水平。Sentinel-3A 已于 2016 年发射，主要负责对海洋、陆地、冰盖的近实时监测。

SARAL(Satellite with Argos and AltiKa)是另一种新型的雷达高度计卫星,于 2013 年成功发射,它利用 Ka(35 GHz)波段高度计(AltiKa)。AltiKa 由法国 CNES 设计,具有更高的频率和更宽的带宽,信噪比更高,因此可以得到更精确的测量结果,可以改善人们对于海岸带、陆地表层以及浪高等的观测。SARAL 卫星在运行的前三年采用与 ERS/Envisat 相同的轨道,以保证观测的连续性。

未来,SWOT(Surface Water and Ocean Topography)将会带来一种创新的测高技术,将充分展示宽条带式 Ka 波段高度计雷达干涉技术的潜力,并提供高分辨率宽幅的信息以及前所未有的精度和分辨率。

表 4.3.1 总结了目前已经发射和在轨运行的卫星高度计的主要参数。以上各高度计数据产品可以通过 AVISO 网站(https://www.aviso.altimetry.fr)、国家卫星海洋应用中心网站(https://www.nsoas.org.cn)、ESA 网站(https://earth.esa.int/)等下载。

表 4.3.1　已发射卫星高度计的主要参数

卫星	运行时间	卫星倾角/(°)	重复周期/天	轨道高度/km	频率/GHz
Skylab	1973~1974 年	50	—	440	13.9
GEOS-3	1975~1979 年	115	—	830	13.9
Seasat	1978~1978 年	108	17(3)	800	13.5
Geosat	1985~1990 年	108	17	800	13.5
ERS-1	1991~2000 年	98.5	3/35/168	785	13.8
TOPEX/Poseidon	1992~2006 年	66	9.9156	1336	5.3/13.6
ERS-2	1995~2011 年	98.5	35	785	13.8
GFO	1998~2008 年	108	17	800	13.5
Jason-1	2001~2013 年	66	9.9156	1336	5.3/13.6
Envisat	2002~2012 年	98.5	35/30	782/799	3.2/13.6
Jason-2	2008 年~	66	9.9156	1336	5.3/13.6
Cryosat-2	2010 年~	92	369(30)	717	13.5
HY-2A	2011 年~	99.3	14/168	971	5.3/13.6
SARAL/AltiKa	2013 年~	98.5	35	800	35
Jason-3	2016 年~	66	10	1336	5.3/13.6
Sentinel-3	2016 年~	98.6	27	814	5.3/13.6

4.3.2　高度计资料计算地转流

根据地转流公式(4.2.7),利用高度计数据可以计算由海面高度空间变化引起的地转流,公式如下

$$u_\mathrm{s} = -\frac{g}{f}\frac{\partial \zeta}{\partial y}, \quad v_\mathrm{s} = \frac{g}{f}\frac{\partial \zeta}{\partial x} \tag{4.3.3}$$

其表征的是海面的地转流。

从式(4.3.3)可以看出,海面地转流与海面高度的斜率成正比(图 4.3.4)。在中纬度地

区（比如 30°N），如果海面地转流为 $v_s = 0.1\sim1.0$ m/s，其海面高度的斜率为

$$\frac{\partial \zeta}{\partial x} = \frac{f v_s}{g} \approx \frac{0.07 \sim 0.7 \text{ m}}{100 \text{ km}} \tag{4.3.4}$$

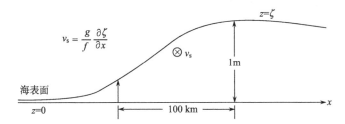

图 4.3.4　海表高度的斜率（$\frac{\partial \zeta}{\partial x}$）与海表地转流 v_s 的关系

如图 4.3.5 上所示，我们采用多源卫星高度计融合得到的网格化产品，通过上述计算方法得到海表地转流偏差场（图 4.3.5 下）。

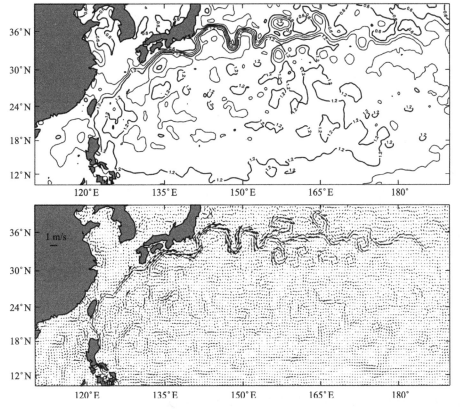

图 4.3.5　2014 年 2 月 9 日西北太平洋、黑潮区和黑潮延伸区的海面高度偏差场（上）和计算得到的海表地转流偏差场（下），数据来源于法国 Copernicus 海洋环境监测服务中心（Copernicus Marine Environment Monitoring Service，CMEMS）的全球海表高度 4 级产品

4.4　利用温盐数据计算地转流

根据地转流的分解式(4.2.8)的第一项：

$$u = -\frac{1}{f\rho}\frac{\partial}{\partial y}\int_{-h}^{0} g(\varphi, z)\rho(z)\mathrm{d}z \tag{4.4.1a}$$

$$v = \frac{1}{f\rho}\frac{\partial}{\partial x}\int_{-h}^{0} g(\varphi, z)\rho(z)\mathrm{d}z \tag{4.4.1b}$$

如果我们知道各个深度的密度水平分布，就可以获得由密度引起的压强梯度力诱导的地转流，即梯度流。

4.4.1　相对地转流的计算

首先，引入重力位势 Φ（位势），其定义为

$$\mathrm{d}\Phi = g\mathrm{d}z \tag{4.4.2}$$

即将单位质量的海水从参考面提升到某一高度时所做的功，位势的单位为 $\mathrm{m^2/s^2}$ 或 $\mathrm{J/kg}$。位势相等的面称为等势面，等势面之间的位势差常以位势米 $Z = \dfrac{\mathrm{d}\Phi}{9.8}$ 来表示，位势米的数值近似等于几何高度。

根据静力平衡方程式(4.2.2)可得

$$\mathrm{d}\Phi = g\mathrm{d}z = -\frac{1}{\rho}\frac{\partial p}{\partial z}\mathrm{d}z = -\alpha\mathrm{d}p_z \tag{4.4.3}$$

其中，$\alpha = \alpha(s, t, p) = \dfrac{1}{\rho}$ 为比容，即单位质量海水的体积；$\mathrm{d}p_z = \dfrac{\partial p}{\partial z}\mathrm{d}z$ 为垂向 $\mathrm{d}z$ 上的压强变化。

假设等压面 p 仅沿着 x 方向倾斜（倾斜角度为 β），根据等压面方程有

$$\mathrm{d}p = \frac{\partial p}{\partial x}\mathrm{d}x + \frac{\partial p}{\partial z}\mathrm{d}z = 0 \tag{4.4.4}$$

结合地转方程组(4.2.4)和静力平衡式(4.2.2)可得

$$\tan\beta = \frac{\mathrm{d}z}{\mathrm{d}x} = -\frac{\dfrac{\partial p}{\partial x}}{\dfrac{\partial p}{\partial z}} = -\frac{\rho f v}{-\rho g} = \frac{f v}{g} \tag{4.4.5}$$

由式(4.4.2)和式(4.4.5)，得到

$$\frac{\mathrm{d}\Phi}{\mathrm{d}x} = \frac{g\mathrm{d}z}{\mathrm{d}x} = f v \tag{4.4.6}$$

其中，$\mathrm{d}\Phi$ 为沿等压面位势在垂向上的变化。同理可以得到

$$\frac{\mathrm{d}\Phi}{\mathrm{d}y} = -f u \tag{4.4.7}$$

如图 4.4.1 所示，对式(4.4.3)在等压面（P_1, P_2）间进行积分，得到两等压面之间的位势差，在 A 处有

$$\Phi_A = \Phi(P_{2A}) - \Phi(P_{1A}) = -\int_{P_{1A}}^{P_{2A}} \alpha(s,t,p)\mathrm{d}p \tag{4.4.8}$$

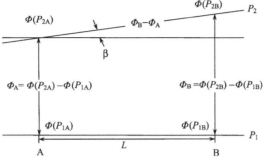

图 4.4.1 利用温盐数据计算地转流几何示意图

在大多数实际计算中，常使用比容偏差来计算位势偏差：

$$\alpha(s,t,p) = \alpha(35,0,p) + \delta \tag{4.4.9}$$

其中，δ 是比容偏差。$\alpha(35,0,p)$ 是盐度为 35 psu，温度为 0℃，压强为 p 的海水的比容。$\alpha(35,0,p)$ 这一项在等压面之间的积分，与水平方向 x、y 无关，对地转速度的计算没有贡献。

把式 (4.4.9) 代入式 (4.4.8) 得

$$\begin{aligned}
\Phi(P_{2A}) - \Phi(P_{1A}) &= -\int_{P_{1A}}^{P_{2A}} \alpha(35,0,p)\mathrm{d}p - \int_{P_{1A}}^{P_{2A}} \delta\mathrm{d}p \\
&= (\Phi_2 - \Phi_1)_{\text{标准}} + \Delta\Phi_A
\end{aligned} \tag{4.4.10}$$

其中，$(\Phi_2 - \Phi_1)_{\text{标准}}$ 是两等压面 (P_1, P_2) 间的标准位势距，而

$$\Delta\Phi_A = -\int_{P_{1A}}^{P_{2A}} \delta\mathrm{d}p \tag{4.4.11}$$

是两等压面 (P_1, P_2) 间的位势距变动。

如图 4.4.1 所示，假设等压面 P_1 为等位势面，在该面上等压面和等位势面重合，且该面上的地转流速度为零。因此，在 A、B 点从 P_1 面到 P_2 面的标准位势距是相同的，等压面 P_2 上位势在 x 方向的变化率为

$$\frac{\mathrm{d}\Phi}{\mathrm{d}x} = \frac{\Phi_B - \Phi_A}{L} = \frac{\Delta\Phi_B - \Delta\Phi_A}{L} \tag{4.4.12}$$

其中，L 为 A、B 点间的水平距离。

把式 (4.4.12) 代入式 (4.4.6) 得

$$\frac{\Delta\Phi_B - \Delta\Phi_A}{L} = fv \tag{4.4.13}$$

即

$$v = \frac{\Delta\Phi_B - \Delta\Phi_A}{fL} \tag{4.4.14}$$

其中，v 是等压面 P_2 相对于等压面 P_1（零流面）的地转流速。式 (4.4.14) 被称为海兰-汉森公式。

在北半球，沿着流的方向，地转流右侧为高压和高水位；如果海表与水准面重合，则地转流右侧为高密度和低温度。

在大多数海域，海流的强度自海表向下逐渐减弱，因此我们常假设某一深度处水面流速为 0(零流面)，然后计算任意深度相对于零流面的地转流。当然最好能通过观测知道某一参考面的流速。

下面我们给出一个具体计算地转流的实例。

使用奋进号在马萨诸塞州科德角以南沿墨西哥湾流第 88 航次 61 号和 64 号站位收集到的水文数据计算地转流(JPOTS Editorial Panel，1991)，61 号站位于墨西哥湾沿岸的马尾藻海侧；64 号站位于墨西哥湾流域以北。利用 CTD 进行温度、盐度、密度测量，采样频率为每秒 22 次，随着水深逐渐增加，数据每 2 dbar 取一次平均。数据利用二项式滤波器进行了平滑，线性插值的结果显示在表 4.4.1 和表 4.4.2 中。表中第 5 列的比容

表 4.4.1　相对地转流的计算[数据来自奋进号 88 航次，61 号站位(36°40.03′N，70°59.59′W；1982 年 8 月 23 日；1102Z)]

压强/dbar	$t/℃$	s/psu	$\sigma(\theta)/(\mathrm{kg/m^3})$	$\delta(s,t,p)/$ $(10^{-8}\mathrm{m^3/kg})$	$\bar{\delta}/$ $(10^{-8}\mathrm{m^3/kg})$	$\Delta\Phi/$ $(\mathrm{m^2/s^2})$
0	25.698	35.221	23.296	457.24		
1	25.698	35.221	23.296	457.28	457.26	0.046
10	26.763	36.106	23.658	423.15	440.22	0.396
20	26.678	36.106	23.658	423.66	423.41	0.423
30	26.676	36.107	24.659	423.98	423.82	0.424
50	24.528	36.561	25.670	328.48	376.23	0.752
75	22.753	36.614	25.236	275.66	302.07	0.755
100	21.427	36.637	25.630	239.15	257.41	0.644
125	20.633	36.627	26.841	220.06	229.61	0.574
150	19.522	36.558	26.086	197.62	208.84	0.522
200	18.798	36.555	26.273	181.67	189.65	0.948
250	18.431	36.537	26.354	175.77	178.72	0.894
300	18.189	36.526	26.408	172.46	174.12	0.871
400	17.726	36.477	26.489	168.30	170.38	1.704
500	17.165	36.381	26.557	165.22	166.76	1.668
600	15.952	36.105	26.714	152.33	158.78	1.588
700	13.458	35.776	27.914	134.03	143.18	1.432
800	11.109	35.437	27.115	114.36	124.20	1.242
900	8.798	35.178	27.306	94.60	104.48	1.045
1000	6.292	35.044	27.560	67.07	80.84	0.808
1100	5.249	35.004	27.660	56.70	61.89	0.619
1200	4.813	34.995	27.705	52.58	54.64	0.546
1300	4.554	34.986	27.727	50.90	51.74	0.517
1400	4.357	34.977	27.743	49.89	50.40	0.504
1500	4.245	34.975	27.753	49.56	49.73	0.497
1750	4.028	34.973	27.777	49.03	49.30	1.232
2000	3.852	34.975	27.799	48.62	48.83	1.221
2500	3.424	34.968	27.839	46.92	47.77	2.389
3000	2.963	34.946	27.868	44.96	45.94	2.297
3500	2.462	34.920	27.894	41.84	43.40	2.170
4000	2.259	34.904	27.901	42.02	41.93	2.097

表 4.4.2 相对地转流的计算[数据来自奋进号 88 航次，64 号站位(37°39.93′N，71°0.00′W；1982 年 8 月 24 日；0203Z)]

压强/dbar	t/℃	s/psu	$\sigma(\theta)$/ (kg/m³)	$\delta(s,t,p)$/ (10^{-8}m³/kg)	$\overline{\delta}$/ (10^{-8}m³/kg)	$\Delta\Phi$/ (m²/s²)
0	26.148	34.646	22.722	512.09		
					512.15	0.051
1	26.148	34.646	22.722	512.21		
					512.61	0.461
10	26.163	34.645	22.717	513.01		
					512.89	0.513
20	26.167	34.655	22.724	512.76		
					466.29	0.466
30	25.640	35.733	23.703	419.82		
					322.38	0.645
50	18.967	35.944	25.755	224.93		
					185.56	0.464
75	15.371	35.904	26.590	146.19		
					136.18	0.340
100	14.356	35.897	26.809	126.16		
					120.91	0.302
125	13.059	35.696	26.925	115.66		
					111.93	0.280
150	12.134	35.567	27.008	108.20		
					100.19	0.501
200	10.307	35.360	27.185	92.17		
					87.41	0.437
250	8.783	35.168	27.290	82.64		
					79.40	0.397
300	8.046	35.117	27.364	76.16		
					66.68	0.667
400	6.235	35.052	27.568	57.19		
					52.71	0.527
500	5.230	35.018	27.667	48.23		
					46.76	0.468
600	5.005	35.044	27.710	45.29		
					44.67	0.447
700	4.756	35.027	27.731	44.04		
					43.69	0.437
800	4.399	34.992	27.744	43.33		
					43.22	0.432
900	4.291	34.991	27.756	43.11		
					43.12	0.431
1000	4.179	34.986	27.764	43.12		
					43.10	0.431
1100	4.077	34.982	27.773	43.07		
					43.12	0.431
1200	3.969	34.975	27.779	43.17		
					43.28	0.433
1300	3.909	34.974	27.786	43.39		
					43.38	0.434
1400	3.831	34.973	27.793	43.36		
					43.31	0.433
1500	3.767	34.975	27.802	43.26		
					43.20	1.080
1750	3.600	34.975	27.821	43.13		
					43.00	1.075
2000	3.401	34.968	27.837	42.86		
					42.13	2.106
2500	2.942	34.948	27.867	41.39		
					40.33	2.106
3000	2.475	34.923	27.891	39.26		
					39.22	1.961
3500	2.219	34.904	27.900	39.17		
					40.08	2.004
4000	2.177	34.896	27.901	40.98		

$\delta(s,t,p)$ 是根据每层盐度 s、温度 t 和压强 p 计算得到的，$\overline{\delta}$ 是每层的比容异常，最后一列 $\Delta\Phi$ 是每层比容异常与每层厚度的乘积，是根据式(4.4.11)从每层底部 P_1 到顶部 P_2 积分得到的位势差 $\Delta\Phi$。站点之间的距离 $L=110935\text{ m}$，科里奥利参数 $f=0.88104\times10^{-4}\text{ s}^{-1}$，因此式(4.4.14)中的分母等于 9.7738 m/s。计算得到的地转流在表 4.4.3 以及图 4.4.2 中给出。

表 4.4.3　相对地转流的计算（数据来自奋进 88 航次，61 号和 64 号站位）

压强/dbar	$\Delta\Phi_{61}/(\text{m}^2/\text{s}^2)$	$\Sigma\Delta\Phi_{61}$	$\Delta\Phi_{64}/(\text{m}^2/\text{s}^2)$	$\Sigma\Delta\Phi_{64}$	$v/(\text{m/s})$
0		21.872		12.583	0.95
	0.046		0.051		
1		21.826		12.532	0.95
	0.396		0.461		
10		21.430		12.070	0.96
	0.423		0.513		
20		21.006		11.557	0.97
	0.424		0.466		
30		20.583		11.091	0.97
	0.752		0.645		
50		19.830		10.446	0.96
	0.755		0.464		
75		19.075		9.982	0.93
	0.644		0.340		
100		18.431		9.642	0.90
	0.574		0.302		
125		17.857		9.340	0.87
	0.522		0.280		
150		17.335		9.060	0.85
	0.948		0.501		
200		16.387		8.559	0.80
	0.894		0.437		
250		15.493		8.122	0.75
	0.871		0.397		
300		14.623		7.725	0.71
	1.704		0.667		
400		12.919		7.058	0.60
	1.668		0.527		
500		11.252		6.531	0.48
	1.588		0.468		
600		9.664		6.063	0.37
	1.432		0.447		
700		8.232		5.617	0.27
	1.242		0.437		
800		6.990		5.180	0.19
	1.045		0.432		
900		5.945		4.748	0.12
	0.808		0.431		
1000		5.137		4.317	0.08
	0.619		0.431		
1100		4.518		3.886	0.06
	0.546		0.431		
1200		3.972		3.454	0.05
	0.517		0.433		
1300		3.454		3.022	0.04
	0.504		0.434		
1400		2.950		2.588	0.04
	0.497		0.433		
1500		2.453		2.155	0.03
	1.232		1.080		
1750		1.221		1.075	0.01
	1.221		1.075		
2000		0.000		0.000	0.00
	2.389		2.106		
2500		−2.389		−2.106	−0.03
	2.297		2.106		
3000		−4.686		−4.123	−0.06
	2.170		1.961		
3500		−6.856		−6.083	−0.08
	2.097		2.004		
4000		−8.952		−8.087	−0.09

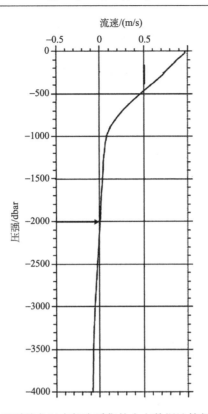

图 4.4.2　利用 1982 年 8 月奋进号科德角以南航次采集的水文数据计算得到的相对地转流速随深度变化的廓线，假定的无流深度压强为–2000 dbar

4.4.2　P 矢量方法计算绝对地转流

P 矢量算法是美籍华裔海洋学家 Peter Chu 教授于 20 世纪 90 年代提出的一种计算地转流的方法，目前已被广泛应用于地转流速度场的估算中（Chu，1995； He，et al.，2012； Yuan，et al.，2014；Sun，et al.，2017）。本节简要介绍一下 P 矢量方法。

对热成风关系式(4.2.9)垂向积分：

$$u = u_0 + \frac{g}{f\rho_0} \int_{z_{\text{ref}}}^{z} \frac{\partial \rho}{\partial y} dz' \tag{4.4.15a}$$

$$v = v_0 - \frac{g}{f\rho_0} \int_{z_{\text{ref}}}^{z} \frac{\partial \rho}{\partial x} dz' \tag{4.4.15b}$$

其中，(u,v) 和 (u_0,v_0) 分别是在任意深度层 z 和参考层 z_{ref} 上的地转流速度；g 是重力加速度；ρ 是海水的密度；ρ_0 是海水的参考密度。

由于水文测量数据仅能够确定地转流中的斜压分量，即方程式(4.4.15)右端的第二项，参考速度 (u_0,v_0) 仍然需要通过估测获得。在准定常、不可压条件下，可以假定位势密度守恒：

$$\boldsymbol{V} \cdot \nabla \rho = 0 \tag{4.4.16}$$

其中，$\nabla \equiv \boldsymbol{i}\dfrac{\partial}{\partial x} + \boldsymbol{j}\dfrac{\partial}{\partial y} + \boldsymbol{k}\dfrac{\partial}{\partial z}$；$V = (u, v, w)$ 是三维的速度；(x, y, z) 是坐标系的三个方向；$\boldsymbol{i}, \boldsymbol{j}, \boldsymbol{k}$ 分别是沿 3 个坐标方向的单位矢量，其中 z 取向上为正，未受扰动的海洋表面 $z=0$。位势涡度守恒方程为

$$V \cdot \nabla q = 0 \tag{4.4.17}$$

其中，$q \equiv f\dfrac{\partial \rho}{\partial z}, f = 2\Omega\sin\phi$ 是科里奥利参数，$\Omega = 7.292 \times 10^{-5}\,\mathrm{s}^{-1}$ 是地球自转角速度。

引入单位矢量 $\boldsymbol{P}$，即 $\boldsymbol{P}$ 矢量：若等密面与等位势面不重合，$\boldsymbol{P}$ 可以表示为（图 4.4.3）

$$\boldsymbol{P} = \frac{\nabla q \times \nabla \rho}{|\nabla q \times \nabla \rho|} \tag{4.4.18}$$

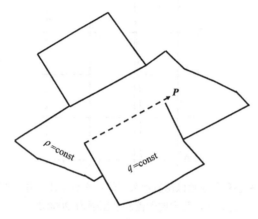

图 4.4.3　绝对速度以及相互交叉的等密度面和等涡度面示意图

由式 (4.4.16) 和式 (4.4.17) 可知，速度场 V 与 $\nabla\rho$ 和 ∇q 垂直正交，而式 (4.4.18) 表征了矢量场 $\boldsymbol{P}$ 与 $\nabla\rho$ 和 ∇q 也垂直正交，因此速度场 V 和矢量场 $\boldsymbol{P}$ 之间的关系满足：

$$V = r(x, y, z)\boldsymbol{P} \tag{4.4.19}$$

其中，$r(x, y, z)$ 是比例系数。在任意两层之间使用热成风关系，可以获得系数 $r(x, y, z)$，进而获得地转流。

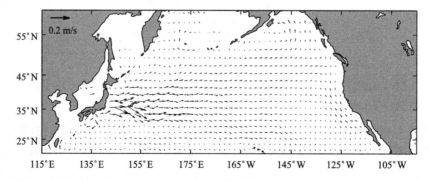

图 4.4.4　使用 $\boldsymbol{P}$ 矢量方法，基于 2004～2008 年月平均北太平洋 Argo 网格数据（1°×1°）计算得到的海表面流场分布图

图 4.4.4 给出了利用 **P** 矢量方法计算所获得的北太平洋海域表面流场分布图。**P** 矢量详细的计算方法请参考 Chu(1995)。

P 矢量计算地转流的方法是在假设式(4.4.16)和式(4.4.17)的情况下获得的,因此具有一定的局限性,尤其是位涡守恒中忽略了相对涡度的中小尺度变化。

第 5 章　埃克曼流与惯性流

"黑风吹浪暗昏昏"是前人对于风影响海面，从而导致海气变化这种现象的直观描绘。驱动海流的动力一般分为两类：热力和动力。太阳辐射导致海洋受热不均，蒸发降水更造成局地温盐差异，从而产生流动，这一类流动通常被称为热盐环流或深层环流。而另一种，则是海洋受到海表面风力的持续作用，上层海水产生响应，从而促使海水流动，这一类被称为风生海流。在海水较浅的近岸区域，风应力甚至可以作用于海洋的整个深度。而在宽阔的大洋区域，海洋对于风的响应主要集中于上层和中层，在一定程度上风应力主导了大洋上层环流的结构与特征。

盛行风影响海面，上层海洋也随之变化，不仅海水的物理性质发生变化，海洋也持续影响、调节着相邻陆地区域的气候。本章主要讨论由风应力造成的几种基本流动。

5.1　海表风应力

5.1.1　风能的输入

假设有一阵强度固定的大风，同一时间分别作用在广阔平坦的土地与茂盛葱郁的森林上。哪一种情况下狂风带来的破坏程度会更加大？显而易见，茂密的植被为狂风提供了更多的着力点，使其影响更加显著。而从物理上来看，狂风对森林的破坏其实就是一个机械能做功的过程，也就是风作用于树木时将动能传递给树木的过程。当场景转换为光秃秃的土地时，风几乎无法接触到其他物体，导致自身的动能无法传递出去。

在海洋中，风能向海洋输入的过程也相类似。假设海面是一个理想的光滑平面，那么作用于其上的风无法找到传递能量的媒介，则无法有效地将自身的能量输入海洋。换言之，假如海面是绝对光滑且不变化的，风平行地吹拂海面，大气与海洋之间将不存在动能交换，也不会存在风生环流。正是由于现实的海面不存在绝对光滑的情况，所以海洋与大气的交界面处总是存在摩擦，能量交换也在海气界面发生。根据流体力学观点，当两种密度不同的介质相互接触、相对运动时，在其分界面上就会产生波动。当空气在海面上流动时，由于摩擦力的作用，原先的海气界面为了维持平衡状态，必须形成一定的波状界面。我们将这种海面的波动称为风成波。风成波形成过程为：当风力很小(小于 0.2 m/s)时，海面保持平静；当风力逐渐增大(达到 0.3～1.5 m/s)时，海面产生毛细波，也称涟波(图 5.1.1)。对于毛细波的形成起主要作用的不是重力，而是表面张力。它仅存在于海面上很薄的一层，却明显地增加了海面的摩擦，就像荒芜的沙漠广植防风林，风通过和树林的摩擦作用转移一部分动能。随着风力增加，风浪不断发展，当风力到达临界值(1.6 m/s)时，海面初步形成风成波。此时风能够通过切应力和作用在波浪迎风面上的正压力将能量传递给海洋。

图 5.1.1　水面上的毛细波

从宏观尺度来看，若将风成波的波高与海洋的深度相比，风成波的波高可以忽略不计。因此，我们可以近似认为风通过切应力将能量传递给海洋，并将其命名为风应力。风应力是风在海表单位面积上施加的平行于海表的力，它的强度受到风速、风浪形状以及大气层结的影响。

单位接触面积的风应力大小可以由风应力或是拖曳力公式进行估算，这个公式将风应力参数化为海面上某高度风速的函数：

$$\boldsymbol{\tau} = \rho_{\text{air}} C_D |\boldsymbol{U}_h| \boldsymbol{U}_h \tag{5.1.1}$$

其中，ρ_{air} 是大气的密度；C_D 是量纲为 1 的拖曳系数；$\boldsymbol{U}_h$ 是海面上方高度 h 处的风速，通常选取海面 10 m 风速作为参考。

5.1.2　朗缪尔环流

在海洋表层，风能够造成一种特殊的环流——朗缪尔环流（Langmuir circulation）（图 5.1.2）。在科学家们针对朗缪尔环流进行细致研究之前，它被航海船员们称为风积丘。1927 年，诺贝尔化学奖获得者、美国物理化学家朗缪尔在马尾藻海（在西印度群岛东北）观测到了由海藻形成的风积丘。随后他发现风积丘是由波-流相互作用所诱导的一对反向旋转的涡旋，后人将其称为朗缪尔环流。进一步研究发现，当风速大于 2~3 m/s 时就会形成 2~10 cm 间隔的朗缪尔环流。Weller 等（1985）在一次观测海洋上层 50 m 风生环流的实

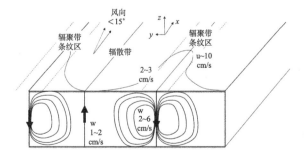

图 5.1.2　左图：在太平洋表层观测到的朗缪尔环流三维结构模型（Pollard，1977）；右图：朗缪尔环流诱导的海面油污形成的条纹

验中发现，当风速达到 14 m/s，表层流被分割成间隔 20 m 的朗缪尔环流。朗缪尔环流在风向右侧 15°角排成一条线，表面辐合区域下方 23 m 深处的垂直速度形成垂向窄射流，其最大垂直速度为 0.18 m/s。

5.2　海表埃克曼层

定常恒速的风长时间作用在海洋表面会在海洋上层产生一个边界层，叫作海表埃克曼层(Ekman layer)。海表埃克曼层的厚度最多可达到几百米，但与大洋深层水所在的几千米尺度相比，还是很薄的。与海表埃克曼层类似，在海洋底部也存在一个相似的边界层，叫作海底埃克曼层，我们将在下一节中介绍。

海表埃克曼层是以 Walfrid Ekman 教授(1874~1954 年)的名字命名的。该理论是 20 世纪上半叶海洋科学研究中最有代表性的工作，它使人们了解风如何驱动上层海水运动。

5.2.1　海表埃克曼漂流

我们先介绍下埃克曼理论的研究背景。挪威科学探险家南森（Fridtjof Nansen）(1861~1930 年)发现，北极地区海冰运动方向在风向右侧 20°~40°范围内，即顺着风向看，冰山的运动轨迹在风向的右侧(图 5.2.1)。南森分析冰山受到三个重要的力：风力 W、摩擦力 F 以及科里奥利力 C。摩擦力的方向与冰的速度方向相反；科里奥利力垂直于冰的速度方向；在定常流动下，这三个力达到平衡，即

$$W + F + C = 0 \tag{5.2.1}$$

这是南森给出的定性结果。

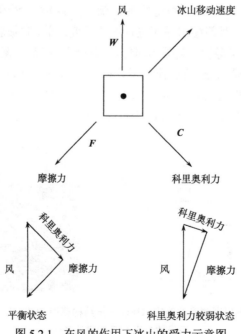

图 5.2.1　在风的作用下冰山的受力示意图

之后，南森让挪威著名的气象学家 Vilhelm Bjerknes（1862～1951 年）派学生研究地球旋转对风生流的影响，当时还是博士生的 Walfrid Ekman 就被安排做这个方向的研究，在其博士论文中提出了海表埃克曼层的动力学理论，即埃克曼无限深海漂流理论，简称埃克曼漂流理论。

以下是埃克曼漂流理论的数学推导过程和一些结论。

我们考虑一个如图 5.2.2 所示的情况。

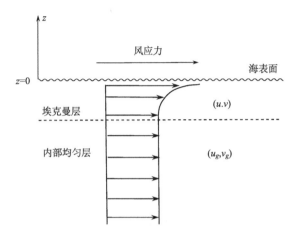

图 5.2.2　风应力导致的海洋表层埃克曼流示意图

假设海水稳定、均质，表面受平行于海表的风应力 (τ_x, τ_y) 作用，流速表示为 (u,v)，内部的流速 (u_g, v_g) 满足地转平衡，总流速和地转流的差值则是海洋表层对风的直接响应，即所谓的埃克曼流速，可用如下方程表示：

$$-f\left(v - v_g\right) = A_z \frac{\partial^2\left(u - u_g\right)}{\partial z^2} \tag{5.2.2a}$$

$$f\left(u - u_g\right) = A_z \frac{\partial^2\left(v - v_g\right)}{\partial z^2} \tag{5.2.2b}$$

表面边界条件（$z = 0$）

$$\rho_0 A_z \frac{\partial u}{\partial z} = \tau_x, \quad \rho_0 A_z \frac{\partial v}{\partial z} = \tau_y \tag{5.2.2c}$$

内部边界条件（$z \to -\infty$）

$$u = u_g, v = v_g \tag{5.2.2d}$$

令 $u - u_g = u_E, v - v_g = v_E$，考虑均匀 (u_g, v_g) 则式 (5.2.2) 变为

$$-f v_E = \frac{\partial}{\partial z}\left(A_z \frac{\partial u_E}{\partial z}\right) \tag{5.2.3a}$$

$$f u_E = \frac{\partial}{\partial z}\left(A_z \frac{\partial v_E}{\partial z}\right) \tag{5.2.3b}$$

同时，表面边界条件变为($z = 0$)

$$\rho_0 A_z \frac{\partial u_E}{\partial z} = \tau_x$$

$$\rho_0 A_z \frac{\partial v_E}{\partial z} = \tau_y$$

(5.2.3c)

假设在无限深处($z \to -\infty$)，风对海洋的作用可以忽略，即边界条件变为

$$u_E = 0, \quad v_E = 0$$

(5.2.3d)

引入复数形式的速度和风应力：

$$W = u_E + i v_E$$

(5.2.4a)

$$\tau = \tau_x + i \tau_y$$

(5.2.4b)

当仅考虑 u_E、v_E 随深度 z 的变化时，令 $\frac{if}{A_z} = j^2$，式(5.2.3)变为

$$\frac{d^2 W}{dz^2} - j^2 W = 0$$

(5.2.5a)

表面边界条件($z = 0$)用复数形式表示为

$$\rho_0 A_z \frac{\partial W}{\partial z} = \tau$$

(5.2.5b)

无限深处($z \to -\infty$)的边界条件用复数形式表示为

$$W = 0$$

(5.2.5c)

二阶齐次微分方程(5.2.5a)的通解为

$$W = A e^{-jz} + B e^{jz}$$

(5.2.6a)

利用边界条件(5.2.5b)和(5.2.5c)得

$$A = 0, \quad B = \frac{\tau}{\rho_0 A_z j}$$

(5.2.6b)

则方程特解为

$$W = \frac{\tau}{\rho_0 A_z j} e^{jz}$$

(5.2.7)

利用 $j = \sqrt{\frac{if}{A_z}}$，设 $D = \pi \sqrt{\frac{2 A_z}{f}}$ 为埃克曼层的厚度，则式(5.2.7)可写为

$$W = \frac{(1-i)\pi\tau}{f \rho_0 D} e^{\frac{\pi z}{D}(1+i)}$$

(5.2.8)

将式(5.2.4a)和式(5.2.4b)代入式(5.2.8)，可以得到

$$W = u_E + i v_E$$
$$= \frac{\pi}{f \rho_0 D} e^{\frac{\pi z}{D}} (1-i)(\tau_x + i\tau_y)\left[\cos\left(\frac{\pi z}{D}\right) + i\sin\left(\frac{\pi z}{D}\right)\right]$$

(5.2.9)

因此，利用定义 $u - u_g = u_E, v - v_g = v_E$，速度 u，v 的最终表达式为

$$u = u_g + \frac{\sqrt{2}\pi}{f\rho_0 D} e^{\frac{\pi z}{D}} \left[\tau_x \sin\left(\frac{\pi z}{D} + \frac{\pi}{4}\right) + \tau_y \cos\left(\frac{\pi z}{D} + \frac{\pi}{4}\right) \right] \qquad (5.2.10a)$$

$$v = v_g + \frac{\sqrt{2}\pi}{f\rho_0 D} e^{\frac{\pi z}{D}} \left[-\tau_x \cos\left(\frac{\pi z}{D} + \frac{\pi}{4}\right) + \tau_y \sin\left(\frac{\pi z}{D} + \frac{\pi}{4}\right) \right] \qquad (5.2.10b)$$

为方便讨论，假设风场的 x 方向分量为 0，风只沿着经向吹并且保持风速恒定，海洋内部流速可以忽略，即 $\left(u_g, v_g\right) = 0$，式(5.2.10a)、式（5.2.10b)可以简化为

$$u = \frac{\sqrt{2}\pi\tau_y}{f\rho_0 D} e^{\frac{\pi z}{D}} \cos\left(\frac{\pi z}{D} + \frac{\pi}{4}\right) \qquad (5.2.11a)$$

$$v = \frac{\sqrt{2}\pi\tau_y}{f\rho_0 D} e^{\frac{\pi z}{D}} \sin\left(\frac{\pi z}{D} + \frac{\pi}{4}\right) \qquad (5.2.11b)$$

在海面 $z=0$ 处的流速为

$$u = \frac{\sqrt{2}\pi\tau_y}{f\rho_0 D} \cos\left(\frac{\pi}{4}\right) \qquad (5.2.12a)$$

$$v = \frac{\sqrt{2}\pi\tau_y}{f\rho_0 D} \sin\left(\frac{\pi}{4}\right) \qquad (5.2.12b)$$

从上式可以看出，表面的埃克曼漂流偏离风速的方向，并指向其右侧 45°方向，其大小 $W(z=0)$ 与风速成正比

$$W(z=0) = \frac{\sqrt{2}\pi\tau_y}{f\rho_0 D} \qquad (5.2.13)$$

从式(5.2.11a)、式（5.2.11b)可以看出，埃克曼漂流的流速随着深度的增加呈指数形式减小，衰减尺度为 D，即埃克曼深度。其流向在北半球(南半球)随着深度的增加而向右(左)偏，从表面偏离的 45°不断增加。在 $z = -D$ 处(即埃克曼漂流的底部)的漂流大小：$W(z=-D) = \frac{\sqrt{2}\pi\tau_y}{f\rho_0 D} e^{-\pi} = W(z=0) \cdot e^{-\pi} = 0.043W(z=0)$，约为海面漂流量值的 4%；流向与海面埃克曼漂流的流向相反。

埃克曼漂流速度随深度呈指数递减，如将漂流速度的矢量端点连线，则构成立体的螺旋曲线，称为埃克曼螺旋(Ekman spiral)，如图 5.2.3。该螺旋在水平面上的投影，即各层漂流矢量端点水平面投影的连线为埃克曼螺线。

实际上，海洋中的埃克曼层的结构比上述要复杂得多，因为在埃克曼层中还存在着表面波、破碎波、湍流和其他动力过程，比如斯托克斯漂流和朗缪尔环流，这些过程在上述推导中都没有考虑。

5.2.2 经验计算与海表观测

1. 经验计算

根据风应力公式(5.1.1)，取海面高度 $h = 10\ \text{m}$，可得

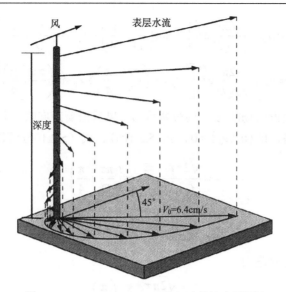

图 5.2.3　35° N，10 m/s 风速驱动的埃克曼漂流

$$\boldsymbol{\tau} = \rho_{\mathrm{air}} C_D \left| \boldsymbol{U}_{10} \right| \boldsymbol{U}_{10} \tag{5.2.14}$$

其中，ρ_{air} 是大气的密度；C_D 是拖曳系数；$\boldsymbol{U}_{10}$ 是离海面 10 m 高的风速。

从式(5.2.14)可以看到，海面风应力与 10 m 处风速的大小有关，经验估算海面的埃克曼漂流大小可以用如下与 10 m 风速有关的经验公式：

$$W(z=0) = \frac{0.0127}{\sqrt{\sin|\varphi|}} \left| \boldsymbol{U}_{10} \right| \quad \left| \varphi \right| \geqslant 10° \tag{5.2.15}$$

其中，φ 为纬度。在已知风速 $\boldsymbol{U}_{10}$ 和风向的情况下可以获得埃克曼漂流速度随深度变化的剖面。

前述推导过程中，引入了埃克曼层厚度的概念，即在深度为 $D = \pi \sqrt{\dfrac{2A_z}{f}}$ 处，漂流的方向与海洋表面漂流方向相反，由此定义该深度为埃克曼层深度：

$$D_E = \pi \sqrt{\frac{2A_z}{f}} \tag{5.2.16}$$

埃克曼层的厚度并不是固定的，而是随纬度 φ 变化，呈反比。

把式(5.2.14)代入式(5.2.13)，结合式(5.2.15)和式(5.2.16)得到

$$D_E = \frac{7.6}{\sqrt{\sin|\varphi|}} \left| \boldsymbol{U}_{10} \right| \tag{5.2.17}$$

其中，$\boldsymbol{U}_{10}$ 风速单位为 m/s，深度单位为 m。式(5.2.17)中的常数 7.6 是在 $\rho_{\mathrm{w}} = 1027 \ \mathrm{kg/m^3}$，$\rho_{\mathrm{air}} = 1.25 \ \mathrm{kg/m^3}$，拖曳系数 $C_D = 2.6 \times 10^{-3}$ 的情况下计算得到的。

用式(5.2.17)计算典型的风速下埃克曼层的深度在 45～300 m 变化(表 5.2.1)。根据式(5.2.15)表面埃克曼漂流的速度取决于纬度 φ，其大小是风速的 1.1%～2.5%。

表 5.2.1 典型的埃克曼深度

U_{10} /(m/s)	纬度 N/ (°)	
	15	45
5	75 m	45 m
10	150 m	90 m
20	300 m	180 m

综上所述，我们得到海表埃克曼层如下的一些基本特征：在北半球，表面漂流速度方向在风向右侧偏 45°；表面流速介于风速的 1.1%～2.5%，随纬度 φ 发生变化；埃克曼深度取决于纬度和风速，大约在 45～300 m，是大洋中很薄的一层。

2. 埃克曼数

根据式(2.3.8)，垂直湍流耗散项 $A_z \dfrac{\partial^2 u}{\partial z^2}$ 和科里奥利力 fu 的比值称为垂向埃克曼数 E_z：

$$E_z = \frac{A_z \dfrac{\partial^2 u}{\partial z^2}}{fu} = \frac{A_z \dfrac{U}{D_E^{\,2}}}{fU} = \frac{A_z}{f D_E^{\,2}} \tag{5.2.18}$$

其中，我们用 U 和埃克曼深度 D_E 表征速度跟垂向变化的尺度。E_z 的大小表征了垂直湍流耗散项相对于科里奥利力的重要性。用式(5.2.18)，我们可以用垂向埃克曼数 E_z 来表征埃克曼深度：

$$D_E = \sqrt{\frac{A_z}{f E_z}} \tag{5.2.19}$$

上式和埃克曼提出的式(5.2.16)的性质一致，在埃克曼深度处，埃克曼数 E_z 满足 $E_z = \dfrac{1}{2\pi^2} \approx 0.05$，说明在埃克曼层底部($z = -D_E$)，风所引起的湍流垂向耗散和科里奥利力相比可以忽略。

3. 观测验证

上述公式得到了大量的实际海流测量实验数据的验证，表明埃克曼理论较为准确地描述了多天内的平均流动。

Davis 等(1981)用 19 个矢量海流计测量了 2～175 m 深的海流，该海流计系统于 1977 年 8 月和 9 月在东北太平洋(50° N，145° W)的系泊点搜集了 19 天的数据。

Weller 和 Plueddemann (1996)使用 14 个矢量海流计测量了 2～132 m 的海流，这些海流计布放于加利福尼亚沿海的漂浮仪表平台西侧 500 km 处。

Ralph 和 Niiler(1999)追踪了太平洋从 1987 年 3 月至 1994 年 10 月的 1503 个深度达 15 m 的漂流浮标。

从上述的海流测量结果，我们可以得到以下结论：

（1）Ralph 和 Niiler（1999）发现在许多惯性周期内的平均流动与根据埃克曼理论计算的流动几乎完全一致。埃克曼漂流的剪切穿过平均混合层并进入温跃层。

$$D_E = \frac{7.12}{\sqrt{\sin|\varphi|}}|U_{10}| \tag{5.2.20}$$

$$W_0 = \frac{0.0068}{\sqrt{\sin|\varphi|}}|U_{10}| \tag{5.2.21}$$

上式的埃克曼层深度和埃克曼提出的式（5.2.15）和式（5.2.17）几乎一致，但是表层流的流速是式（5.2.15）值的一半。

（2）风和表层流的夹角取决于纬度，在中纬度地区，夹角接近 45°（图 5.2.4）。

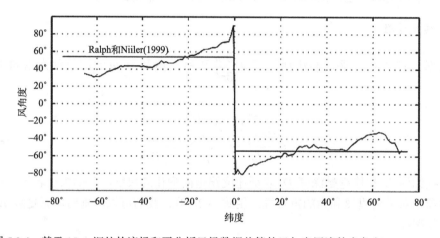

图 5.2.4　基于 15 m 深处的流场和再分析风场数据估算的风与表层流的夹角（Stewart，2008）

4.小结

总结一下上述埃克曼漂流理论的假设及其有效性条件（表 5.2.2）。

表 5.2.2　埃克曼漂流理论假设及有效性条件

序号	假设条件	有效性
1	没有边界	在远离海岸区域是有效的
2	深水环境	深度大于 200 m 是有效的
3	f-平面近似	这是有效的
4	稳定的状态	如果风持续作用超过一天是有效的
5	A_z 仅仅是 U_{10} 的函数	混合层可能比埃克曼深度要薄，在混合层底部，A_z 会发生很大变化，因为混合程度是稳定性的函数。垂直湍流黏性系数往往是深度的函数
6	密度均匀	在某些情况下会影响稳定性

5.2.3   有限深海漂流

在 5.2.2 节推导过程中我们假设 $z \to -\infty$，$u = v = 0$，从而给出无限深海的埃克曼漂流理论。本小节给出有限深海埃克曼漂流的解。

除了引入深度有限这一假定以外，其余假定和控制方程与无限深海式(5.2.3)一样(忽略深层的平均流)：

$$fv + A_z \frac{\partial^2 u}{\partial z^2} = 0 \tag{5.2.22a}$$

$$-fu + A_z \frac{\partial^2 v}{\partial z^2} = 0 \tag{5.2.22b}$$

边界条件，$z=0$

$$\rho A_z \frac{\partial u}{\partial z} = \tau_x \ , \rho A_z \frac{\partial v}{\partial z} = \tau_y$$

$$z = -h \qquad\qquad u = v = 0 \tag{5.2.23}$$

作变量代换，$z = \zeta - h$，则控制方程组变为

$$fv + A_z \frac{\partial^2 u}{\partial \zeta^2} = 0 \tag{5.2.24a}$$

$$-fu + A_z \frac{\partial^2 v}{\partial \zeta^2} = 0 \tag{5.2.24b}$$

边界条件，$\zeta = h$

$$\rho A_z \frac{\partial u}{\partial \zeta} = \tau_x, \qquad \rho A_z \frac{\partial v}{\partial \zeta} = \tau_y$$

$$\zeta = 0 \qquad\qquad u = v = 0 \tag{5.2.25}$$

引入复函数式(5.2.4)，得到满足边界条件的解：

$$W = \frac{(1-\mathrm{i})\pi\tau}{f\rho D} \frac{\sinh \dfrac{(1+\mathrm{i})\pi}{D}\zeta}{\cosh \dfrac{(1+\mathrm{i})\pi}{D}h} \tag{5.2.26}$$

分量形式：

$$u = A\sinh\frac{\pi}{D}\zeta\cos\frac{\pi}{D}\zeta + B\cosh\frac{\pi}{D}\zeta\sin\frac{\pi}{D}\zeta \tag{5.2.27a}$$

$$v = A\cosh\frac{\pi}{D}\zeta\sin\frac{\pi}{D}\zeta - B\sinh\frac{\pi}{D}\zeta\cos\frac{\pi}{D}\zeta \tag{5.2.27b}$$

其中，$A = \dfrac{2\pi}{f\rho D} \dfrac{\left(\cosh\dfrac{\pi}{D}h\cos\dfrac{\pi}{D}h + \sinh\dfrac{\pi}{D}h\sin\dfrac{\pi}{D}h\right)\tau_y + \left(\cosh\dfrac{\pi}{D}h\cos\dfrac{\pi}{D}h - \sinh\dfrac{\pi}{D}h\sin\dfrac{\pi}{D}h\right)\tau_x}{\cosh\dfrac{2\pi}{D}h + \cos\dfrac{2\pi}{D}h}$；

$$B = \frac{2\pi}{f\rho D} \frac{\left(\cosh\dfrac{\pi}{D}h\cos\dfrac{\pi}{D}h - \sinh\dfrac{\pi}{D}h\sin\dfrac{\pi}{D}h\right)\tau_y + \left(\cosh\dfrac{\pi}{D}h\cos\dfrac{\pi}{D}h + \sinh\dfrac{\pi}{D}h\sin\dfrac{\pi}{D}h\right)\tau_x}{\cosh\dfrac{2\pi}{D}h + \cos\dfrac{2\pi}{D}h};$$

$$\sinh x = \frac{e^x - e^{-x}}{2}; \quad \cosh x = \frac{e^x + e^{-x}}{2}。$$

同样地，为方便讨论，假设风场的 x 方向分量为 0，即 $\tau_x = 0$。

由深度确定的表面漂流的流速流向：在海面（$\zeta = h$），

$$W = \frac{(1-\mathrm{i})\pi\tau_y}{f\rho D} \tanh\frac{(1+\mathrm{i})\pi}{D}h \tag{5.2.28}$$

分量形式：

$$u_0 = \frac{\pi\tau_y}{f\rho D} \frac{\sinh\dfrac{2\pi}{D}h - \sin\dfrac{2\pi}{D}h}{\cosh\dfrac{2\pi}{D}h + \cos\dfrac{2\pi}{D}h} \tag{5.2.29a}$$

$$v_0 = \frac{\pi\tau_y}{f\rho D} \frac{\sinh\dfrac{2\pi}{D}h + \sin\dfrac{2\pi}{D}h}{\cosh\dfrac{2\pi}{D}h + \cos\dfrac{2\pi}{D}h} \tag{5.2.29b}$$

表面漂流流向与风向间的夹角（表层流流偏角）：

$$\alpha_0 = \arctan\frac{u_0}{v_0} = \arctan\frac{\sinh\dfrac{2\pi}{D}h - \sin\dfrac{2\pi}{D}h}{\sinh\dfrac{2\pi}{D}h + \sin\dfrac{2\pi}{D}h} \tag{5.2.30}$$

有限深海漂流计算方程与无限深海漂流计算方程是衔接吻合的。海洋深度越浅，表面漂流的偏向角越小，流速差越大；海洋深度越深，表面漂流越接近无限深海表面漂流情形。

将 $z = \zeta - h$ 代入有限深海漂流公式：

$$W = \frac{(1-\mathrm{i})\pi\tau}{f\rho D} \frac{\sinh\dfrac{(1+\mathrm{i})\pi}{D}(h+z)}{\cosh\dfrac{(1+\mathrm{i})\pi}{D}h} = \frac{(1-\mathrm{i})\pi\tau}{f\rho D}\left[\tanh\frac{(1+\mathrm{i})\pi}{D}h \cdot \cosh\frac{(1+\mathrm{i})\pi}{D}z + \sinh\frac{(1+\mathrm{i})\pi}{D}z\right]$$

当 $h \geqslant 2D$ 时，$\tanh\dfrac{(1+\mathrm{i})\pi}{D}h \to 1$；$\cosh x + \sinh x = \dfrac{e^x + e^{-x}}{2} + \dfrac{e^x - e^{-x}}{2} = e^x$，则

$$W = \frac{(1-\mathrm{i})\pi\tau}{f\rho D} e^{\frac{\pi z}{D}(1+\mathrm{i})} \tag{5.2.31}$$

因此，当 $h \geqslant 2D$ 时，有限深海漂流公式就与无限深海漂流公式一致了。

5.3　埃克曼质量输运及其应用

5.3.1　埃克曼质量输运

　　风引起的海洋运动最终表现在对于海水总体的空间输运。风直接影响埃克曼层中的质量输运，对全球海洋的热量和淡水的再分配起着十分关键的作用。本节介绍如何计算埃克曼层中海水质量的输运。埃克曼质量输运 (M_{Ex}, M_{Ey}) 定义为埃克曼漂流速度 (u_E, v_E) 乘以密度 ρ，并从埃克曼层底部 $-D_E$ 积分到表层：

$$M_{Ex} = \int_{-D_E}^{0} \rho u_E \mathrm{d}z, \quad M_{Ey} = \int_{-D_E}^{0} \rho v_E \mathrm{d}z \tag{5.3.1}$$

其中，质量输运的单位是 $\mathrm{kg/(m \cdot s)}$，它是指以埃克曼速度穿过一个与输运方向垂直的，从海面延伸到深度 D_E 处的单位宽度（1 m）的平面的水的质量（图 5.3.1 左）。

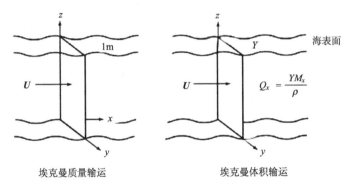

埃克曼质量输运　　　　　　　　埃克曼体积输运

图 5.3.1　质量输运和体积输运

　　根据埃克曼层的动量控制方程（5.2.3）：

$$-\rho f v_E = \frac{\partial}{\partial z}\left(\rho A_z \frac{\partial u_E}{\partial z}\right) \tag{5.3.2a}$$

$$\rho f u_E = \frac{\partial}{\partial z}\left(\rho A_z \frac{\partial v_E}{\partial z}\right) \tag{5.3.2b}$$

　　对式（5.3.2a）从 $z = -D_E$ 积分到表面，应用质量输运的定义式（5.3.1）：

$$f M_{Ey} = f\int_{-D_E}^{0} \rho v_E \mathrm{d}z = -\int_{-D_E}^{0} \frac{\partial}{\partial z}\left(\rho A_z \frac{\partial u_E}{\partial z}\right)\mathrm{d}z = -\tau_x \tag{5.3.3a}$$

其中，当 $z = -D_E$，$\rho A_z \dfrac{\partial u_E}{\partial z} = 0$；当 $z = 0$，$\rho A_z \dfrac{\partial u_E}{\partial z} = \tau_x$。

　　同样，对式（5.3.2b）积分我们可以得到

$$f M_{Ex} = f\int_{-D_E}^{0} \rho u_E \mathrm{d}z = \int_{-D_E}^{0} \frac{\partial}{\partial z}\left(\rho A_z \frac{\partial v_E}{\partial z}\right)\mathrm{d}z = \tau_y \tag{5.3.3b}$$

　　因此我们获得计算 x 和 y 方向上的埃克曼质量输运的两个分量：

$$fM_{Ey} = -\tau_x \qquad (5.3.4a)$$

$$fM_{Ex} = \tau_y \qquad (5.3.4b)$$

在北半球，输运方向垂直于风应力的方向，指向风应力的右侧；南半球输运方向垂直于风应力的方向，指向风应力的左侧。如果风指向北侧，y 轴的正方向(吹南风)，那么 $\tau_x = 0$，$M_{Ey} = 0$，$M_{Ex} = \dfrac{\tau_y}{f}$。在北半球，$f$ 为正值，质量在沿 x 轴向东输运。

体积输运 Q 等于质量输运除以水的密度再乘以垂直于运输方向的宽度(图 5.3.1 右)：

$$Q_x = \frac{YM_x}{\rho}, \quad Q_y = \frac{XM_y}{\rho} \qquad (5.3.5)$$

其中，Y 是计算东向输运 Q_x 的南北宽度；X 是计算北向输运 Q_y 的东西宽度；体积输运的单位是 m^3/s。在海洋中，体积输运的常用单位是 $10^6 \, m^3/s$，即 Sverdrup，简写为 Sv。

目前，海洋中埃克曼输运的观测值和式(5.3.4)的理论相当吻合。Chereskin 和 Roemmich(1991)用声学多普勒海流计测量了大西洋 $11° \, N$ 以内的埃克曼体积输运，通过海流测量数据直接计算出北向输运 Q_y =12.0±5.5 Sv；用式(5.3.4)和式(5.3.5)测得的风速，求得 Q_y =8.8±1.9 Sv；用 $11° \, N$ 处的多年平均风场算得 Q_y =13.5±0.3 Sv。

计算埃克曼质量输运不需要知道埃克曼层中的速度分布或者垂直湍流黏性系数，其计算结果比计算埃克曼层中的速度更为可靠。由于输运在空间变化有着重要的作用，埃克曼质量输运的计算被广泛应用。

5.3.2 沿岸上升流

根据上述埃克曼质量输运的理论，时间上定常的风作用于海面上会形成埃克曼层，海水在埃克曼层中会朝着风向的右侧输运(北半球)。风作用在海岸边，可能导致上升流。图 5.3.2(左)描述了琼东沿岸在夏季季风的作用下如何形成上升流。强劲的平行沿岸风驱动离岸的埃克曼质量输运，沿岸附近的海水只能由埃克曼层底的海水上升来补偿，形成上升流(图 5.3.2 右)。因为上升流的水温度低，形成海岸附近表层冷水区域。

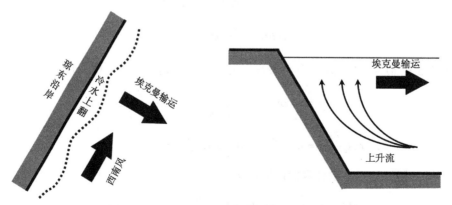

图 5.3.2　由埃克曼输运导致的沿岸上升流示意图。左为平面图，琼东沿岸西南风沿着海岸吹，导致埃克曼输运远离海岸；右为剖面图，离岸的暖水必须由混合层下面的上升的冷水来补充

底层的海水含有丰富的营养物质,这些营养物质可以促进混合层中浮游植物的生长,这些浮游植物又被浮游动物捕食,浮游动物又被小鱼捕食,小鱼又被大鱼捕食,构成食物链。因此,上升流区域是生产力高的水域。世界上一些著名渔场,如秘鲁、加利福尼亚、索马里、摩洛哥和纳米比亚等海区都是上升流强劲的区域。另外,上升的冷水对局地天气有影响。冷的下垫面造成大气稳定层结,形成低层云,多雾,少对流,少雨天气。

5.3.3　埃克曼抽吸

海表面风的水平变化导致埃克曼质量输运的水平变化。根据质量守恒,埃克曼输运的空间变化将导致埃克曼层顶垂直速度的变化。

在海洋上混合层中,密度可以近似为常数。为了计算垂直速度,我们首先对连续方程进行垂直方向上的积分:

$$\rho \int_{-D_E}^{0} \left(\frac{\partial u}{\partial x} + \frac{\partial v}{\partial y} + \frac{\partial w}{\partial z} \right) \mathrm{d}z = 0 \tag{5.3.6a}$$

$$\frac{\partial}{\partial x} \int_{-D_E}^{0} \rho u \mathrm{d}z + \frac{\partial}{\partial y} \int_{-D_E}^{0} \rho v \mathrm{d}z = -\rho \int_{-D_E}^{0} \frac{\partial w}{\partial z} \mathrm{d}z \tag{5.3.6b}$$

$$\frac{\partial M_{Ex}}{\partial x} + \frac{\partial M_{Ey}}{\partial y} = -\rho \left[w(0) - w(-D_E) \right] \tag{5.3.6c}$$

在海表面,　$w(0) = \dfrac{\partial \eta}{\partial t}$;在定常状态下,　$w_E(0) = 0$,因此

$$\frac{\partial M_{Ex}}{\partial x} + \frac{\partial M_{Ey}}{\partial y} = \rho w_E(-D_E) \tag{5.3.7a}$$

$$\nabla_H \cdot \boldsymbol{M}_E = \rho w_E(-D_E) \tag{5.3.7b}$$

其中,　$\boldsymbol{M}_E$ 是海洋上边界层中埃克曼漂流造成的质量输运矢量;∇_H 是水平散度算子。式(5.3.7)表征埃克曼质量输运的水平辐散,在海洋上边界层产生了一个垂直速度,这个过程叫埃克曼抽吸。

如果在式(5.3.7)中使用式(5.3.3)的埃克曼质量输运,我们可以把埃克曼抽吸和风应力联系起来:

$$w_E(-D_E) = \frac{1}{\rho} \left[\frac{\partial}{\partial x} \left(\frac{\tau_y}{f} \right) - \frac{\partial}{\partial y} \left(\frac{\tau_x}{f} \right) \right] \tag{5.3.8a}$$

$$w_E(-D_E) = \mathrm{curl}_z \left(\frac{\boldsymbol{\tau}}{\rho f} \right) \tag{5.3.8b}$$

其中,　$\boldsymbol{\tau}$ 是风应力矢量;curl_z 是 z 方向的旋度。

开阔大洋中埃克曼输运的空间变化会导致上升流和下降流,从而导致海水质量的重新分布,并通过埃克曼抽吸导致风生地转流的形成。那么埃克曼抽吸如何驱动地转流?

在北太平洋中部(图5.3.3),风应力旋度是负值,根据式(5.3.8)必然诱导向下的埃克曼抽吸。同时,北方的西风带在科里奥利力的作用下会诱导南向的输运,南方的信风带(东

风)会诱导北向的输运，埃克曼输运的辐聚必然会产生下沉运动。

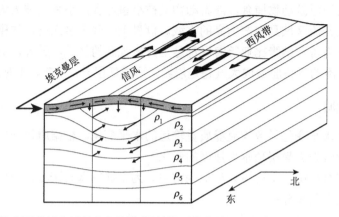

图 5.3.3　北半球海表面的风会诱导右向的埃克曼输运(埃克曼层阴影中的黑色箭头)；信风带(东风)和西风带驱动下的埃克曼输运的辐聚在埃克曼层以下会诱导下降流(黑色的垂向箭头)，从而导致等密度面 ρ_i 向下弯曲(Tolmazin，1985)

　　考虑整个北太平洋的情况,图 5.3.4 显示了太平洋的平均纬向风以及风驱动的南北向的埃克曼输运,输运的辐聚会产生下降流,并在海表形成一个暖水层,引起海平面上升。相反,辐散的输运会导致海平面下降,南北向压力梯度需要有海表东西向的地转流与之平衡。

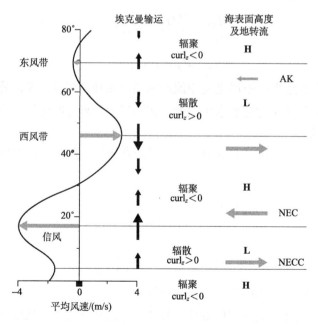

图 5.3.4　风如何驱动地转流示例。北太平洋风(左)驱动的埃克曼输运导致埃克曼抽吸(中),使得海洋上层存在南北向的压力梯度。压力梯度需要有科里奥利力与之平衡,进一步会产生东西向的地转流(右)。横线表示纬向风应力旋度变化的区域,AK 为阿拉斯加洋流,NEC 为北赤道流,NECC 为北赤道逆流

5.4 海底埃克曼流

海底的摩擦效应会使得地转流流速在靠近海底的地方迅速减小，在海底处接近于 0。从图 5.4.1 的近海底流动结构来看，它与海表埃克曼流十分相似，因此我们称其为海底埃克曼流或底流。

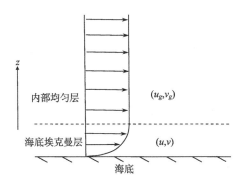

图 5.4.1 海底埃克曼层示意图

将海底埃克曼流的流速表示为 (u,v)，地转流的流速为 (u_g,v_g)，海底埃克曼层的控制方程为

$$A_z \frac{\partial^2 (u-u_g)}{\partial z^2} + f(v-v_g) = 0 \tag{5.4.1a}$$

$$A_z \frac{\partial^2 (v-v_g)}{\partial z^2} - f(u-u_g) = 0 \tag{5.4.1b}$$

为简单起见，暂时不考虑海底的影响，取海底上的水平速度为 0，而远离海底的高度上水平速度趋于地转流，边界条件取为

$$z=0: \quad u=0, \quad v=0 \tag{5.4.2a}$$

$$z \to \infty: \quad u \to u_g, \quad v \to v_g \tag{5.4.2b}$$

引入复变量，令

$$W = (u-u_g) + \mathrm{i}(v-v_g) \tag{5.4.3}$$

此时方程和边界条件变为

$$\frac{\mathrm{d}^2 W}{\mathrm{d}z^2} - \mathrm{j}^2 W = 0 \tag{5.4.4a}$$

$$z=0: W=W_0 = -(u_g + \mathrm{i}v_g) \tag{5.4.4b}$$

$$z \to \infty: \quad W=0 \tag{5.4.4c}$$

其中，$\mathrm{j} = \sqrt{\dfrac{\mathrm{i}f}{A_z}} = \dfrac{(1+\mathrm{i})\pi}{D}$，$D = \pi\sqrt{\dfrac{2A_z}{f}}$ 为海底埃克曼层的厚度。

求得满足边界条件的解为

$$W = W_0 \mathrm{e}^{-\frac{(1+\mathrm{i})\pi}{D}z} \tag{5.4.5}$$

为方便分析，设地转流分量 $v_g = 0$，则 W 展开后，得到总速度的分量形式为

$$u = u_g \left(1 - \mathrm{e}^{-\frac{\pi}{D}z} \cos\frac{\pi}{D}z \right) \tag{5.4.6a}$$

$$v = u_g \mathrm{e}^{-\frac{\pi}{D}z} \sin\frac{\pi}{D}z \tag{5.4.6b}$$

将海底埃克曼流的矢端轨迹连成一条线，可以得到如图 5.4.2 所示的海底埃克曼流螺线。

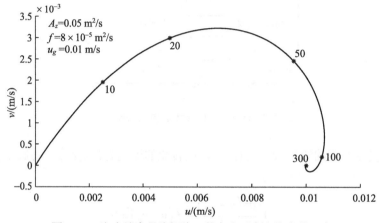

图 5.4.2　海底埃克曼流螺线，数字表示高出海底的距离

比较图 5.4.2 和图 5.2.3（表面埃克曼螺线图）可以看出，海表漂流的埃克曼螺线为右旋的，而海底埃克曼流的埃克曼螺线是左旋的。

在大气底部（海面或陆地上的大气）中也存在一个埃克曼层，通常被称为行星边界层或者摩擦层。具体的推导过程与海表/海底埃克曼层类似，这里我们不再给出求解的过程，仅给出大气底埃克曼层的定性描述。与海底埃克曼流螺线一样（图 5.4.2），在北半球，相对于底部，风的方向随着远离海表或陆地呈反气旋式旋转。若相对于远离边界层风的方向，底部风的方向左偏约 45°。

5.5　惯　性　流

当水质点不受摩擦，自由地在海洋中运动的时候，仅受到科里奥利力的作用。这种状态下，我们称海水的流动为惯性流或惯性振荡。

假设流动是水平的，则动量方程简化为

$$\frac{\partial u}{\partial t} = 2\Omega v \sin\varphi = fv \tag{5.5.1a}$$

$$\frac{\partial v}{\partial t} = -2\Omega u \sin\varphi = -fu \tag{5.5.1b}$$

其中，

$$f = 2\Omega\sin\varphi \tag{5.5.2}$$

式中，f 是科里奥利参数；Ω=7.29×10^{-5} s^{-1} 是地球自转角速度。

在求解式(5.5.1)之前，我们先讨论一下惯性运动的基本性质。

将式(5.5.1a)乘以 u，式(5.5.1b)乘以 v，可以得到

$$u\frac{\partial u}{\partial t} = \frac{\partial}{\partial t}\left(\frac{1}{2}u^2\right) = fuv \tag{5.5.3a}$$

$$v\frac{\partial v}{\partial t} = \frac{\partial}{\partial t}\left(\frac{1}{2}v^2\right) = -fuv \tag{5.5.3b}$$

两式相加得到

$$\frac{\partial}{\partial t}\left[\frac{1}{2}\left(u^2 + v^2\right)\right] = 0 \tag{5.5.4}$$

其中，$\frac{1}{2}\left(u^2 + v^2\right)$ 是质点的动能。该式说明质点的动能在科里奥利力的作用下不随时间变化，即科里奥利力不做功，这是由于科里奥利力始终垂直于速度的方向。

将式(5.5.1b)中的 u 代入式(5.5.1a)，可以得到

$$\frac{\partial u}{\partial t} = -\frac{1}{f}\frac{\partial^2 v}{\partial t^2} = fv \tag{5.5.5}$$

该式为谐振子方程。

$$\frac{\partial^2 v}{\partial t^2} + f^2 v = 0 \tag{5.5.6}$$

方程的解为

$$u = V\sin ft \tag{5.5.7a}$$

$$v = V\cos ft \tag{5.5.7b}$$

$$V^2 = u^2 + v^2 \tag{5.5.7c}$$

式(5.5.7)为一圆周运动，其直径为 $D_i = \frac{2V}{f}$；周期为 $T_i = \frac{2\pi}{f} = \frac{2\pi}{2\Omega\sin\varphi} = \frac{T_{sd}}{2\sin\varphi}$ 的圆

的参数方程（$\Omega = \frac{2\pi}{T_{sd}}$，$T_{sd}$ 为一个恒星日，即地球的自转周期 23 小时 56 分 4 秒），φ 是纬度，T_i 称作惯性周期。不同纬度的惯性周期及惯性圆运动的直径如表 5.5.1 所示。运动方向是北半球为顺时针方向旋转，南半球为逆时针方向旋转。

表 5.5.1　惯性振荡（$V = 20$ cm/s）

纬度 φ	惯性周期 T_i /h	直径 D_i /km
90°	11.97	2.7
35°	20.87	4.8
10°	68.93	15.8

　　常见的惯性流由海面上快速变化的风引起，变化剧烈的强风造成的惯性振荡也最大。惯性流是海洋中的一种普遍现象，Webster(1968)从许多关于惯性流的研究中发现在各纬度的海洋中，任意深度都能观测到惯性流，它往往叠加在其他流动之上。虽然在假设无摩擦运动的条件下，我们得出了振荡方程，但实际由于摩擦力的作用，惯性流随着时间推移，几天后就会减弱。

　　惯性流中水质点运动的形式有两种：①当无其他外加流动存在时，所有惯性圆的圆心均位于同一条铅直线上，海水就像以角速度 $2\Omega\sin\varphi$（背景旋转频率）旋转的刚体一样运动；②当有其他外加流动存在时，同一水平面上所有海水质点的运动则是沿惯性圆的圆周运动与外加流动的合成。Gustafson 和 Kullenberg(1936)在波罗的海观测到形式②的惯性流动：该海区深度略大于 100 m，连续观测了 162 h。他们在上层均匀层中进行测流，根据每小时测得的平均流速计算得到位移，作运动矢量图，海水质点的轨迹图如图 5.5.1 所示。受背景流场的影响，海水质点运动的轨迹由西北向转向北。实际上，海水一直受摩擦力的影响，惯性圆运动的半径开始很大，后来逐渐变小。在北半球，科里奥利力使海水质点向右偏转运动，从轨迹图中可以看出海水质点在以顺时针方向做惯性圆周运动。

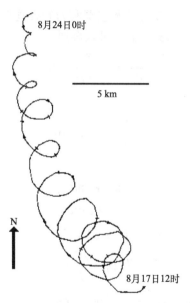

图 5.5.1　　在波罗的海观测到的具有半摆日周期的惯性流
（1933 年 8 月 17 日～8 月 24 日的前进矢量图，Gustafson and Kullenberg，1936）

第6章 风生大洋环流

通过第4、5章的学习，我们了解了风引起的埃克曼运动以及地转关系控制下的地转流，本章我们将进一步讨论大洋环流究竟是如何形成的。我们可能首先会想到是由风来直接驱动的，但是这个问题并没有这么简单。在赤道地区存在着逆风流动的北赤道逆流；在大洋的西边界存在着很强的西边界流，而西边界流外侧又存在着较强的逆流。这些现象似乎与当地的风场并没有直接的关系，它们需要本章的理论来解释。本章介绍的3个著名理论，共同奠定了现代物理海洋理论的基石。它们就是斯韦德鲁普风生环流理论(Sverdrup, 1947)、斯托梅尔西边界流理论(Stommel and Arons, 1960)以及蒙克西边界流理论(Munk, 1950)。从这些理论发展的时间来看，物理海洋学成为一门严肃的学科是在20世纪40年代末，即伴随第二次世界大战的海洋调查之后。

6.1 斯韦德鲁普风生环流理论

6.1.1 斯韦德鲁普方程

挪威海洋与气象学家斯韦德鲁普在分析赤道流的观测结果时，发现了赤道东太平洋海洋上层海水运动与风应力之间的关系。在推导之前，斯韦德鲁普首先进行了一系列假设。

(1)假定流动是定常流，这样可以不考虑时间变化项。

(2)流体的侧摩擦力和分子黏性力很小。

(3)非线性平流项很小。

(4)海表面的湍流可以用垂向湍流摩擦力来解释。

(5)风驱动的海流运动会在某个深度消失，无运动的流体处于同一个深度层。

(6)海面垂向流速为0。

此时式(2.2.50)的动量方程的水平分量与连续方程可转换为

$$\begin{cases} \dfrac{\partial p}{\partial x} = f\rho v + \rho A_z \dfrac{\partial^2 u}{\partial z^2} \\[2mm] \dfrac{\partial p}{\partial y} = -f\rho u + \rho A_z \dfrac{\partial^2 v}{\partial z^2} \\[2mm] \dfrac{\partial u}{\partial x} + \dfrac{\partial v}{\partial y} = 0 \end{cases} \tag{6.1.1}$$

斯韦德鲁普将上面的等式从深度 $-D$ 积分到表层，$-D$ 取等于或大于无流层的深度。作如下定义：

$$\frac{\partial P}{\partial x} = \int_{-D}^{0} \frac{\partial p}{\partial x} \mathrm{d}z, \quad \frac{\partial P}{\partial y} = \int_{-D}^{0} \frac{\partial p}{\partial y} \mathrm{d}z \tag{6.1.2a}$$

$$M_x = \int_{-D}^{0} \rho u(z) \mathrm{d}z, \quad M_y = \int_{-D}^{0} \rho v(z) \mathrm{d}z \tag{6.1.2b}$$

其中，M_x, M_y 是研究的整个水层内总的海水在纬向和经向的质量输运。

在海面处，海水微团所受的垂直湍流摩擦应力等于风应力（见第 5 章），因此海面边界条件为

$$\rho A_z \frac{\partial u}{\partial z}(0) = \tau_x, \quad \rho A_z \frac{\partial v}{\partial z}(0) = \tau_y \tag{6.1.3}$$

在深度为 $-D$ 处，海水受到的应力为 0，流速也趋于 0，边界条件为

$$\rho A_z \frac{\partial u}{\partial z}(-D) = 0, \quad \rho A_z \frac{\partial v}{\partial z}(-D) = 0 \tag{6.1.4}$$

因此，将湍流摩擦力项从深度为 $-D$ 处的水层到表层进行积分可得

$$\int_{-D}^{0} \rho A_z \frac{\partial^2 u}{\partial z^2} = \rho A_z \frac{\partial u}{\partial z}\bigg|_{-D}^{0} = \tau_x \tag{6.1.5a}$$

$$\int_{-D}^{0} \rho A_z \frac{\partial^2 v}{\partial z^2} = \rho A_z \frac{\partial v}{\partial z}\bigg|_{-D}^{0} = \tau_y \tag{6.1.5b}$$

根据如上定义和边界条件，式(6.1.1)的垂向积分形式为

$$\frac{\partial P}{\partial x} = f M_y + \tau_x \tag{6.1.6a}$$

$$\frac{\partial P}{\partial y} = -f M_x + \tau_y \tag{6.1.6b}$$

$$\frac{\partial M_x}{\partial x} + \frac{\partial M_y}{\partial y} = 0 \tag{6.1.6c}$$

将式(6.1.6a)与式(6.1.6b)交叉微分然后相减可以消去压强项：

$$\frac{\partial (f M_x)}{\partial x} + \frac{\partial (f M_y)}{\partial y} = \frac{\partial \tau_y}{\partial x} - \frac{\partial \tau_x}{\partial y} = \mathrm{curl}_z(\tau) \tag{6.1.7}$$

其中，$\mathrm{curl}_z(\tau)$ 表示风应力旋度垂直分量。此时再引入式(6.1.6c)可得

$$\frac{\partial f}{\partial x} M_x + \frac{\partial f}{\partial y} M_y = \mathrm{curl}_z(\tau) \tag{6.1.8}$$

其中，科里奥利参数不随 x 方向改变，$\dfrac{\partial f}{\partial x} = 0$。科里奥利参数随纬度变化速率取 β，其中，$\beta = \dfrac{\partial f}{\partial y} = \dfrac{2\Omega \cos\varphi}{R}$，$\varphi$ 是纬度，R 是地球半径。于是我们就得到了著名的斯韦德鲁普方程：

$$\beta M_y = \mathrm{curl}_z(\tau) \tag{6.1.9}$$

这虽然不是一个解析解，但是它告诉我们大洋环流引起的南北方向的质量输运完全取决

于风应力旋度。这个简洁的等式在大洋环流与风之间建立起了非常生动的关系。可以看出当 $\mathrm{curl}_z(\tau) > 0$ 时，M_y 为正，有向北的海水质量输运；相反当 $\mathrm{curl}_z(\tau) < 0$ 时，M_y 为负，有向南的海水质量输运。由此可以推测处于西风带与信风带之间的副热带开阔海区，由于风应力旋度为负，海水运动主要表现为向赤道方向的海水质量输运。

在绝大多数开阔海域，尤其是低纬度海域，风基本上沿纬向分布，$\dfrac{\partial \tau_y}{\partial x}$ 可以忽略，所以有

$$M_y \approx -\frac{1}{\beta}\frac{\partial \tau_x}{\partial y} \tag{6.1.10}$$

将式(6.1.10)代入式(6.1.6c)可得

$$\frac{\partial M_x}{\partial x} = \frac{1}{\beta}\left(\frac{1}{R}\frac{\partial \tau_x}{\partial y}\tan\varphi + \frac{\partial^2 \tau_x}{\partial y^2}\right) \tag{6.1.11}$$

其中，东边界流速为0，所以东边界 $x=0$ 处 $M_x=0$，从东边界向西积分式(6.1.11)可得

$$M_x = -\frac{1}{\beta}\int_0^x \left(\frac{1}{R}\frac{\partial \tau_x}{\partial y}\tan\varphi + \frac{\partial^2 \tau_x}{\partial y^2}\right)\mathrm{d}x \tag{6.1.12}$$

其中，x 表示积分的距离。由于水平方向质量输运散度为 0[式(6.1.6c)]，斯韦德鲁普质量输运也可以用流函数 ψ 表示：

$$M_x = \frac{\partial \psi}{\partial y}, \quad M_y = -\frac{\partial \psi}{\partial x} \tag{6.1.13}$$

通过使用气候态平均风场，Reid(1948)计算了赤道东太平洋海区的质量输运流函数(图6.1.1)。从图中我们看到，斯韦德鲁普方程不但可以较好地描绘当地的流场，甚至可以准确地计算出位于 5° N～10° N 逆风而行的北赤道逆流。

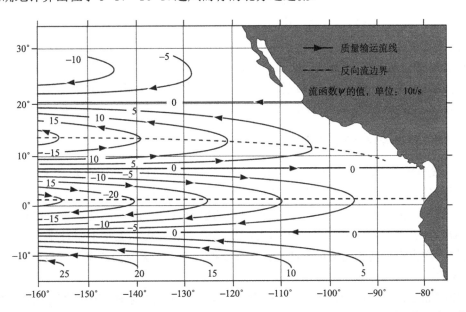

图 6.1.1　Reid(1948)根据斯韦德鲁普理论用气候态平均风场得出的东太平洋质量输运流函数

6.1.2　斯韦德鲁普方程物理意义

1. 斯韦德鲁普平衡

为了进一步分析斯韦德鲁普方程的物理意义，将斯韦德鲁普理论计算出的流量分解成埃克曼漂流的流量与地转流的流量之和：

$$M_x = M_{xE} + M_{xg} \tag{6.1.14a}$$

$$M_y = M_{yE} + M_{yg} \tag{6.1.14b}$$

其中，M_{xE} 和 M_{yE} 是埃克曼漂流的流量；M_{xg} 和 M_{yg} 是地转流的流量。结合垂向积分的表达式 [式(6.1.2)~式(6.1.5)]，并根据式(5.2.3)有

$$-fM_{yE} = \tau_x \tag{6.1.15a}$$

$$fM_{xE} = \tau_y \tag{6.1.15b}$$

根据地转方程组的水平分量可得

$$-fM_{yg} = -\frac{\partial P}{\partial x} \tag{6.1.16a}$$

$$fM_{xg} = -\frac{\partial P}{\partial y} \tag{6.1.16b}$$

将式(6.1.15a)与式(6.1.15b)交叉微分再相减可得埃克曼漂流质量输运的水平散度：

$$\frac{\partial M_{xE}}{\partial x} + \frac{\partial M_{yE}}{\partial y} = \frac{-\beta M_{yE} + \mathrm{curl}_z(\tau)}{f} \tag{6.1.17}$$

同样将式(6.1.16a)与式(6.1.16b)交叉微分相减可得地转流质量输运的水平散度：

$$\frac{\partial M_{xg}}{\partial x} + \frac{\partial M_{yg}}{\partial y} = -\frac{\beta M_{yg}}{f} \tag{6.1.18}$$

根据连续方程可知，两部分质量输运的水平散度之和为 0[式(6.1.6c)]，因此将式(6.1.17)与式(6.1.18)相加我们又可以重新得到斯韦德鲁普方程[式(6.1.9)]。因此，斯韦德鲁普方程的物理意义也可以理解为垂向积分的埃克曼漂流的质量输运水平散度和地转流的质量输运水平散度正好取得平衡。所以，斯韦德鲁普方程又被称为斯韦德鲁普平衡。

2. 斯韦德鲁普理论的局限性

(1)没有考虑海水流动的垂直结构。斯韦德鲁普理论假设了海洋中某一深度存在无流面，而且各处的无流面深度相同，然后在海表面与无流面之间积分求解质量输运。相对于埃克曼漂流理论来说，斯韦德鲁普理论的解没有考虑海水流动的垂直结构。当然通过斯韦德鲁普平衡，我们还是可以看出斯韦德鲁普解实际上是上层几十米内埃克曼漂流与大洋内部地转流的合成。此外，在真实的海洋中，无流面的确切深度实际上是很难掌握的。

(2)算出的流线不封闭。斯韦德鲁普理论只能应用于大洋东岸和中部海区。前面说过，在副热带海区，由于风应力旋度为负，海水运动主要表现为向赤道方向的海水质量输运，

根据质量守恒定律，海水不会一直向赤道方向堆积，因此可以预言在副热带大洋西部较窄的边界区域内存在着一支流向极地方向的强流——西边界流。因此要描述完整的大洋环流场，还需要更复杂的方程式，这就是下一节我们将要学习的西边界流理论。

尽管斯韦德鲁普理论存在着这些局限性，但是这不影响它在物理海洋学中里程碑式的意义。Wunsch(1996)曾这样评价斯韦德鲁普理论："斯韦德鲁普理论是大洋环流理论的核心，几乎所有的研究都在没有任何讨论的情况下就默认它是有效的，然后再进行高阶动力学计算。"

6.2　西边界流理论

16 世纪的西班牙航海家注意到，在佛罗里达海岸，有一股非常强的北向洋流，当地的风场似乎并不能强迫出如此强的海水流动。这就是地球上最强的西边界流——湾流。斯韦德鲁普理论并不能解释西边界流的存在，需要有特别针对西边界流产生机制的理论，这就是下面要介绍的 3 个重要的西边界流理论。

6.2.1　斯托梅尔西边界流理论

在斯韦德鲁普开始研究东太平洋环流的时候，美国物理海洋学家斯托梅尔也开始了对西边界流形成机制的研究。斯托梅尔以北大西洋为研究目标，首先将其假设为一个平底矩形海洋，海面静止时各处水深为一常量 h，海水密度为一常量 ρ，矩形范围是 $0 \leqslant y \leqslant b$，$0 \leqslant x \leqslant \lambda$，忽略非线性平流项和水平湍流摩擦项。斯托梅尔用了和斯韦德鲁普[式(6.1.1)]相似的方程来描述定常的风生海流：

$$\begin{cases} -fv = -g\dfrac{\partial \zeta}{\partial x} + A_z \dfrac{\partial^2 u}{\partial z^2} \\[2mm] fu = -g\dfrac{\partial \zeta}{\partial y} + A_z \dfrac{\partial^2 v}{\partial z^2} \\[2mm] \dfrac{\partial u}{\partial x} + \dfrac{\partial v}{\partial y} + \dfrac{\partial w}{\partial z} = 0 \end{cases} \tag{6.2.1}$$

如果讨论垂向平均流动，则方程组(6.2.1)的垂向平均形式为

$$\begin{cases} -f\overline{v} = -g\dfrac{\partial \zeta}{\partial x} + \dfrac{A_z}{h+\zeta}\dfrac{\partial u}{\partial z}\Big|_\zeta - \dfrac{A_z}{h+\zeta}\dfrac{\partial u}{\partial z}\Big|_{-h} \\[3mm] f\overline{u} = -g\dfrac{\partial \zeta}{\partial y} + \dfrac{A_z}{h+\zeta}\dfrac{\partial v}{\partial z}\Big|_\zeta - \dfrac{A_z}{h+\zeta}\dfrac{\partial v}{\partial z}\Big|_{-h} \\[3mm] \dfrac{\partial}{\partial x}[(h+\zeta)\overline{u}] + \dfrac{\partial}{\partial y}[(h+\zeta)\overline{v}] = 0 \end{cases} \tag{6.2.2}$$

其中，$\overline{u}$ 和 $\overline{v}$ 表示垂向平均值。

斯托梅尔假设研究区域仅有纬向风，南部为东风，逐渐过渡为北部的西风，这主要是对研究区域南部的信风带和北部的西风带做近似处理。风应力随纬向变化表现为一个

余弦函数。此时，表面边界条件表示为

$$\rho A_z \frac{\partial u}{\partial z}\Big|_\zeta = -F \cos\left(\frac{\pi y}{b}\right), \quad \rho A_z \frac{\partial v}{\partial z}\Big|_\zeta = 0 \tag{6.2.3}$$

同时，斯托梅尔考虑了底摩擦，通过假设底摩擦应力与速度成正比，得到海底边界条件：

$$\rho A_z \frac{\partial u}{\partial z}\Big|_{-h} = \rho K u \approx \rho K \overline{u}, \quad \rho A_z \frac{\partial v}{\partial z}\Big|_{-h} = \rho K v \approx \rho K \overline{v} \tag{6.2.4}$$

其中，边界条件中 F 和 K 都是常数。

由于海面高度起伏相对于水深来说非常小，$\zeta \ll h$。将边界条件代入式(6.2.2)，略去垂向平均符号可写成

$$f\rho h v - F \cos\left(\frac{\pi y}{b}\right) - \rho K u - \rho g h \frac{\partial \zeta}{\partial x} = 0 \tag{6.2.5a}$$

$$-f\rho h u - \rho K v - \rho g h \frac{\partial \zeta}{\partial y} = 0 \tag{6.2.5b}$$

$$\frac{\partial u}{\partial x} + \frac{\partial v}{\partial y} = 0 \tag{6.2.5c}$$

将式(6.2.5a)与式(6.2.5b)交叉微分并相减可以去掉 ζ 项，并引入式(6.2.5c)可得

$$\left(\frac{\partial v}{\partial x} - \frac{\partial u}{\partial y}\right) + \frac{h}{K}\beta v = -\frac{h}{K} R \sin\frac{\pi y}{b} \tag{6.2.6}$$

其中，$\beta = \dfrac{\partial f}{\partial y}$；$R = \dfrac{F\pi}{\rho h b}$。根据式(6.2.5c)可知水平速度散度为 0，因此可引入流函数 ψ [式(2.3.14)]，使得式(6.2.6)转化为

$$\frac{\partial^2 \psi}{\partial x^2} + \frac{\partial^2 \psi}{\partial y^2} + \frac{h}{K}\beta \frac{\partial \psi}{\partial x} = \frac{h}{K} R \sin\frac{\pi y}{b} \tag{6.2.7}$$

将大洋边界看作一条流线，取 β 为常数(β- 平面近似)，此时方程已经变成一元二次常系数偏微分方程，它的解可表示为

$$\psi(x,y) = \frac{Fb}{K\pi}\sin\frac{\pi y}{b}\left[\frac{e^{\frac{h\beta}{2K}(\alpha - x)}\sinh(\alpha x) + e^{-\frac{h\beta}{2K}x}\sinh\left[\alpha(\alpha - x)\right]}{\sinh(\alpha x)} - 1\right] \tag{6.2.8}$$

其中，$\alpha = \sqrt{\left(\dfrac{h\beta}{2K}\right)^2 + \left(\dfrac{\pi}{b}\right)^2}$；$\sinh$ 为双曲正弦函数，对于变量 x，$\sinh x = \dfrac{e^x - e^{-x}}{2}$。

针对这个解，斯托梅尔对比了 3 套方案：①针对没有旋转的地球 $f = 0$，这个解表现为一个没有西边界流的对称流(图 6.2.1 左)；②假设研究区域内科里奥利参数是一个常数 $f = 0.25 \times 10^{-4}$，结果流型仅发生了微小的变化，同样没有西边界流；③假设科里奥利参数随纬度线性变化 $f = y \times 10^{-13}$，这次可以得到一个西向强化的西边界流(图 6.2.1 右)。斯托梅尔的实验告诉我们科里奥利参数随纬度变化，即 β 效应，是西边界流产生的根本原因。

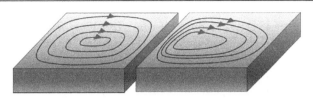

图 6.2.1　斯托梅尔西边界流理论结果示意图。左为不旋转或者各纬度等速旋转的流动；右为转速随纬度 y 线性变化的流动

6.2.2　蒙克西边界流理论

1. 边界层理论

在学习蒙克西边界流理论之前，我们需要先了解一下边界层理论。边界层理论最早由德国空气动力学家普朗特(Prandtl, 1904)提出，该理论指出流体的黏性主要在固体边界附近起重要作用，而在离固体边界较远的区域可以忽略不计。在 2.3.2 节，通过尺度分析方法我们得到同样的结论，即大洋内部运动是大尺度运动，$Ro \ll 1$，$E_l \ll 1$，$E_z \ll 1$，这时平流项与湍流摩擦力项对于科里奥利力项来说是可以忽略不计的，地转关系控制的地转流基本可以解释广袤大洋内部的海水运动，这就是大洋内部区域的解。而在大洋的边界区域，又存在着不同的解。例如在表面边界层，也就是埃克曼层中，垂直尺度 $D \sim 10 \, \mathrm{m}$，此时垂向埃克曼数 $E_z \sim 1$，垂直湍流摩擦力与科里奥利力贡献相当，在这几十米深的埃克曼深度范围内，海水流动可用埃克曼漂流理论来解释；而在侧边界区域，例如西边界流区内部，水平尺度 $L \sim 10^3 \, \mathrm{m}$，水平湍流摩擦力项就变得重要了。可见大洋中不同海区的流动特征和控制方程中起主要作用的项是不一样的，大洋环流过程实际上是这些不同运动过程的总和。如果把大洋作为一个整体，应该有一个统一的解，边界层理论就是在不同边界区域考虑不同的动力因子，产生各自的解，最后再通过边界条件将这些解与内部区域的解衔接起来，形成一个统一的解。在边界层理论中选择合适的边界层尺度是关键问题。这个尺度既要合理地描述不同边界区域的运动特点，又要让解相对容易求得，而当把边界层坐标系延拓到内部区域时，又能接近内部区域的解。

2. 蒙克西边界流理论推导

斯托梅尔的西边界流理论解释了西边界流的产生原因，但是它对西边界流的流量、宽度以及西边界流外侧的逆流都不能准确地刻画。美国物理海洋学家蒙克在斯韦德鲁普和斯托梅尔的研究基础之上，又考虑了水平方向的湍流摩擦力。方程组(2.3.4)可写为

$$\begin{cases} -fv = -\dfrac{1}{\rho}\dfrac{\partial p}{\partial x} + A_l\left(\dfrac{\partial^2 u}{\partial x^2} + \dfrac{\partial^2 u}{\partial y^2}\right) + A_z\dfrac{\partial^2 u}{\partial z^2} \\[3mm] fu = -\dfrac{1}{\rho}\dfrac{\partial p}{\partial y} + A_l\left(\dfrac{\partial^2 v}{\partial x^2} + \dfrac{\partial^2 v}{\partial y^2}\right) + A_z\dfrac{\partial^2 v}{\partial z^2} \\[3mm] 0 = -\dfrac{1}{\rho}\dfrac{\partial p}{\partial z} - g \\[3mm] \dfrac{\partial u}{\partial x} + \dfrac{\partial v}{\partial y} + \dfrac{\partial w}{\partial z} = 0 \end{cases} \tag{6.2.9}$$

与斯韦德鲁普的思路相同，蒙克假设海流只存在于海洋上层固定深度内，并将方程在无流面到海表面之间做垂向积分来求垂向积分的质量输运。将式(6.2.9)的前两个方程交叉微分并相减，去掉压强项，并引入流函数 ψ，可得到

$$A_l \nabla^4 \psi - \beta \dfrac{\partial \psi}{\partial x} = -\mathrm{curl}_z(\tau) \tag{6.2.10}$$

其中，$\nabla^4 = \dfrac{\partial^4}{\partial x^4} + 2\dfrac{\partial^4}{\partial x^2 y^2} + \dfrac{\partial^4}{\partial y^4}$ 是双调和算子。方程式(6.2.10)的第一项代表了水平湍流摩擦力的影响，而后面两项就是斯韦德鲁普方程[式(6.1.9)]。此方程也可看作是水平湍流应力涡度、行星涡度与风应力涡度三者的平衡。这是一个四阶偏微分方程，需要 4 个边界条件。蒙克假设了一个矩形海洋 $0 \leqslant x \leqslant r$，$-s \leqslant y \leqslant s$，并将大洋分为东部、中部和西部 3 个区域，利用边界层理论将方程式(6.2.10)在 3 个区域中求解，再利用交界处的边界条件将 3 个区域衔接起来，最终得到统一解：

$$\psi = -\dfrac{r}{\beta} f(x)\dfrac{\partial \tau_x}{\partial y} \tag{6.2.11}$$

其中，$f(x) = -K\mathrm{e}^{-\frac{1}{2}kx}\cos\left(\dfrac{\sqrt{3}}{2}kx + \dfrac{\sqrt{3}}{2kr} - \dfrac{\pi}{6}\right) + 1 - \dfrac{1}{kr}[kx - \mathrm{e}^{-k(r-x)} + 1]$，而 $K = \dfrac{2}{\sqrt{3}} - \dfrac{\sqrt{3}}{kr}$，

$k = \sqrt[3]{\dfrac{\beta}{A_l}}$。

图 6.2.2 为蒙克西边界流理论得到的观测风场驱动的大洋风生环流流函数。可以看出，大洋风生环流可分成几个环流部分。当风应力旋度为 0，即 $\dfrac{\partial \tau_x}{\partial y} = 0$ 时，对应的是环流的南北边界的纬度 φ_b，此时只有东西方向质量输运，没有南北方向质量输运。而当 $\dfrac{\partial^2 \tau_x}{\partial y^2} = 0$ 时，对应的是环流主轴的纬度 φ_a，此时只有南北方向质量输运，没有东西方向质量输运。在西边界流的外侧，蒙克西边界流理论还得到了西边界流逆流。蒙克取水平湍流摩擦系数 $A_l = 5 \times 10^3\ \mathrm{m}^2/\mathrm{s}$，可以得到主流宽度和逆流宽度各为 200 km，该值大约是实际观测结果的两倍。蒙克西边界流理论得到的西边界流的流量约为实际观测结果的一半，但不管怎样，这已经是非常好的结果了。

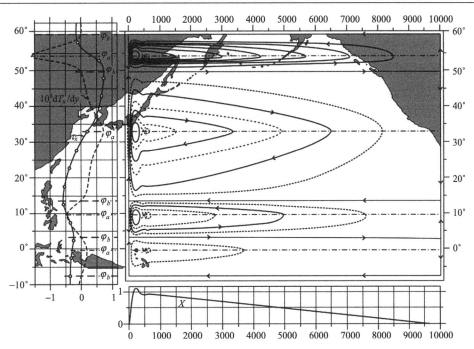

图 6.2.2　蒙克西边界流理论得到观测风场驱动的大洋风生环流流函数。其中左图为不同纬度年平均纬向风应力 τ_x（点实线；单位：$10^{-5}\,\text{N/cm}^2$）及风应力旋度（虚线；单位：$10^{-5}\,\text{N/cm}^3$）分布图。φ_a 对应的是环流的主轴纬度，φ_b 对应的是环流的南、北边界纬度

6.2.3　惯性西边界流理论

　　蒙克大洋风生环流理论在湍流黏性边界区域考虑了水平湍流摩擦项，成功描述了存在西向强化的大洋环流以及西边界流外侧的逆流。但是用蒙克理论计算出的西边界流宽度是观测结果的两倍，如果让西边界流宽度与观测结果一致，就需要将水平湍流摩擦系数取为 $A_l = 10^2\,\text{m}^2/\text{s}$。对于这样的边界层尺度来说，非线性惯性项又不能忽略不计了。因此许多科学家认为在西边界层内，非线性惯性项比水平湍流摩擦项要大一个量级，应当在方程组中保留非线性惯性项。这样的理论称之为惯性西边界流理论（Charney，1955；Morgan，1956）。

　　惯性西边界流理论在大洋中部区域直接采用斯韦德鲁普解。而对于大洋西岸边界区域，惯性西边界流理论认为惯性项远大于水平湍流摩擦项，因此可以直接使用位势涡度守恒方程（参照 6.3 节）。根据边界层理论，在西边界层边缘 $x = L$ 处，边界层内的解与大洋内部解一致，此时可以忽略惯性项，最终经过推导得到统一解：

$$M_y = (U^* H \beta)^{1/2}\, y\, \mathrm{e}^{-(H\beta/U^*)^{1/2} x} \tag{6.2.12}$$

其中，H 和 U^* 均为常数，可以看出西边界存在向北的强流，并向大洋内部呈 e 指数衰减，$\sqrt{U^*/H\beta}$ 代表惯性边界层宽度。这就是惯性西边界流理论推导出来的西向强化现象。事实上，后来人们发现热盐环流理论可以增强西边界流，从而克服蒙克西边界流理论结果中流量偏弱和西边界流宽度偏大的不足。

6.3　位势涡度守恒

在介绍蒙克西边界流理论与惯性西边界流理论的时候，我们提到了涡度平衡与位势涡度守恒的概念，这实际上就用到了表 2.1.1 中提到的由角动量守恒导出的涡度守恒方程。这是物理海洋学中一个非常重要且应用性很广的守恒方程，它往往可以通过与动量守恒从不同的角度来更生动地描绘海水的运动。

6.3.1　海洋中的涡度

1. 行星涡度和相对涡度

在 2.3.3 节我们曾经学习过涡度的概念，它实际上是指流体的旋转速率，在物理海洋学中涡度由两部分构成——行星涡度和相对涡度。地球上的所有物体都会随着地球一起旋转，包括我们研究的海洋中的海水。地球旋转引起的涡度称作行星涡度 f，行星涡度实际上就是科里奥利参数，它在两极最大，在赤道地区为 0。在南半球，由于 f 小于 0，所以行星涡度是负的。在地球上某处的行星涡度等于地球局地旋转速率的两倍：

$$f = 2\Omega \sin \varphi (\text{rad}/\text{s}) = 2 \sin \varphi (\text{cycle/day}) \tag{6.3.1}$$

其中，$\text{cycle} = 2\pi$。

除了地球自转引起的海水旋转以外，地球上的海水还会有相对于地球参照系的旋转运动，这一部分旋转引起的涡度称作相对涡度 ζ，可用式 (2.3.16) 表示：

$$\zeta = \text{curl}_z (\boldsymbol{V}) = \left(\frac{\partial v}{\partial x} - \frac{\partial u}{\partial y} \right) \boldsymbol{k} \tag{6.3.2}$$

从上往下看，流体逆时针旋转时，ζ 为正值，这与从北极点观测地球的旋转方向相同。

ζ 通常远小于 f。如黑潮是地球上最强的西边界流之一，其主轴最强流速可达 $1\,\text{m/s}$，两侧速度剪切非常大，因此这里会产生很强的相对涡度。假设黑潮从流速最大处向两侧 $50\,\text{km}$ 范围内，流速降低了 $1\,\text{m/s}$，海流的涡度的特征频率大约等于 $(1\,\text{m/s})/(50\,\text{km}) = 0.28\,\text{cycle/day} = 1.9\,\text{cycle/week}$。由此看来即使是最强的西边界流附近的相对涡度的特征频率也只有当地行星涡度的 2/7。大洋中涡旋的相对涡度可以达到 $1\,\text{cycle/week}$，而大洋环流中典型的相对涡度只能达到 $1\,\text{cycle/month}$。

2. 绝对涡度

绝对涡度是行星涡度与相对涡度的总和：

$$\omega = f + \zeta \tag{6.3.3}$$

如果不考虑海洋中的摩擦，仅根据欧拉理想流体方程 [式 (2.1.9)]：

$$\frac{\partial u}{\partial t} + u \frac{\partial u}{\partial x} + v \frac{\partial u}{\partial y} - fv = -\frac{1}{\rho} \frac{\partial p}{\partial x} \tag{6.3.4a}$$

$$\frac{\partial v}{\partial t} + u\frac{\partial v}{\partial x} + v\frac{\partial v}{\partial y} + fu = -\frac{1}{\rho}\frac{\partial p}{\partial y} \tag{6.3.4b}$$

对式(6.3.4)做交叉微分再相减，消去压力项，可得

$$\frac{\mathrm{d}}{\mathrm{d}t}(\zeta + f) + (\zeta + f)\left(\frac{\partial u}{\partial x} + \frac{\partial v}{\partial y}\right) = 0 \tag{6.3.5}$$

这就是海洋中的绝对涡度方程。注意在推导时，我们用到了

$$\frac{\mathrm{d}f}{\mathrm{d}t} = \frac{\partial f}{\partial t} + u\frac{\partial f}{\partial x} + v\frac{\partial f}{\partial y} = \beta v \tag{6.3.6}$$

6.3.2　位涡守恒的推导

任何独立旋转的物体，其角动量都是守恒的。如果旋转的物体与别的物体相连，并不独立，那么角动量会在物体之间发生传递。摩擦力对于流体中的动量传递是至关重要的。通过海表埃克曼层的摩擦可以将动量由大气传递到海洋；通过海底埃克曼层的摩擦可以将动量由海洋传递到固体地球。然而，在广阔的海洋内部，流动基本可以看作为无摩擦的，涡度是守恒的。

如果我们不考虑海水的层结，将流体柱看作一个整体来研究，海洋中流动仅为正压地转流。海洋中水深表示为 $H(x,y,t)$，其中，H 是运动的海表面到海底 $b(x,y)$ 的距离，如图 6.3.1 所示。对连续性方程式(2.2.11)由海底到海表积分可得

$$\left(\frac{\partial u}{\partial x} + \frac{\partial v}{\partial y}\right)\int_b^{b+H} \mathrm{d}z + w\Big|_b^{b+H} = 0 \tag{6.3.7}$$

此处要注意海流是正压流，即速度是垂向均匀的，$\left(\dfrac{\partial u}{\partial x} + \dfrac{\partial v}{\partial y}\right)$ 可以放在积分的外面。

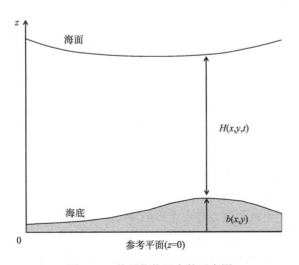

图 6.3.1　推导位势涡度的示意图

海面速度为

$$w(b+H) = \frac{\mathrm{d}(b+H)}{\mathrm{d}t} = \frac{\partial(b+H)}{\partial t} + u\frac{\partial(b+H)}{\partial x} + v\frac{\partial(b+H)}{\partial y} \tag{6.3.8}$$

由于海底不随时间变化，$\dfrac{\partial(b)}{\partial t} = 0$，则海底速度为

$$w(b) = \frac{\mathrm{d}(b)}{\mathrm{d}t} = u\frac{\partial(b)}{\partial x} + v\frac{\partial(b)}{\partial y} \tag{6.3.9}$$

将式(6.3.8)和式(6.3.9)代入式(6.3.7)得

$$\left(\frac{\partial u}{\partial x} + \frac{\partial v}{\partial y}\right) + \frac{1}{H}\frac{\mathrm{d}H}{\mathrm{d}t} = 0 \tag{6.3.10}$$

再将式(6.3.10)代入绝对涡度方程[式(6.3.5)]可得

$$\frac{\mathrm{d}}{\mathrm{d}t}(\zeta + f) - \frac{(\zeta + f)}{H}\frac{\mathrm{d}H}{\mathrm{d}t} = 0 \tag{6.3.11}$$

两边同除 H 可得

$$\frac{\mathrm{d}}{\mathrm{d}t}\left(\frac{\zeta + f}{H}\right) = 0 \tag{6.3.12}$$

因此，括号内的数值必须是常数。这就是位势涡度 $\varPi$，简称位涡。对于理想正压海洋来说，沿着流体轨迹的位势涡度守恒：

$$\varPi = \frac{\zeta + f}{H} = 常数 \tag{6.3.13}$$

我们在这里仅讨论了正压水柱的位势涡度守恒的情况。实际上对于斜压流场，不同层内流体也满足位势涡度守恒。

6.3.3　位涡守恒的意义

位势涡度守恒的概念可以帮助我们理解许多复杂的海水运动现象，具有十分重要的意义。可以看出位涡守恒实际上是水深 H、相对涡度 ζ、行星涡度 f（纬度变化）三者之间的相互影响。我们可以通过位涡守恒来解释以下问题。

(1) 流动趋向于带状分布。在大洋中，行星涡度 f 远大于相对涡度 ζ，因此 $\varPi = \dfrac{f}{H} = 常数$，由于海盆中深度变化不大，这就要求海水运动保持同一 f 值，即沿东西方向呈带状分布。

(2) 当水深 H 发生变化时会引起相对涡度和行星涡度的变化。当水深变浅时，H 变小，水柱会被压缩，根据位涡守恒此时相对涡度和行星涡度之和 $\zeta + f$ 变小。对于大尺度的地形变化来说，由于相对涡度 ζ 远小于行星涡度 f，因此水深变小主要引起行星涡度 f 减小。例如在北半球有一个水柱从海表延伸到海底，在沿纬线方向自西向东流动的过程中（图6.3.2），如果遇到了海底山脊，水深的减小会引起行星涡度 f 减小，水柱向赤道方向运动。当水柱绕过山脊水深开始增大时，又会让行星涡度 f 增大，水柱回到原先的纬度。因此在整个过程中水柱表现为以逆时针方向绕过海底山脊，这叫作地形转向。而对

于中小尺度的剧烈地形变化，行星涡度 f 变化不大，为保持位涡守恒，当 H 减小时，相对涡度 ζ 必须减小（图 6.3.3）。例如，当水柱穿过海山时，会诱导出涡度为负的顺时针旋转的涡旋。

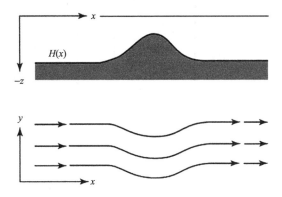

图 6.3.2　正压流遇到海底山脊时会向赤道转向以满足位势涡度守恒（Dietrich，et al.，1980）

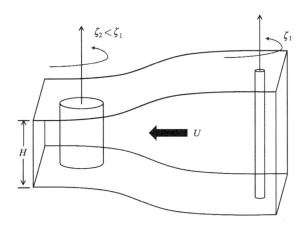

图 6.3.3　水柱高度变化导致的相对涡度 ζ 变化的示意图。当垂直水柱从右侧移动到左侧时，水柱会被压缩，从而导致相对涡度 ζ 减小

（3）当水深变化不大时，水体所处的纬度变化也会引起相对涡度的变化。假设一个水柱由高纬度向赤道方向移动，行星涡度 f 会减小，根据位涡守恒，相对涡度 ζ 就会增大，水柱会趋向于逆时针方向旋转。

（4）位涡守恒可以更好地解释西边界流的存在。例如 $10°$ N~$50°$ N 海盆中的环流（图 6.3.4），由于北侧为西风带，南侧为信风带，风会向大洋输入负的涡度，这个负涡度要求必须有其他外力输入正涡度来相互抵消。在大洋内部没有其他外力，负涡度的输入只会让海水行星涡度 f 不断减小，根据位涡守恒，海水会向南流动。当然海水不会在赤道上越堆积越多，它们会选择东西两侧形成边界流向北运动。如果在东边界形成很强的北向流，那侧摩擦会继续向海水输入负涡度，这显然不会平衡风应力输入的负涡度。但是如果在西边界形成很强的北向流，侧摩擦就会产生正涡度来平衡风应力输入的负涡度，这就解释了西边界流形成的原因。

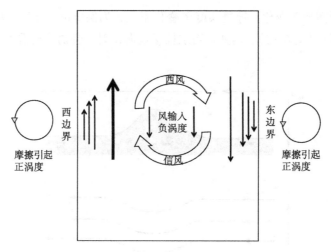

图 6.3.4 用位势涡度守恒解释西边界流示意图

第7章 深层环流理论

在 20 世纪中叶，风生环流理论已经可以很好地解释当时所能观察到的上层大洋环流现象。这些理论基本都采用了布西内斯克近似，即不考虑水平方向上的密度变化，并且假设大洋深处存在一个无流面，无流面以下没有海水运动，或者直接研究自海底至海表整个垂向积分的海水柱的运动规律。这些假设是符合实际情况的，风驱动的海洋环流运动，主要集中在密度跃层之上(大约几百米至一千米的范围内)。那在这之下的广阔深海中，是否有海水流动？这就是本章要学习的内容。

7.1 深层环流结构

1. 深层环流的形成

实际上在海洋的深层也是有海水流动的，由于海洋温度(海洋表层受热、冷却分布不均匀)和盐度变化(海洋表层蒸发、降水分布不均匀)导致海水密度水平分布不均匀，会在风无法影响到的海洋深层驱动出深层环流，因此深层环流也被称为"热盐环流"，这是一种热力学海洋环流系统。深层环流的流速很小，其量级只有 1 mm/s。

那么海水密度差是如何驱动深层环流的呢？这要从深层冷水的形成说起。1751 年，法国船长 Henry Ellis 在北大西洋 25° W、25° N 约 1630 m 水深处观测到低温水。这与此前人们对低纬度地区深层海水是温暖的常识大相径庭。由此，科学家们开始了对大洋深层冷水的研究。目前观测结果表明，在 1000 m 以下到 4000~5000 m 深的广阔海洋中，海水到处都是冷的，位温低于 4℃。那么体量如此庞大的冷水究竟来自哪里呢？目前公认的说法是来自高纬度海区。由于高纬度海区海水层结弱，海面寒冷，海水会下沉到海洋深处，形成水团。这些水团会在海洋深处向其他海区扩散，形成全球范围内的深层冷水。深层冷水最终通过混合作用穿过温跃层，重新进入海洋上层，与上层的大洋风生环流汇合，形成一套闭合的大洋环流系统。该环流结构控制着全球大洋 90% 的水体，对全球海水的质量、热量、盐度、溶解氧等海洋要素的输运起到了至关重要的作用。美国科学家 Broecker 将其称为"大洋传输带"(图 7.1.1)。

图 7.1.1 描述了"大洋传输带"的具体构造：在大西洋，温暖富盐的西边界流从中低纬度向北流动，随着纬度增高，上层海水向大气进行强烈的热输送，使海水冷却。特别是挪威、格陵兰岛之间的高纬度海区，冬季寒冷空气吹过，海温降低和海水蒸发增加了海水的密度，同时海冰形成过程中盐分的析出使这些海域形成密度较大的海洋表层水，密度大到足以沉至海底，形成"北大西洋深层水"。深层水向南流溢，通过深层西边界流甚至越过赤道最终进入南大洋。在南极绕极流区，风驱动海水上升，使得一部分海水回到表层，与来自印度洋的表层水汇合。为了补偿大西洋向南的深层海水流动，在表层则

形成了横贯大西洋向北的海水流动，这个闭合环流结构被称作大西洋经向翻转环流（Atanlantic meridianal overturning circulation, AMOC）。大西洋经向翻转环流是深层环流最重要的特征之一。

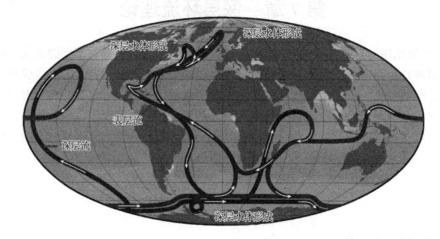

图 7.1.1 "大洋传输带"结构示意图（Rahmstorf，2002）

除了挪威、格陵兰岛海域生成深层冷水之外，位于南极洲的威德尔海（Weddell Sea）和罗斯海（Ross Sea）也会由于海冰的形成析出盐分引起海水盐度升高，而来自南极洲的冷空气引起海水温度大幅下降，使海水密度增大，形成深层冷水，这些深层冷水被称为南极底层水。南极底层水与北大西洋深层水会随着南极绕极流进入太平洋与印度洋，充满各大洋底部。在北太平洋和印度洋广阔的中低纬度海域，冷水通过混合作用上升，来到海洋表层。在太平洋向西南穿过印度尼西亚群岛，即印度尼西亚贯穿流（Indonesian throughflow，ITF），然后与印度洋中的环流汇合，向西南流去，最终绕过非洲南端的好望角进入大西洋再继续向北流动，完成整个深层环流的闭合翻转。

值得一提的是，对于世界面积最大的太平洋地区而言，却几乎没有证据显示其有深层环流形成。北太平洋由于亚洲季风、蒸发降水、陆地径流等因素的影响，导致表面盐度过低，因而具有较为稳定的层结，所以无法形成高密度深层水（刘宇等，2006）。

2. 深层环流定义

对于大洋深层环流的研究不像风生环流那样成熟，还有很多需要解决的问题，甚至对于上述环流系统的定义还存在许多争议。

"热盐环流"（thermohaline circulation）是曾被广为使用的名词，它强调了环流是由密度差异引起的。但后来的研究表明密度差异驱动的环流非常弱，比我们观测到的大洋深层环流要弱很多，极地生成的冷水在没有其他动力机制驱动的情况下也不足以下沉至海底。风产生的向上混合和潮汐混合才是驱动整个环流的主要动力。因此"热盐环流"这个名词现在已经较少被使用（Toggweiler and Russell，2008）。此外，也有人把该环流称为翻转环流（overturning circulation），尽管这也是对该环流结构较形象的定义，但是它容易与大西洋经向翻转环流混淆。

目前使用较多的是深层环流(deep circulation)，本书也沿用了这个定义。我们需要清楚深层环流系统还应该包括表层流的部分，这样才能形成闭合环流。该环流系统还帮助我们弥补了蒙克西边界理论中低估湾流流量不足的问题。

7.2　深层环流的重要性

深层环流对于调节气候变化有着至关重要的作用。相对于风生环流来说，深层环流流速非常小，但深层水的体积远远大于表层水，因此它们的输运能力与表层相当。深层环流所携带的热量、盐度、氧气、CO_2 等影响着全球的热量与物质的再分配，深层环流可以将海气界面的异常信号记忆在水体中，并进入海洋深层，由于深层环流流速小，这些异常信号会维持几十年到几百年甚至上千年不等，最后会重新进入表层反馈到大气，因此深层环流被认为是调节气候变化的主要因素。此外，深层冷水具有较强的吸收和存储 CO_2 的能力，这也是深层环流影响气候变化的重要原因。我们将从深层环流影响全球热量再分配与海水固碳作用两方面来介绍深层环流的重要性。

7.2.1　全球热量再分配

深层环流与大气中的三圈环流一起构成了经向环流体系，这一体系在将热量从低纬度地区传输到高纬度地区这一过程中扮演了相当重要的角色。在地球的气候系统中，低纬度地区热量盈余，而高纬度地区热量亏损，因此需要经向环流将低纬度的热量传输至高纬度地区。过去人们认为这一热量输运过程主要由大气环流完成，但是现在的研究成果表明，海洋深层环流输运的热量占海-气耦合系统中经向热量输运的50%。在北半球，海洋深层环流将热量从低纬地区运送至 50° N 附近，在此处经过强烈的海气交换将热量输送至大气中，再经过大气的经向环流将热量输送至更高纬度的地区。例如，墨西哥湾流和北大西洋暖流从低纬度地区带来大量热量和水汽，使北大西洋的水常年不结冰。因此，虽然北欧的挪威位于 60° N，却比同纬度的格陵兰岛南部和西伯利亚地区温暖得多。

如果深层环流停止甚至倒转会发生什么？电影《后天》(The Day After Tomorrow)中为我们描述了这样的场景：由于全球变暖引起海冰融化，北大西洋深层水的形成受阻，低纬度暖水无法向高纬度地区输送，导致美国东海岸海水温度骤降，随后地球在几周内就进入了冰河时代。这虽然有艺术夸张的成分，但也并非是异想天开。约 12800 年以前，就曾发生过新仙女木事件(Younger Dryas)，这是末次冰消期持续升温过程中的一次突然降温事件，冰融化使得大量淡水流入北大西洋，从而导致海水盐度降低。密度较低的海水无法下沉，深层环流被迫中断，向极的经向热传输急剧下降，欧洲和北美大陆突然降温（黄瑞新，2012）。

深层水的产生受表层海水盐度的影响较大，在冬天表层盐度较高的水比盐度较低的水更容易形成高密度水，然后下沉形成底层水，而温度对深层水生成的影响却相对较小，几乎所有高纬度地区的海水都很冷，但只有盐度高的水才会下沉，而其中盐度最高的水主要集中在北大西洋和南极洲大陆架周围。Rahmstorf(1995)在对经向翻转环流进行数值模拟时发现，即使对深层水生成区域输入少量的淡水，也可能会停止深层环流。但是海洋是一个非常复杂的系统，即使深层水停止生成，深层环流受到干扰，科学家们目前仍不确定是否还会有其他过程会增加热量从低纬度向高纬度的输运。

但不可否认的是，深层水的生成过程与深层环流结构的改变会造成难以估测的气候变异。除了高纬度海区淡水输入会影响深层水生成之外，深层水的生成对深层海水混合的细小变化也非常敏感。Munk 和 Wunsch(1998)通过计算发现驱动深层环流共需要 $2.1\,TW(1\,TW=10^{12}\,W)$ 的混合能量，而深层环流向高纬度海区输送的热通量可达 2000 TW。混合所需要的能量来自于哪些具体的物理过程，这仍然是科学家们正在探索的问题。

7.2.2　海水固碳作用

我们知道 CO_2 是一种重要的温室气体，以它为主造成的"温室效应"是全球变暖的主要原因之一。海洋作为地球 CO_2 的一个大型仓库，存储了 $40000\,Gt(1\,Gt=1\times10^9\,t=1\times10^{12}\,kg)$ 的溶解、微粒和生命形式的碳，而大气中只有 750 Gt 的碳，因此海洋储存的 CO_2 约是大气中的 50 倍。这部分的 CO_2 大部分都储存在深层冷海水中，冷水中能够储存的 CO_2 比温暖海水多，因此海洋中的深层冷海水是 CO_2 的主要存储层，就像一个巨大的"可乐罐"一样。

据统计，自第一次工业革命以来，人类新排放到大气中的碳量只有 150 Gt，比海洋生态系统内 5 年的碳循环流量还小。当化石燃料和树木燃烧时，新的 CO_2 被释放到大气中；排放到大气中的 CO_2 很快有接近一半会溶入海洋，其中大部分都存储在海洋深处。由此可见，对未来气候变化的预测很大程度上取决于预测 CO_2 在海洋中的储存量和时间。如果海洋中的 CO_2 含量发生了变化，比如从大气中吸收的 CO_2 量变少或海洋中的 CO_2 释放到大气中的量变多，大气中的 CO_2 浓度就会发生剧烈的变化，从而影响地球的气候。CO_2 在海洋中的储存量取决于深水的温度，储存时间取决于深水与上层水交换的速率，深层水升温、表层水进入深层速率增加、海洋内部混合的增强都会将大量 CO_2 气体释放到大气中。

7.3　深层环流理论

7.3.1　翻转环流与深层西边界流

1. 翻转环流

对深层环流的研究起源于 19 世纪末 20 世纪初。Sandström(1908)提出一个最简单的翻转环流模型(图 7.3.1)，该模型的驱动力是高纬度海水冷却和热带海区深层的暖水团。Wyrtki(1961)也使用了相同的翻转环流系统，他将翻转环流分为 4 个部分：①低纬海表受太阳辐射加热升温并向高纬地区流动；②随着海水在高纬地区的冷却，冷水下沉；③冷水在大洋底部向赤道地区扩散；④随后这部分冷水逐渐上涌，穿过温跃层进入表层。Munk(1966)对这个框架做了改进，用海洋内部跨等密度面混合代替了 Sandström(1908)提出的深层暖水团上涌。Munk 和 Wunsch(1998)指出驱动深层环流的是混合过程，而不是高纬度地区的冷水下沉。风和潮汐的混合作用引起的上升流将深层环流抽吸至温跃层之上，驱动了深层环流。如果没有混合过程，深层水将不会下沉至海洋底部，深层环流将仅存在于海洋上层。

尽管深层环流的驱动机制还有待讨论，但目前大家普遍认同两个观点：一是低纬度地区的垂直混合能驱动深层大洋环流；二是南大洋的风生上升流在深层环流过程中也起重要作用。对于垂直混合如何影响深层大洋环流，目前的研究表明内波破碎是产生混合的重要原因之一，内潮和海表的风都可以产生内波破碎，发生垂向混合。大洋深层环流中冷水的混合上升主要发生在大洋中脊之上、海山附近以及边界流区域，这个问题还有待继续探索。对于南大洋风生上升流对深层环流的影响，Toggweiler 和 Samuels（1995）最早提出 Drake 通道效应，即南大洋海表风通过南极绕极流的作用使北大西洋热盐环流增强。Wu 等（2011）发现南大洋深度在 300～1800 m 的湍流跨密度混合的空间分布受地形控制。

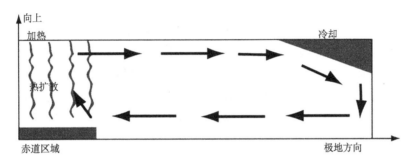

图 7.3.1　Sandström（1908）提出的翻转环流模型示意图

2. 深层西边界流

海洋学家们通过理论与实验的方法，发表了一系列论文（Stommel，1958；Stommel，et al.，1958；Stommel and Arons，1960），为深层环流的研究奠定了理论基础。他们将海洋简化为一个由赤道和两条经线围成的扇形海洋（图 7.3.2），假设在最北处有一个深水源，深水源输入的水量为 S_0，然后将海洋分为上下两层，下层厚度均匀为 H。下层海水运动基本以地转流为主，表达式为

$$\frac{1}{\rho}\frac{\partial p}{\partial x} = fv \tag{7.3.1a}$$

$$\frac{1}{\rho}\frac{\partial p}{\partial y} = -fu \tag{7.3.1b}$$

$$\frac{\partial u}{\partial x} + \frac{\partial v}{\partial y} + \frac{\partial w}{\partial z} = 0 \tag{7.3.1c}$$

将式（7.3.1a）与式（7.3.1b）交叉微分再相减，消去压强项可得

$$\frac{\partial(fv)}{\partial y} + \frac{\partial(fu)}{\partial x} = \beta v + f\left(\frac{\partial u}{\partial x} + \frac{\partial v}{\partial y}\right) = 0 \tag{7.3.2}$$

再根据连续方程式（7.3.1c）可得

$$\beta v = f \frac{\partial w}{\partial z} \tag{7.3.3}$$

其中，$f = 2\Omega\sin\varphi$，$\beta = 2\Omega\cos\varphi / R$；$\Omega$ 为地球自转速度；R 为地球半径；φ 为纬度。该方程的推导使用了涡度平衡方程。由式(7.3.3)可得海洋底部深层环流：

$$V = \int_0^H v\mathrm{d}z = \int_0^H \frac{f}{\beta} \frac{\partial w}{\partial z} \mathrm{d}z = \frac{R\tan\varphi}{H} W_0 \tag{7.3.4}$$

其中，V 是经向速度的垂直积分；W_0 是穿过密度跃层底部的垂向速度。由于上层海水温度高，下层温度低，大洋上层热量通过混合作用向下输送，这就要求大洋底层冷水向上输送，使二者达到平衡。因此 W_0 几乎在各处均为正值，而根据式(7.3.4)，V 在各处也为正值，大洋深层水流都是指向深水源方向的。使用位涡守恒也可以解释该过程，由于下层海水上升使得下层水体发生拉伸，根据位涡守恒理论，水体会向极地方向运动，形成指向深水源的海水流动。为了平衡各处指向极地的深层流动，斯托梅尔添加了一个很强的深层西边界流，如果所有地方的深层水体以相同的速率均匀上升，上升的总体积与深水源输入的水量 S_0 相等，则可以得到西边界流的强度为 $T_w = -2S_0\sin\varphi$。在极地西边界流的体积输运是深水源产生的水体体积 S_0 的两倍，在赤道的输运减少为 0。

Stommel 和 Aron(1960)预测在墨西哥湾流下方存在一支携带着北欧地区海域和拉布拉多海高盐水的深层西边界流。Swallow 和 Worthington(1961)在出海观测中成功发现了该深层西边界流。

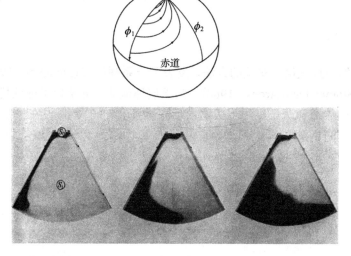

图 7.3.2　上为深层环流示意图(Stommel and Arons, 1960)；下为实验室实验结果。水箱逆时针旋转，在顶部深水源 S_0 处注入染料，可以观察到深层西边界流，染料在水箱 S_i 内开始上升，最终流回 S_0 (Stommel, et al., 1958)

7.3.2　深层环流的多平衡态

Stommel(1961)首先认识热盐环流存在多种平衡态，也就是多个解，热盐环流从一种平衡态突变到另一种平衡态可能会引起气候的灾变。依据深水环流理论，Stommel(1961)提出了使用箱式模型来研究深层环流变异的方法。他大胆地将海洋简化为 2 个相连的箱子，1 个代表高密度、寒冷的高纬度咸水，另 1 个代表低密度、温暖的低纬度淡水(图 7.3.3 上)。箱子是相连的，它们之间的流量取决于箱子之间的密度差。高密度水从底部流向低密度水的箱子，在低密度水箱内产生上升流。利用该模型，可以研究 2 个箱子缓慢加热、冷却或者淡水通量(例如蒸发或者降水)对整个流动的影响。

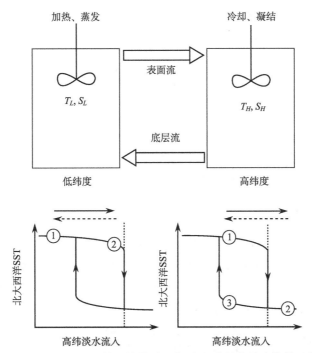

图 7.3.3　上图为 Stommel(1961)经向翻转流双箱模型示意图，假定较高纬度的箱子(右侧)具有高密度水，低纬度的箱子(左侧)具有低密度水，每个箱子混合均匀；下图为经向翻转流强度滞后导致的北大西洋海表温度滞后示意图(Stocker and Marchal，2000)

　　即使是最简单的气候变化模型也可能得出复杂的结果。斯托梅尔发现，对于给定的一组模式参数(外部施加的温度和盐度、温度和盐度恢复到稳定状态所需要的时间尺度以及箱子之间密度差造成的流动速度等)，简单的箱式模型中显示了多重平衡的现象，即存在几种不同的深层环流的平衡态。随着基本态的缓慢变化，整个系统也会随之缓慢变化，但当基本态变化到一定程度时，系统可以在不同的平衡态下产生跳跃。在跳跃之后如果基本态改为逆向变化，在一定时刻系统也会产生反向跳跃回到开始的平衡态，但是该跳跃表现出滞后现象，即两次跳跃发生时，基本态是不同的。

　　图 7.3.3 下图详细描述了这个过程，图中实线箭头所指的方向表示向北大西洋高纬度注入淡水，而虚线箭头则表示北大西洋高纬度淡水蒸发。所有箭头表示的淡水注入与淡水蒸发的量是一样的。左图中起始点①处北大西洋盐度较高，当注入一定量的淡水时，系统发生缓慢变化达到状态②，但还没有达到跳跃到下一个平衡态的程度，此时如果蒸发掉相同量的淡水，系统就会回到初始状态①。右图中起始点①处北大西洋盐度比左图

低，当注入与左图相同量的淡水时，系统发生跳跃，达到另一个平衡态②，可以想象为表层淡水注入阻止了表层水下沉，大西洋经向翻转环流突然停止。但是此时如果蒸发掉等量的淡水只能到达状态③，系统并没有发生跳跃，不能重启翻转环流，系统存在一定的滞后性。要想重启翻转环流还需要进一步蒸发淡水，增加表层盐度。

自然界是大气、海洋、海冰、陆地、生态、化学相互影响的耦合系统，自然界的气候变化远比斯托梅尔的双盒模型复杂得多。在斯托梅尔提出双盒模型后，该问题一直没有得到广泛关注。但是随着科学家们开始寻找气候变异的可能机制，该模型又被人们重新关注，并对此后的研究起到了重要影响。

7.4　深层环流的观测

相比于上层海洋环流来说，我们对于深层环流的了解非常匮乏，目前使用的测流计与浮标很难获得长期的直接观测。而且深层环流的平均流速非常慢，只有大约 1 mm/s 的量级，而典型的深层流速变化的量级高达 10 cm/s 或者更大，在这样大的流速背景下观察如此小的平均流速是非常困难的。

7.4.1　深层西边界流的观测

虽然对大洋内部深层流的直接观测十分困难，但是由深水源产生的深层西边界流流速比较大，我们可以直接利用海流计和温度剖面资料来识别，在世界大洋的很多区域都已经探测到了深层西边界流。在北大西洋，Swallow 和 Worthington(1961)首次观测到了湾流以下的深层西边界流。Worthington(1970)描述了北大西洋深层流结构(图 7.4.1)，他将

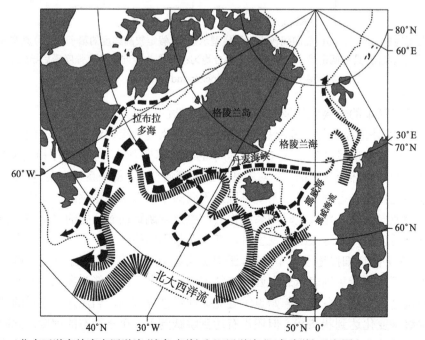

图 7.4.1　北大西洋高纬度表层洋流(浅色虚线)和深层洋流(深色虚线)示意图(Worthington，1970)

挪威海比作像地中海一样的海盆,由表层流带来的暖水在此处下沉形成高密度深层冷水,冷水随地形逐渐向南流溢,穿过丹麦海峡和法罗浅滩水道,随后汇集形成北美大陆东海岸的深层西边界流。此外在拉布拉多海也会形成一支深层西边界流。由于海底地形十分复杂,许多深层西边界流并不是沿着西边界流动,这就给深层西边界流的观测带来了困难。尽管在其他海域也相继有深层西边界流被发现,但也仅是所有深层西边界流中的一部分,这项工作还需要深入推进。

7.4.2　其他深层流的观测

除了深层西边界流,其他深层流是无法使用海流计直接观测的。但深层水向下越过密度跃层进入深层之后,是比较稳定的,会始终保持它们生成之前的许多物理和化学性质。因此我们对大部分深层环流的认识是基于追踪水团特有的温度、盐度、氧气浓度、硅酸盐、氚、碳氟化合物以及其他示踪物而推断得到的。这些方法比直接测流得到的结果更稳定,可以用来跟踪长达几十年的环流。

1. 水团

水团的概念起源于气象学中气团的概念。挪威气象学家 Bjerknes 首先描述了在极地地区形成的冷气团。气团内部属性较为均匀,而冷气团与暖气团相撞的地方会形成巨大的密度和温度差异,从而形成强风。Bjerknes 将其比作两个军团之间的交锋,故将这些同时生成、属性均匀的气体称为"气团",气团之间发生碰撞的地方称为"锋面"。

水团的定义为一团有着共同源地的、起源于自然海洋区域的水体。就像大气中的气团一样,水团是物理实体,体积可以测量,因此在海洋中占据了有限的体积,它们的形成源区也是海洋中特定的一个位置。水团之间会相互混合,海洋中锋面两侧的密度差比大气锋面要小很多,因此锋面处只有弱流。

温度与盐度的关系函数图称为 T-s 图,可以很好地描述水团的地理分布、水团之间的混合以及推测深海中水体的运动。水团的特性(如温度和盐度)只会在混合层表面形成,加热、冷却、降雨和蒸发共同决定水团的特性,一旦水团进入密度跃层以下,水团的特性就会保持稳定,只有通过与相邻水团混合才能改变。因此特定的温盐特性可以用来追踪水团,也可以反映其生成的海区位置。

T-s 图中的每一个点是一个水型,如果水团非常均匀,那它在图上几乎为一个点。而如果水团不均匀,在图上则会占据一定区域。两个水团混合会在 T-s 图上呈现为一条直线,而在曲线的拐点处往往对应着某个特定的水团。图 7.4.2 绘制了吕宋海峡附近海域水团的 T-s 图,无论从南海内部的剖面,还是相邻的太平洋海域的剖面,都可以看出两个明显的拐点,上方的拐点大约位于温度为 23℃、盐度为 34.8 psu 的位置,这对应的是北太平洋热带水;而下方的拐点大约位于温度为 8℃、盐度为 34.2 psu 的位置,这对应的是北太平洋中层水。此外还可以看出南海内部的水团特性没有西太平洋的明显,这主要是因为南海内部较强的垂向混合作用所致。

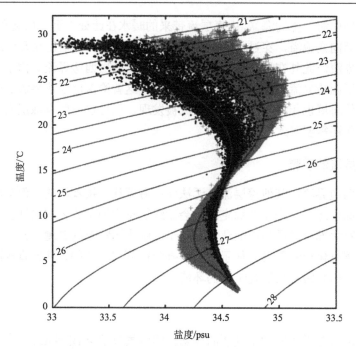

图 7.4.2　2003 年 2 月～2009 年 4 月吕宋海峡附近 Argo 观测剖面绘制的 *T-s* 点聚图。黑色点表示 121° E 以西（南海内部）的剖面，灰色十字形表示 121° E 以东（太平洋）的剖面（刘增宏等，2011）

2. 示踪物方法

由于水团具有稳定性，可以通过示踪物来追踪水团。示踪物通常不能选取控制密度的变量，因为根据地转关系，水体通常会沿等密度面运动，那么控制密度的变量就不能用来示踪水团中心的运动。在某些海区，海水的密度主要由温度控制，盐度的影响较小，这时我们可以用盐度来追踪水团运动、确定水团的来源。我们使用大西洋西部水域的南北盐度的横截面，根据不同纬度和深度的盐度作为最大值和最小值来定位，可以清楚地看到 3 个水团（图 7.4.3）。最上面的是低盐的南极中层水，位于 1000 m 附近，从 50° S 向北延伸至 20° N，该水团来自南极锋面区域；中间是高盐的北大西洋深层水，位于 2000 m 附近，从 60° N 向南延伸至 50° S，前面讲过北大西洋深层水来自于挪威海以及拉布拉多海等水域；最下面的则是密度最大的南极底层水，位于 4000 m 以下，从 60° S 向北延伸至 30° N，它生成于威德尔海和其他南极洲附近的浅水海域。这些深层水不仅充满了大西洋广阔的海洋深层，还会通过南极绕极流的混合和输运最终充满南太平洋和印度洋的深层水域。

除了盐度可以作为水团的示踪物，一些其他的示踪物也已经被使用。示踪物的选取有以下 4 个要求：①理想的示踪物可以浓度非常小，但必须容易测量；②它是守恒的，只有混合能改变其浓度；③它不影响水的密度且存在于我们希望跟踪的水团之中，而其他相邻的水团则没有；④它不影响海洋生物（我们不能释放有毒的示踪剂）。在这里我们列举 8 个目前得到广泛使用的示踪物。

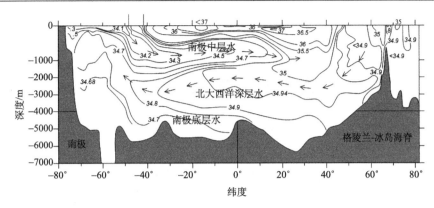

图 7.4.3 在大西洋西部水域从北冰洋到南极洲盐度-深度等值线图，盐度单位: psu（Lynn and Reid, 1968）

（1）盐度。盐度是守恒的，在某些海域它对密度的影响低于温度。

（2）氧气。氧气是部分守恒的。海洋植物和动物的呼吸及有机碳的氧化会导致其浓度减少。

（3）硅酸盐。海洋生物会消耗一部分硅酸盐，但硅酸盐在透光层以下是守恒的。

（4）磷酸盐。所有生物都会消耗磷酸盐，但磷酸盐会提供额外的信息。

（5）^{3}He。^{3}He 是守恒的，但它的来源很少，主要在深海火山和温泉中会生成。

（6）氚（^{3}H）。氚产生在 20 世纪 50 年代的原子弹实验，通过大气进入海洋混合层，可以用于跟踪深层水的形成。它的半衰期大约为 12.3 年，目前正从海洋中慢慢消失。

（7）碳氟化合物。由于空调中使用的制冷剂氟利昂注入大气，容易探测，目前也被用于跟踪深层水的来源。

（8）六氟化硫（SF_6）。可以注入海水做示踪物，也是一种容易被探测的物质。

第8章 波浪理论

8.1 波动现象

海洋波动是海水重要的运动形式之一，以多种形式存在，比如风生浪、海洋内部密度跃层上的波动(内波)、物体(如海岸滑坡以及海冰)溅入海水中引起的波浪(飞溅浪)、海啸、潮汐等。不同形式的波动其物理特征不同，如周期，风生浪周期为几秒到几分钟，海啸周期为几个小时，而潮汐的周期为半天到一天。在海洋的各种波动中，以风生浪所占据的能量最大(图 8.1.1)。海洋表面的波浪产生的原因很多，如风、大气压力变化、天体引潮力和海底地震等都会引起扰动，释放能量。这是本章的讨论重点。

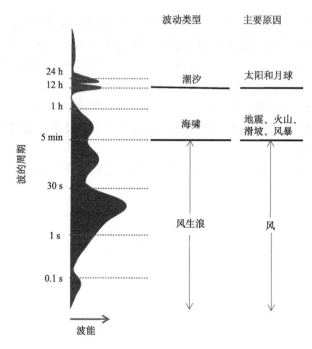

图 8.1.1 海洋波动的分类

海洋中的波动在形式上极为复杂，波形极不规则，传播方向变化不定，不可能用简单确定的数学公式来描述。所有的波动都会通过周围物质的周期性运动来传递能量，而介质本身并不会沿着能量传播的方向输送，微粒只是在做周期性振动(上下、前后或全方位振动)，例如当风吹过麦田时，麦秆会以来回摆动的形式波动，但是麦秆本身位置并没有改变。

不同形式的波，其传播方式千差万别，一直振动并持续传递的行波可以分为纵波、横波和轨道波(图 8.1.2)。纵波的每个质点的振动方向和能量传播方向相同,如击掌或用手击打桌子时,能量会沿桌子传播,并被其他人感知,在这个过程中,桌子本身并不运动,能量可以由气态、液态或者固态物体传播。横波的能量传播方向和质点的振动方向垂直,如绳子一端固定,另一端握在手中做上下振动时,能量的传播方向和绳子的振动方向垂直。通常,横波能量只能通过固态物体传播。轨道波的质点沿圆周路径运动,海浪的运动属于轨道波,这种波沿两种不同密度的流体(液体/气体)的分界面传输能量。

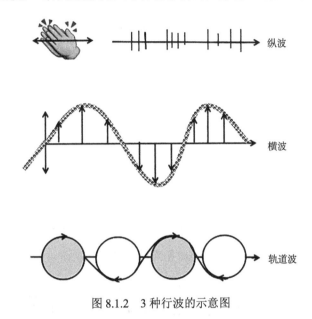

图 8.1.2　3 种行波的示意图

8.1.1　海浪的运动学特征

当波浪经过一个固定的空间位置,会引起海面上下周期性振动,在理想情况下,这种周期性振动接近以时间为变量的正弦或余弦函数,如图 8.1.3 所示。取水深 h 为常数,x 轴位于静水面上,z 轴竖直向上为正。波浪在 x-z 平面内运动。图中描述海浪运动的参数有以下 10 个。

(1)波峰。在周期性振动中,水面达到的最高位。

(2)波谷。在周期性振动中,水面降到的最低位。

(3)振幅 A。静水面至波峰的垂直距离。

(4)波高 H。波谷至波峰的垂直距离,$H=2A$。

(5)波长 L。两个相邻波峰或波谷之间的水平距离。

(6)波数 k。2π 距离内波的个数,$k=\dfrac{2\pi}{L}$。

(7)波周期 T。波浪推进 1 个波长所需的时间。

(8)圆频率 σ。2π 时间内波的个数,$\sigma=\dfrac{2\pi}{T}$。

（9）波基面 D。海浪影响所能达到的深度，大约为 1/2 波长，$D \approx \dfrac{L}{2}$。

（10）波陡 S。波高与波长的比值，$S = \dfrac{H}{L}$。当波陡 S 大于 1/7 时，波浪的波动形态无法保持平衡，会发生破碎。

如果海面起伏用这个函数 $\eta = \eta(x,t)$ 表示静水面至波面的垂直位移，理想波面可用余弦（或正弦）函数表示，即

$$\eta = A\cos(kx - \sigma t) \tag{8.1.1}$$

其中，$kx - \sigma t$ 为相位函数，k 为波数，表示 2π 长度上波动的个数，$\sigma = \dfrac{2\pi}{T}$ 称为圆频率。

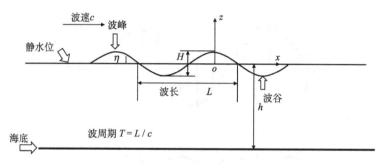

图 8.1.3　前进波各基本特征参数定义图

波速 c 定义为波形传播速度，即同相位点传播速度，又称相速度。图 8.1.4 显示了 $t = 0$ 和 $t = t_0$ 时的波面曲线。当 $t = 0$，$\eta = A\cos kx$，波峰点（$\eta = A$）在 $x_1 = 0$ 处；当 $t = t_0$，$\eta = A\cos(kx - \sigma t_0)$，波峰点（$\eta = A$）在 $x_2 = \dfrac{\sigma t_0}{k}$ 处。因而由式（8.1.1）表示的波形沿 x 轴正向传播，其波形传播速度 c 为

$$c = \frac{x_2 - x_1}{t_0} = \frac{\dfrac{\sigma t_0}{k - 0}}{t_0} = \frac{\sigma}{k} = \frac{L}{T} \tag{8.1.2}$$

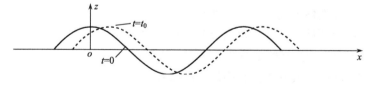

图 8.1.4　波形传播图

所以，在特定水深 h 下，任何一个波列可由波浪参数波高 H、波长 L、周期 T 所确定。任一种波浪理论均可根据这 3 个基本参数来确定其运动特性，如波浪传播速度、水质点运动速度和轨迹等。

海浪中的水质点的运动轨迹近似圆形。如在使用海浪浮标观测海浪时发现，波峰接近时，浮标上升并向后运动；波峰经过时，浮标向上并向前运动；波峰过去后，浮标向

下并向前运动；波谷接近时，浮标向下并向后运动；下个波峰接近时，浮标继续向上和向后运动，即海浪经过时，浮标经历了一个圆周运动，并且最终回到原点附近。圆周运动会随着水深的增加而减弱，到达一定深度，几乎可以忽略不计，如图 8.1.5 所示。由此可见，海浪传播的是能量而不是质量。

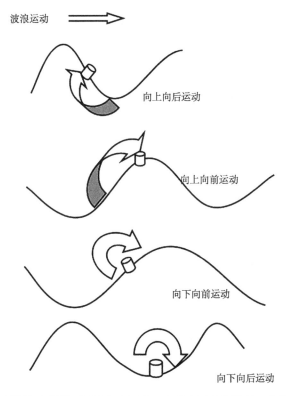

图 8.1.5　波浪运动轨迹示意图，波浪向右运动，水质点运动轨迹是一个圆，称为圆周运动

目前关于海浪的研究方法主要有两种：①理论方法。理论方法就是假设海水是不可压并且运动无旋，利用流体动力学方程研究理想的规则波动（正弦波和斯托克斯波等）。②统计方法。统计方法就是将实际观测资料与波动理论相结合，将实际海浪视为一系列振幅不等、相位不同的正弦波的叠加，利用谱分析的方法确定波谱的特征。

由于海浪具有非线性三维特征和明显的随机性，不易进行精确数学描述，因此常将三维非线性波浪问题转化为较简单的二维平面波。对于二维平面波，迄今已有许多不同理论来描述其运动特性，其中最著名的理论有两个：①Airy（1845）提出的微幅波理论，又称为线性波理论；②Stokes（1847）提出的有限振幅波理论。微幅波理论是基本的波浪理论，它较清晰地表达出波浪的运动特性，易应用于实践，是研究其他较复杂波浪理论以及不规则波的基础。在数学上，Airy 理论可以看作是对波浪运动进行完整理论描述的一阶近似值。对于某些情况，用斯托克斯有限振幅波理论描述波浪运动会得到更加符合实际的结果。此外，Korteweg 和 de Vries（1895）提出椭圆余弦波理论，它能很好地描述浅水条件下的波浪形态和运动特性。罗素在 1834 年发现了孤立波的存在，这种波可视为椭圆余弦波的一种极限情况，在近岸浅水中，应用孤立波理论可获得满意的波浪运动的描述，因而也被广泛应用。本章会对这些理论进行介绍。

8.1.2 海浪运动控制方程和定解条件

为了简化起见，一般作如下假定：①流体是均质和不可压缩的，其密度为常数；②流体是无黏性的理想流体；③自由水面的压力是均匀的且为常数；④水流运动是无旋的；⑤海底水平且不可穿透；⑥体积力仅为重力，表面张力和科里奥利力可忽略不计；⑦波浪属于平面运动，即在 x-z 平面内作二维运动。

根据流体力学原理，在无旋运动假定下的波浪运动为有势运动，即存在速度势函数 ϕ，其由下式定义：

$$V = \nabla\phi = \frac{\partial\phi}{\partial x}i + \frac{\partial\phi}{\partial z}k \tag{8.1.3}$$

其中，$V = (u, w)$ 为水质点速度矢量，其水平分量为 u，垂直分量为 w。由式(8.1.3)可知，u 和 w 可由速度势 ϕ 导出，即

$$u = \frac{\partial\phi}{\partial x}, w = \frac{\partial\phi}{\partial z} \tag{8.1.4}$$

无旋运动时，$\frac{\partial w}{\partial x} - \frac{\partial u}{\partial z} = 0$，将方程式(8.1.4)代入此方程中可得

$$\frac{\partial w}{\partial x} - \frac{\partial u}{\partial z} = \frac{\partial^2\phi}{\partial x\partial z} - \frac{\partial^2\phi}{\partial z\partial x} = 0 \tag{8.1.5}$$

不可压缩流体的连续性方程可表示为

$$\frac{\partial u}{\partial x} + \frac{\partial w}{\partial z} = 0 \tag{8.1.6}$$

将式(8.1.4)代入上式得

$$\frac{\partial^2\phi}{\partial x^2} + \frac{\partial^2\phi}{\partial z^2} = 0 \tag{8.1.7}$$

或记作

$$\nabla^2\phi = 0 \tag{8.1.8}$$

上式即为速度势 ϕ 的控制方程，即著名的拉普拉斯(Laplace)方程。给出适当的边界条件，可得到拉普拉斯方程的解，进一步可由式(8.1.4)得到流速场 (u, w)。

在理想无旋不可压缩流体、体积力仅为重力的条件下，不可压无黏运动方程组可简化为伯努利方程，推导过程如下：

$$\frac{\partial w}{\partial t} + u\frac{\partial w}{\partial x} + w\frac{\partial w}{\partial z} = -\frac{1}{\rho}\frac{\partial p}{\partial z} - g \tag{8.1.9}$$

将式(8.1.4)代入式(8.1.9)，并在 z 方向积分，得到如下方程：

$$\frac{\partial\phi}{\partial t} + \frac{1}{2}\left[\left(\frac{\partial\phi}{\partial x}\right)^2 + \left(\frac{\partial\phi}{\partial z}\right)^2\right] + gz + \frac{p}{\rho} = f(t) \tag{8.1.10}$$

设在无穷远处无波浪，即 $\phi = 0$ 或常数，在自由表面 ($z=0$) 处 $p = p_a$，p_a 为大气压，这里取其为 0，因而由式 (8.1.10) 可得 $f(t) = 0$，从而可求得压力场：

$$p = -\rho g z - \rho \frac{\partial \phi}{\partial t} - \frac{1}{2}\rho \left[\left(\frac{\partial \phi}{\partial x} \right)^2 + \left(\frac{\partial \phi}{\partial z} \right)^2 \right] \tag{8.1.11}$$

式 (8.1.7) 和式 (8.1.11) 表明，在理想无旋不可压缩流体，仅在重力作用下，流速场和压力场可分开求解，求出速度势函数 ϕ 后，可由式 (8.1.11) 求得压力场。数学上，式 (8.1.7) 是二元二阶偏微分方程，为了求得定解，需要边界条件。

(1) 海底表面设为固壁，因此水质点垂直速度应为 0，即

$$\frac{\partial \phi}{\partial z} = 0, z = -h \tag{8.1.12}$$

(2) 在波面 $z = \eta$ 处，应满足动力学边界条件和运动学边界条件。动力学边界条件为水面上压力为常数 (大气压)，因此在式 (8.1.10) 中取 $z = \eta$，并令 $p = 0$，得自由表面动力学边界条件：

$$\frac{\partial \phi}{\partial t}\bigg|_{z=\eta} + \frac{1}{2}\left[\left(\frac{\partial \phi}{\partial x} \right)^2 + \left(\frac{\partial \phi}{\partial z} \right)^2 \right]\bigg|_{z=\eta} + g\eta = 0 \tag{8.1.13}$$

上式中含有非线性项，故这个边界条件是非线性的。

自由表面的运动学边界条件的物理意义是，在流体界面上，不应有穿越界面的流动，否则界面就不能存在，即流体界面具有保持性，某一时刻位于界面上的流体质点将始终位于界面上，不能有相对法向位移，因而界面上水质点法向速度等于界面运动法向速度。如流体界面方程表示为 $F(x,z,t) = 0$，则流体界面运动学边界条件为 $\dfrac{\mathrm{d}F}{\mathrm{d}t} = 0$，即 $\dfrac{\mathrm{d}F}{\mathrm{d}t} = \dfrac{\partial F}{\partial t} + V \cdot \nabla F = 0$，在自由表面上，$F(x,z,t) = \eta(x,t) - z = 0$，故 $\dfrac{\partial \eta}{\partial t} + u \dfrac{\partial \eta}{\partial x} - w = 0$，$z = \eta$，可写为

$$\frac{\partial \eta}{\partial t} + \frac{\partial \eta}{\partial x}\frac{\partial \phi}{\partial x} - \frac{\partial \phi}{\partial z} = 0, z = \eta \tag{8.1.14}$$

这显然也是一个非线性边界条件。

(3) 流场左、右两端面的边界条件可根据简单波动在空间和时间上呈周期性来确定。从空间上看同一个相位点的波要素是相同的，在时间上看一个周期后的波要素也应相等，故波浪场左右两端边界条件可表示为 $\phi(x,z,t) = \phi(x+L,z,t) = \phi(x,z,t+T)$，对于二维推进波，流场左、右两端边界条件可写为

$$\phi(x,z,t) = \phi(x - ct, z) \tag{8.1.15}$$

其中，$x - ct$ 表示波浪沿 x 正方向传播。

数学上把这种只给定边界条件而不需给定初始条件的方程定解问题称为边值问题。要精确解出上述二维波列的定解，将遇到如下两个困难：

(1) 自由水面边界条件是非线性的。

(2) 自由水面位移 η 是未知的，即自由表面边界是不确定的。

因此，要求得上述水波方程的边值问题的解，最简单的方法是先将边界条件线性化，将问题化为线性问题求解。

8.2 线性波理论

8.2.1 线性波控制方程、定解条件和理论解

为了把上节所述的水波问题线性化，假设波浪运动是缓慢的，波动的振幅 A 远小于波长 L 或水深 h。根据微小振幅这一假设，利用小参数摄动方法略去式 (8.1.13) 和式 (8.1.14) 中的非线性项，使问题得到线性化，从而得到线性波控制方程和边界条件：

$$\nabla^2 \phi = 0 \tag{8.2.1a}$$

$$\frac{\partial \phi}{\partial z} = 0, z = -h \tag{8.2.1b}$$

$$\frac{\partial \eta}{\partial t} - \frac{\partial \phi}{\partial z} = 0, z = \eta \tag{8.2.1c}$$

$$\eta = -\frac{1}{g}\frac{\partial \phi}{\partial t}, z = \eta \tag{8.2.1d}$$

$$\phi(x, z, t) = \phi(x - ct, z) \tag{8.2.1e}$$

在边界条件的约束下，利用分离变量法假设速度势具有 $\phi(x, z, t) = X(x)Z(z)T(t)$ 形式，解线性波的控制方程，可得

$$\phi = \frac{Ag}{\sigma} \frac{\cosh k(z + h)}{\cosh kh} \sin(kx - \sigma t) \tag{8.2.2a}$$

其中，

$$\sigma^2 = gk \tanh kh \tag{8.2.2b}$$

由式 (8.2.2b) 可以得出，给定波浪圆频率 σ 和水深 h 就可以确定波数 k。这说明 k 不是 1 个独立的参数，必须通过给定圆频率 σ 后由以上方程式确定。该方程被称为频散关系或称为色散方程。由该方程也可进一步确定波长 L 和波速 c：

$$L = \frac{gT^2}{2\pi} \tanh kh \tag{8.2.3}$$

$$c = \frac{gT}{2\pi} \tanh kh \tag{8.2.4}$$

上两式表明波长 L、波速 c 与波周期 T 以及水深 h 之间存在互相依赖的关系。当水深给定时，波的周期越长，波长亦越长，波速也越大，这样就使不同波长的波在传播过程中逐渐分离开来。这种不同波长 (或周期) 的波以不同速度进行传播最后导致波的分散现象称为波的色散现象。色散方程还表明，波浪的传播还与水深有关，水深变化时，波长和波速也将随之发生变化。

对于深水和浅水两种极端情况，色散方程可以做不同的简化，可得到深水波和浅水波的近似表达式。

1. 深水波

当水深 h 或 kh 为无限大时，双曲函数 $\tanh kh\big|_{kh\to\infty}\approx 1$ ，实际上，当水深 $h>\dfrac{L}{2}$ 时，

$\tanh kh=0.9962$ ，其误差不超过 0.4%，说明当水深 h 大于波长 L 的一半时，可认为是深水情况。这时的色散方程可以简化为

$$\sigma^2=gk \tag{8.2.5}$$

其等价式为

$$L_0=\frac{gT^2}{2\pi},\ c_0=\frac{gT}{2\pi} \tag{8.2.6}$$

其中，L_0 和 c_0 分别表示深水波的波长和波速。上式表明，在深水情况下，波长和波速只与周期有关，和水深无关。

2. 浅水波

当水深相比于波长很小时，即 $kh\to 0$ ，双曲函数 $\tanh kh\approx kh$ ，当 $h<\dfrac{L}{20}$ 时，误差小于 3%，可认为是浅水情况，这时的色散方程可简化为

$$\sigma^2=gk^2h \tag{8.2.7}$$

其等价式为

$$L_s=T\sqrt{gh},\ c_s=\sqrt{gh} \tag{8.2.8}$$

其中，L_s 和 c_s 分别表示浅水波波长和波速。上式表明，在浅水情况下，波速只与水深有关，且与水深的平方根成正比，而与周期和波长无关。因此任意波周期（波长）的波浪传播到浅水区后，波浪的传播速度只受当地水深控制。

8.2.2　线性波的速度场和加速度场

利用速度势函数，可求得流体内部任一点 (x,z) 处水质点的水平分速度 u 和垂直分速度 w：

$$u=\frac{\partial\phi}{\partial x}=A\sigma\frac{\cosh k(z+h)}{\sinh kh}\cos(kx-\sigma t) \tag{8.2.9a}$$

$$w=\frac{\partial\phi}{\partial z}=A\sigma\frac{\sinh k(z+h)}{\sinh kh}\sin(kx-\sigma t) \tag{8.2.9b}$$

当相位 $\Omega=kx-\sigma t=2n\pi(n=0,1,2,\cdots)$ 时，出现最大的正的水平速度；当 $\Omega=kx-\sigma t=(2n+1)\pi$ 时，出现最大的负的水平速度；当 $\Omega=kx-\sigma t=\left(2n+\dfrac{1}{2}\right)\pi$ 时，出现最大的正的垂直速度；当 $\Omega=kx-\sigma t=\left(2n+\dfrac{3}{2}\right)\pi$ 时，出现最大的负的垂直速度（图 8.2.1）。

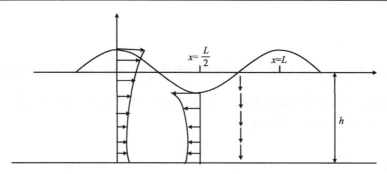

图 8.2.1 线性波质点运动速度在不同相位时的状况

8.2.3 线性波质点的运动轨迹

在一个波长内，静止时位于 (x_0, z_0) 处的水质点，在运动的任一瞬间，位置在 $(x_0 + \xi, z_0 + \zeta)$ 处，(ξ, ζ) 是水质点在水平和垂直方向的迁移量。水质点在波动中以速度 $\left(\dfrac{\mathrm{d}\xi}{\mathrm{d}t}, \dfrac{\mathrm{d}\zeta}{\mathrm{d}t}\right)$ 运动着，为了求得任一时刻的水质点迁移量 (ξ, ζ)，假定水质点只是在静止位置周围作微幅运动，因此可以将任一位置水质点的运动速度用流场中 (x_0, z_0) 处的速度来代替，而忽略速度在点 $(x_0 + \xi, z_0 + \zeta)$ 与点 (x_0, z_0) 之间的差别，即

$$\xi = \int_0^t u(x_0 + \xi, z_0 + \zeta)\mathrm{d}t \approx \int_0^t u(x_0, z_0)\mathrm{d}t \tag{8.2.10a}$$

$$\zeta = \int_0^t w(x_0 + \xi, z_0 + \zeta)\mathrm{d}t \approx \int_0^t w(x_0, z_0)\mathrm{d}t \tag{8.2.10b}$$

由此可得到水质点的迁移量：

$$\xi = \int_0^t u\,\mathrm{d}t = -A\frac{\cosh k(z_0 + h)}{\sinh kh}\sin(kx_0 - \sigma t) \tag{8.2.11a}$$

$$\zeta = \int_0^t w\,\mathrm{d}t = A\frac{\sinh k(z_0 + h)}{\sinh kh}\cos(kx_0 - \sigma t) \tag{8.2.11b}$$

任意时刻水质点的位置为 $(x_0 + \xi, z_0 + \zeta)$，若令

$$a = A\frac{\cosh k(z_0 + h)}{\sinh(kh)}, \quad b = A\frac{\sinh k(z_0 + h)}{\sinh(kh)} \tag{8.2.12}$$

可得水质点运动轨迹方程为

$$\frac{(x - x_0)^2}{a^2} + \frac{(z - z_0)^2}{b^2} = 1 \tag{8.2.13}$$

因此，该运动轨迹为一个封闭的椭圆，其水平长半轴为 a，垂直短半轴为 b。在水面处，$z_0 = 0$，$b = A$，即为波浪的振幅；在水底处，$z_0 = -h$，$b = 0$，水质点在水底只做水平运动。

在深水情况下，$a = b = A\mathrm{e}^{kz_0}$，水质点运动轨迹为一个圆，在水面处轨迹半径为波浪振幅，随着水质点距离水面深度的增大，轨迹圆的半径以指数函数形式迅速减小

（图 8.2.2），当 $z_0 = -\dfrac{L}{2}$ 时，轨迹半径为振幅的 $\dfrac{1}{23}$，一般情况下，可认为水质点基本上是不动了，所以，在工程上常认为当水深超过波长的一半时，可视为深水情况。

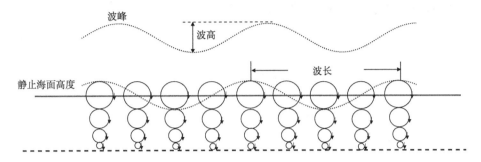

图 8.2.2 波浪水质点运动轨迹（深水波）

8.2.4 线性波的压力场

线性波场中任一点的波浪压力可由线性化之后的伯努利方程求得，即

$$p_z = -\rho g z - \rho \frac{\partial \phi}{\partial t} \tag{8.2.14}$$

将式（8.2.2）中的速度势函数的表达式代入上式得

$$p_z = -\rho g z + \rho g A \frac{\cosh k(z+h)}{\cosh kh} \cos(kx - \sigma t) \tag{8.2.15}$$

上式表明，波浪压力由两部分组成，等号右边第一项为静水压力，第二项为动水压力。令

$$k_z = \frac{\cosh k(z+h)}{\cosh kh} \tag{8.2.16a}$$

$$p_z = -\rho g z + \rho g k_z \eta \tag{8.2.16b}$$

其中，k_z 为压力灵敏度系数或压力响应系数，它是 z 的函数，随着质点位置深度增大而迅速减小。

8.2.5 线性波的波能和波能流

在二维波浪中，一个波长范围中所储存的总波能由势能和动能两部分组成，波浪势能是由于水质点偏离平衡位置造成的。为求波动所引起的一个波长范围内的平均势能 E_p，我们考虑水体中微元体的体积为 $\mathrm{d}x\mathrm{d}z$，其势能为 $\rho g z \mathrm{d}x \mathrm{d}z$。沿水深积分，并取一个波长范围内平均的总势能为

$$E_p^T = \frac{1}{L} \int_0^L \int_{-h}^{\eta} \rho g z \mathrm{d}x \mathrm{d}z \tag{8.2.17}$$

无波时的势能为

$$E_p^0 = \frac{1}{L} \int_0^L \int_{-h}^0 \rho g z \mathrm{d}x \mathrm{d}z \tag{8.2.18}$$

一个波长范围内的平均势能为波动引起的势能增加量，为

$$E_p = E_p^T - E_p^0 = \frac{1}{L} \int_0^L \int_0^\eta \rho gz \mathrm{d}x \mathrm{d}z = \frac{1}{L} \int_0^L \frac{\rho g}{2} \eta^2 \mathrm{d}x \tag{8.2.19}$$

在线性波中，$\eta = A\cos(kx - \sigma t)$，代入上式可得

$$E_p = \frac{1}{4} \rho g A^2 \tag{8.2.20}$$

波浪动能是由于水质点运动产生，微元体的体积为 $\mathrm{d}x\mathrm{d}z$，其动能为 $\frac{1}{2}\rho(u^2 + w^2)\mathrm{d}x\mathrm{d}z$。沿水深积分，并取一个波长范围内的平均动能为

$$E_k = \frac{1}{L} \int_0^L \int_{-h}^\eta \frac{\rho}{2}(u^2 + w^2)\mathrm{d}x\mathrm{d}z \tag{8.2.21}$$

在线性波中，上式可近似地写为

$$E_k = \frac{1}{L} \int_0^L \int_{-h}^0 \frac{\rho}{2}(u^2 + w^2)\mathrm{d}x\mathrm{d}z \tag{8.2.22}$$

将式(8.2.9)代入上式可得

$$E_k = \frac{1}{4} \rho g A^2 \tag{8.2.23}$$

式(8.2.20)和式(8.2.23)表明，线性波一个波长范围内平均的波浪动能和势能相等。一个波长范围内的总波能为

$$E = E_p + E_k = \frac{1}{2} \rho g A^2 \tag{8.2.24}$$

上式表明线性波平均总波能与波高的平方呈正比，其单位是 $\mathrm{J/m^2}$。

线性波传播过程中不会引起质量输移，因为它的水质点运动轨迹是封闭的，但波动会产生能量的输送。在风区内，因风输入能量使水体产生波动，离开风区后，波浪保持运动自由传播到浅水区，在那里波能受底部摩阻作用和波浪破碎影响将大部分能量消耗掉，其余能量最终使波浪在岸上爬高。显然，波浪在传播过程中存在能量传递，在一个波长内传递的平均能量称为波能流。

如图8.2.3所示，沿波向从左向右通过垂直于 x 轴从自由水面到水底的控制面上的周期平均波能输送量，即控制面右边能量的增加率，由通过控制面进入右边的动能和势能以及左边流体作用在控制面上的压力做功这三部分组成。

考虑控制面上垂向微元长度为 $\mathrm{d}z$，$\mathrm{d}t$ 时间内通过 $\mathrm{d}z$ 范围的质量为

$$m = \rho u \mathrm{d}z \mathrm{d}t \tag{8.2.25}$$

因此 $\mathrm{d}t$ 时间内通过控制面的动能为

$$\frac{1}{2} m(u^2 + w^2) = \frac{1}{2} \rho u(u^2 + w^2)\mathrm{d}z\mathrm{d}t \tag{8.2.26}$$

通过控制面的势能为

$$mgz = \rho gzu \mathrm{d}z \mathrm{d}t \tag{8.2.27}$$

同时 $\mathrm{d}t$ 时间内左边流体作用在控制面上的压力做功，使控制面右侧能量增加，其大

小为 $p\mathrm{d}zu\mathrm{d}t$。三者之和即为 $\mathrm{d}t$ 时间内通过垂直于 x 轴的控制面上 $\mathrm{d}z$ 范围的波能通量，其大小为

$$u\left[p+\frac{1}{2}\rho(u^2+w^2)+\rho gz\right]\mathrm{d}z\mathrm{d}t \tag{8.2.28}$$

沿水深积分，并取波周期平均，得

$$P=\frac{1}{T}\int_t^{t+T}\int_{-h}^0 u\left[p+\frac{1}{2}\rho(u^2+w^2)+\rho gz\right]\mathrm{d}z\mathrm{d}t \tag{8.2.29}$$

根据伯努利方程，上式可表示为

$$P=\frac{1}{T}\int_t^{t+T}\int_{-h}^0 u\left(-\rho\frac{\partial\phi}{\partial t}\right)\mathrm{d}z\mathrm{d}t \tag{8.2.30}$$

将上式积分得到微幅波的波能流计算式为

$$P=Ecn \tag{8.2.31}$$

式中，

$$n=\frac{1}{2}\left[1+\frac{2kh}{\sinh 2kh}\right] \tag{8.2.32}$$

若令 $c_g=cn$ 为波能传播速度，则有

$$P=Ec_g \tag{8.2.33}$$

上式表明通过单宽波峰线长度的波能流等于平均波能与波能传播速度的乘积，其单位为 W/m。深水时，$n=\frac{1}{2}$；浅水时，$n=1$；在有限水深区，随着水深减小，n 从 $\frac{1}{2}$ 向 1 变化。

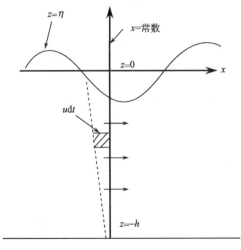

图 8.2.3 波能流传播，阴影部分为 $\mathrm{d}t$ 时间通过控制面上 $\mathrm{d}z$ 范围的质量 $m=\rho u\mathrm{d}z\mathrm{d}t$

8.2.6 波群和群速

前面所讨论的波浪特性均限于类似规则波(正弦波)这样的简单波，实际海洋中的波

浪是由不同周期、不同波高的许多个波叠加起来的，即为不规则波。为了研究不规则波的特性，我们假定波浪是由两列波高相同、波周期略有差别的正弦波叠加而成(图 8.2.4)，其波面方程分别为

$$\eta_1 = A\cos\left[\left(k + \frac{\Delta k}{2}\right)x - \left(\sigma + \frac{\Delta\sigma}{2}\right)t\right] \tag{8.2.34a}$$

$$\eta_2 = A\cos\left[\left(k - \frac{\Delta k}{2}\right)x - \left(\sigma - \frac{\Delta\sigma}{2}\right)t\right] \tag{8.2.34b}$$

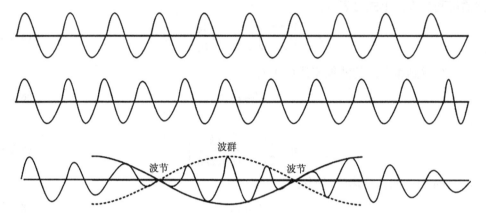

图 8.2.4　两列不同周期的余弦波叠加形成的波群

叠加后的波面曲线为

$$\eta = \eta_1 + \eta_2 = 2A\cos(kx - \sigma t)\cos\left(\frac{\Delta k}{2}x - \frac{\Delta\sigma}{2}t\right) \tag{8.2.35}$$

式 (8.2.35) 表明，两列简单波叠加后的波形还是一个周期波，但振幅是变化的，最大振幅为组成波振幅的 2 倍，波数和频率为两列正弦波的平均值。这可以看成原来两列正弦波叠加而成的合成波在包络线(图 8.2.4 中的虚线)内变动的波浪。这种波浪叠加后反映出来的总体现象称为波群。波群的传播速度以 c_g 表示：

$$c_g = \frac{\Delta\sigma}{\Delta k} \tag{8.2.36}$$

当波数差 Δk 和波浪频率差 $\Delta\sigma$ 很小时有

$$c_g = \frac{\mathrm{d}\sigma}{\mathrm{d}k} \tag{8.2.37}$$

在线性波中，$\sigma^2 = gk\tanh kh$，将这一关系式两边微分后得

$$c_g = cn \tag{8.2.38}$$

在深水中 $n = \frac{1}{2}$，合成波波峰以速度 c 向前传播，而波群包络线却以 $c_g = \frac{c}{2}$ 的速度向前传播。波浪穿越波群包络线时，振幅开始增大，然后减小，在波群节点处波浪振幅减小为 0。

8.2.7 驻波

当两个波向相反，波高、周期相等的行进波相遇时，形成驻波(或称为立波)。若正向波的波面和波势为

$$\eta_1 = A\cos(kx - \sigma t) \tag{8.2.39}$$

$$\phi_1 = \frac{gA}{\sigma}\frac{\cosh k(z+h)}{\cosh kh}\sin(kx - \sigma t) \tag{8.2.40}$$

反向波的波面和波势为

$$\eta_2 = A\cos(kx + \sigma t) \tag{8.2.41}$$

$$\phi_2 = -\frac{gA}{\sigma}\frac{\cosh k(z+h)}{\cosh kh}\sin(kx + \sigma t) \tag{8.2.42}$$

则它们相遇后叠加波的波面和波势为

$$\eta = \eta_1 + \eta_2 = 2A\cos(kx)\cos(\sigma t) \tag{8.2.43}$$

$$\phi = \phi_1 + \phi_2 = -\frac{2gA}{\sigma}\frac{\cosh k(z+h)}{\cosh kh}\cos(kx)\sin(\sigma t) \tag{8.2.44}$$

通过上式可以求得水质点运动速度 u 和 w：

$$u = \frac{\partial \phi}{\partial x} = 2A\sigma\frac{\cosh k(z+h)}{\sinh kh}\sin(kx)\sin(\sigma t) \tag{8.2.45a}$$

$$w = \frac{\partial \phi}{\partial z} = -2A\sigma\frac{\sinh k(z+h)}{\sinh kh}\cos(kx)\sin(\sigma t) \tag{8.2.45b}$$

由式(8.2.43)～式(8.2.45)可知,在 $x = \frac{n\pi}{k} = \left(\frac{n}{2}\right)L, (n = 0,1,2,3\cdots)$ 处,水平分速度 u 恒为 0，垂直分速度 w 及水面波动 η 具有最大的振幅,为行进波的 2 倍。这些点称为波腹点。在 $x = \frac{(n+1/2)\pi}{k} = \left(n + \frac{1}{2}\right)\left(\frac{L}{2}\right), (n = 0,1,2,3\cdots)$，水平分速 u 具有最大振幅,垂直分速 w 及水面波动 η 的振幅恒为 0，这些点称为波节点。水质点在波腹点及节点的运动情况如图 8.2.5 所示。当行进波正向朝直立墙传播时会发生全反射,反射波与其后具有相同振幅、波速、周期的入射波叠加,就会产生上述的驻波。

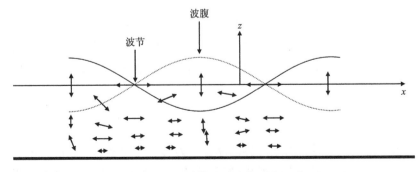

图 8.2.5 驻波的形成和水质点运动

驻波的势能和动能均为行进波的 2 倍。当 $\sin\sigma t = 0$ 时，从式 (8.2.45) 可知，$u = w = 0$，故各处的动能均为 0，此时，水面波动 η 达到最大值，势能最大。当 $\cos\sigma t = 0$，各处的水面波动 η 为 0，u 和 w 均达到最大值，此时动能最大。综上所述，能量就这样周期性地由动能转变为势能，或由势能转变为动能。水质点离开其平均位置的迁移量 (ξ, ζ)，可以参照行进波推导方法得出，分别为

$$\xi = -2A\frac{\cosh k(z_0 + h)}{\sinh kh}\sin(kx_0)\cos(\sigma t) \tag{8.2.46a}$$

$$\zeta = -2A\frac{\sinh k(z_0 + h)}{\sinh kh}\cos(kx_0)\cos(\sigma t) \tag{8.2.46b}$$

由此可见水质点在波腹点处做垂直振荡，在节点处做水平振荡。

在有些情况下，波浪发生不完全反射，入射波和反射波的叠加情况与上述不同。如果取入射波的振幅为 A_1，反射波的振幅为 A_2，不完全反射情况下，则有 $A_1 > A_2$。反射波与入射波叠加构成的波面为

$$\begin{aligned}\eta &= A_1\cos(kx - \sigma t) + A_2\cos(kx + \sigma t)\\ &= (A_1 + A_2)\cos(kx)\cos(\sigma t) + (A_1 - A_2)\sin(kx)\sin(\sigma t)\end{aligned} \tag{8.2.47}$$

此时叫作不完全立波。

8.3　非线性波理论

前面讨论的线性波理论是基于波动振幅相对于波长无限小的假设 $\left(\dfrac{H}{L} = s \to 0\right)$，忽略了波陡平方 (s^2) 和其他高阶项，然而在实际海洋中的波动振幅对于波长来说是不能视为是无限小的，波动其实有振幅，并且振幅有限 $\left(\dfrac{H}{L} = s\right)$。因此，引入了有限振幅波来解释一些实际波动现象，有限振幅波包括斯托克斯波、椭圆余弦波、孤立波等，有限振幅波波面形状是波峰较陡、波谷较坦的非对称曲线，这是由非线性作用导致的。本节只对非线性波理论做简单的描述，详细理论推导请参见海洋波浪理论方面的专著。

1. 斯托克斯波

有限振幅波中的斯托克斯波是由斯托克斯于 1847 年提出有限水深二阶波浪理论发展起来的。斯托克斯波的特点是，波面变陡，水质点轨迹不封闭进而产生波流，引起海水向一定方向的输运。质量输移问题对于近岸的泥沙输运特别重要，因此，斯托克斯波对近岸泥沙输运的研究有着重要的应用价值。

2. 椭圆余弦波

波浪传入近海浅水区时，海底边界的摩擦阻力影响迅速增加，波高和波形将不断变化。由于斯托克斯波不适用于水深很浅 (如 $h < 0.125L$) 的情况，这时应该采用浅水非线性波理论。在浅水非线性波理论中主理论是椭圆余弦波理论以及孤立波理论。其中椭圆余

弦波理论是最重要的浅水非线性波理论之一。这个理论认为波浪的各种特性都可以用雅克比椭圆函数形式给出，因此将这个理论命名为椭圆余弦波理论。

3. 孤立波

孤立波在传播过程中，波形保持不变，水质点只朝波浪传播方向运动，而且它的波面全部位于静水面以上。由于孤立波的波形和近岸浅水区的波浪很相似，又由于它比较简单，所以在近岸的研究工作中特别是在近岸区波浪破碎前后范围内以及在研究波浪破碎和近岸泥沙运动等方面，孤立波得到了广泛的应用。

8.4 波浪的浅水变形、折射、绕射、反射和破碎

波浪在深水传播过程中，由于水体内部的摩擦作用以及表面与空气的摩擦等会损失掉一部分能量，进入浅水区后波浪则是通过底部摩擦以及破碎湍流过程消耗主要能量。波浪传播到近岸以后，受海底地形、水深变浅、沿岸水流、港口及海岸建筑物等影响，会发生浅水变形、折射、绕射、反射等现象，使波能产生衰减；当波浪变陡或水深变浅到一定限度后，产生破碎。本节只对这些物理过程做一些简单的描述，详细的数学解析表达请参考相应的波浪理论方面的专著。

1. 波浪的浅水变形

波浪正向传入浅水区 $\left(\dfrac{h}{L}<0.5\right)$ 时，由于水深递减，除波长、波速逐渐减小外，波高也会因波能传播速度（即群速）变化而变化，但是其波周期始终保持不变，这种因水深减小而引起的波高变化称为波浪的浅水变形效应。

2. 波浪折射

波向斜向进入浅水区后，同一波峰线的不同位置将由各自所在地点的水深决定其波速，处于水深较大位置的波峰线推进较快，处于水深较小位置的推进较慢，波峰线就因此而弯曲，并逐渐趋于与等深线平行，波向线则趋于与岸线垂直。波峰线和波向线随水深变化而变化的现象称为波浪折射。

图 8.4.1 显示由于波浪的折射，在海湾的岬角处，波向线集中，波高增大，这种现象称为辐聚；在海湾内，波向线分散，波高减小，称为辐散。

3. 波浪绕射

波浪绕射分为"内绕射"和"外绕射"，内绕射为没有障碍物存在，由于地形变化引起波浪相邻射线出现相交的趋势，而使波幅迅速增大，导致波能量沿波峰线传播，从而使波浪传播方向发生改变；外绕射则是有障碍物的存在，波浪在传播过程中，遇到障碍物如防波堤、岛屿时，除可能在障碍物前产生波浪反射外，绕过障碍物继续传播，并在掩蔽区内发生波浪扩散。

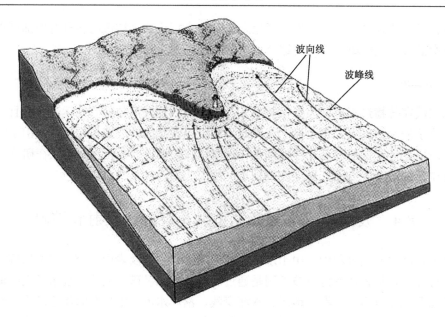

图 8.4.1　波向线的辐聚辐散

4. 波浪反射

波浪传播中遇到天然的或人工的障碍物时，将发生部分或全反射。波浪反射的大小与岸坡或人工建筑物的坡度、粗糙度、空隙率、波陡以及入射角有关。

5. 波浪的破碎

波浪破碎分为两种情况：在深水区，当波陡大于 $\frac{1}{7}$ 时，波形将无法保持，产生破碎；波浪进入浅水区，由于受到海底摩擦的作用，波浪的底部传播速度变缓，而波浪上部仍然维持较大的传播速度，波浪失去平衡，产生破碎。波浪(特别是风浪)破碎后表面出现白沫的现象，称为白冠(Wang, et al., 2017)。波浪破碎会消耗大量波能，破碎波如遇到建筑物，会产生很大的冲击力，进而对沿岸人民生命和财产安全造成巨大影响。

海滩上波浪破碎的形态主要取决于波浪在深水中的波陡和近岸水底的坡度，大致可分为以下三种类型。

(1)崩破波。波峰开始出现白色浪花，逐渐向波浪的前沿扩大而崩碎，波的形态前后比较对称。深水波陡较大，且底坡较平缓时会出现这种形态的破碎。

(2)卷破波。波的前沿不断变陡，最后波峰向前大量覆盖，向前方飞溅破碎，并伴随着空气的卷入。当深水波陡中等，并且海底坡度较陡时将会出现这种形态的破碎。

(3)激散波。波的前沿逐渐变陡，在行进途中从下部开始破碎，波浪前面大部分呈非常杂乱的状态，并沿斜坡上爬。深水波陡较小，且海底坡度较陡时常出现此种破碎。

8.5　随机波浪理论

波浪理论发展的总趋势是由线性理论向非线性理论发展，提出了线性波、斯托克斯波、孤立波、椭圆余弦波和流函数波浪理论等，并由低阶向高阶发展。但几乎所有这些理论都把波浪看作是一种理想的规则波动，这种理想化的波浪可称之为规则波，这些理论至今仍然起着重大作用。然而，自然界中的海浪是一种非常复杂的物理现象。从海岸眺望大海，我们可以看见海面上波浪的波峰线是不连续的，波高是随时间和空间变化的，波浪的统计性质也是随机的，例如，100 个波的平均波高每天都是变化的。海浪的随机过程可以看成是由很多频率不同的简谐波叠加组合而成的，其总能量由各简谐波提供。海浪能量相对于简谐波频率的分布，构成这一随机过程的频域特性，有时它比时域特性更能说明问题，频域特性通常用谱来表示。

海浪波高是随机出现的，其统计性质可由概率分布描述。常用的统计波高的方法有两种：①特征波法，即对波高、周期等进行统计分析，采用有某种统计特征值的波作为代表波；②谱方法(俞聿修，1999)。下面分别讨论这两种方法。

8.5.1　特征波法

(1)平均波高和平均周期。大致反映海面波高的平均状态，还构成其他特征波高的换算媒介。

$$\bar{H} = \frac{\sum H_i}{N}, \bar{T} = \frac{\sum T_i}{N} \tag{8.5.1}$$

(2)均方根波高。反映海浪的平均能量：

$$H_{\mathrm{rms}} = \sqrt{\frac{1}{m}\left(H_1^2 + H_2^2 + \cdots + H_m^2\right)} = \frac{2}{\pi}\overline{H} \tag{8.5.2}$$

(3)最大波波高和周期。分别表示波列中波高最大波浪的波高和周期。常用于工程计算。

(4)部分大波平均波高和周期。在航行、港口设计中，该波高和周期反映海浪的显著部分，例如，$H_{1/10}$ 和 $T_{1/10}$ 的计算方法为波列中各波浪按波高大小排列后，取前面 $\frac{1}{10}$ 个波的平均波高和平均周期。$H_{1/3}$ 为有效波高，其对应的周期 $T_{1/3}$ 为有效波周期。

(5)超值累积率波高。在港口工程计算中，该波高反映某种给定波高值出现的可能性。

8.5.2　两种常见的波浪谱

海洋中存在很多波浪谱，本小节主要介绍 P-M 谱和 JONSWAP 谱。

1. P-M 谱

P-M 谱是 Pierson 和 Moskowitz(1964)提出的。他们认为，如果风在面积大的海域上

长时间稳定地作用，波浪将与风平衡。在这里，"长时间"大概是 10000 个波浪周期，
"大面积"约为 5000 个波长。他们计算各种风速的波谱(图 8.5.1)，并发现函数与观测
得到的谱很符合。

$$S(\omega) = \frac{\alpha g^2}{\omega^5} e^{-\beta\left(\frac{\omega_0}{\omega}\right)^4} \tag{8.5.3}$$

其中，$\omega=2\pi f$，f 是波的频率，单位为 Hz；$\alpha=8.1\times10^{-3}$；$\beta=0.74$；$\omega_0=\dfrac{g}{U_{19.5}}$，$U_{19.5}$ 是距
离海表 19.5 m 高的风速。

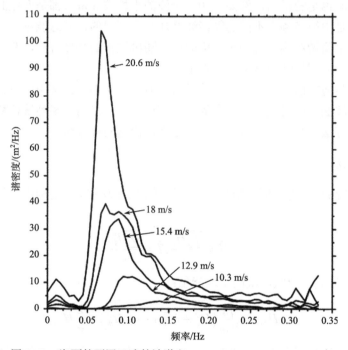

图 8.5.1　海面的不同风速的波谱(Pierson and Moskowitz，1964)

2. JONSWAP 谱

英国、荷兰、美国和德国等国家的有关部门于 1968～1969 年进行了"联合北海波浪
计划"(Joint North Sea Wave Project，JONSWAP)(Hasselmann，1973)，从丹麦、德国交
界处西海岸的叙尔特(Sylt)岛沿着西偏北方向布置了 1 个测波断面，伸入北海达 160 km，
断面上设置了 13 个测站，最大水深 50 m。分别采用小浮子式、水下压力式、电阻式测波
杆、波浪骑士式浮标和纵摇–横摇式浮标等 5 种观测仪器对波浪进行了观测。由测得的
2500 个谱，导出波谱如下：

$$S(\omega) = \frac{\alpha g^2}{\omega^5} e^{-\frac{5}{4}\left(\frac{\omega_0}{\omega}\right)^4} \gamma^{e^{\frac{-(\omega-\omega_0)^2}{2\sigma^2\omega_0^2}}} \tag{8.5.4}$$

其中，γ 称为峰升高因子，γ 取值范围为 1.5～6，一般取为 3.3；ω_0 表示谱峰频率；σ 为

峰形参量,按下式选取:

$$\sigma = 0.07, \quad \text{当} \, \omega \leqslant \omega_0$$
$$\sigma = 0.09, \quad \text{当} \, \omega > \omega_0$$

$(8.5.5)$

可见 JONSWAP 谱仅比 P-M 谱多乘了一项谱峰升高因子 γ,其谱形在谱峰附近将比 P-M 谱增大,变得更尖突,说明波浪能量高度集中于谱峰频率附近。α 为无因次常数,可取 $\alpha = 0.0076 \left(\dfrac{gx}{U^2} \right)^{-0.22}$。其中,$x$ 为风区长度(风程);U 为平均风速。ω_0 为谱峰频率,可取 $\omega_0 = 22 \left(\dfrac{g}{U} \right) \left(\dfrac{gx}{U^2} \right)^{-0.33}$。JONSWAP 谱由迄今最系统的海浪观测得到,资料又包括了深水和浅水充分成长风浪和成长过程风浪,故得到广泛应用。

8.6 波浪的观测

冲浪运动员、潜水员以及沙滩上的游客都可以观察到波浪。志愿观测船上的有经验船员观测波浪,且能够每天记录波高、波周期和波向并发给世界各地的气象机构。科学家和工程师也在观测波浪,并量化观测结果,记录其运动细节,最终预测波浪。卫星遥感技术的发展,使波浪的观测水平得到了进一步提高。

8.6.1 波浪的现场观测

波浪现场观测项目之一的海况观测,即风力作用下海面外貌特征,一般分为 10 级,如表 8.6.1 所示。

表 8.6.1 海况等级表

海况等级	海面特征
0	海面光滑如镜或仅有涌浪存在
1	海面出现波纹或波纹和涌浪同时存在
2	波峰开始破裂,浪花呈玻璃色
3	波峰破裂,有白色浪花
4	波浪具有明显形状,海面四处是白浪花
5	海面出现较大波峰,浪花占了波峰上较大面积,风开始削去波峰上浪花
6	波峰上被风削去的浪花开始沿波浪斜面延伸成带状,有时波峰出现风暴波的长波形状
7	风削去的浪花带布满了波浪斜面,并且有些地方达到波谷,波峰上布满了浪花层
8	稠密的浪花布满了波浪斜面,海面变成白色,只有波谷内某些地方没有浪花
9	整个海面布满了稠密浪花,空气中有水滴和飞沫,能见度显著变低

另外,根据目测海面征象,按波级记录,并定义波高范围,如表 8.6.2 所示。

表 8.6.2　波级表

波级	波高范围/m		波浪名称
0	0	0	无浪
1	$H_{1/3}<0.1$	$H_{1/10}<0.1$	微浪
2	$0.1{\leqslant}H_{1/3}<0.5$	$0.1{\leqslant}H_{1/10}<0.5$	小浪
3	$0.5{\leqslant}H_{1/3}<1.25$	$0.5{\leqslant}H_{1/10}<1.5$	轻浪
4	$1.25{\leqslant}H_{1/3}<2.5$	$1.5{\leqslant}H_{1/10}<3.0$	中浪
5	$2.5{\leqslant}H_{1/3}<4.0$	$3.0{\leqslant}H_{1/10}<5.0$	大浪
6	$4.0{\leqslant}H_{1/3}<6.0$	$5.0{\leqslant}H_{1/10}<7.5$	巨浪
7	$6.0{\leqslant}H_{1/3}<9.0$	$7.5{\leqslant}H_{1/10}<11.5$	狂浪
8	$9.0{\leqslant}H_{1/3}<14.0$	$11.5{\leqslant}H_{1/10}<18.0$	狂涛
9	$14.0{\leqslant}H_{1/3}$	$18.0{\leqslant}H_{1/10}$	怒涛

　　利用浮标测量是一种定点测量波浪要素的方式，这种方式遵循海表水质点运动的三维模式。常用的浮标测量海洋要素的技术通过一个内置的加速度计测量其垂直加速度，虽然浮标也可以做横向运动，但只是小范围内的移动(距离大小大致等于波浪的高度)，因此这个移动距离是可以忽略的。通过两次积分浮标的垂直运动的加速度，得到时间和高度函数。因为浮标同时做水平方向上的运动，在平均海表面上对海浪的记录比实际观测更看重运动的对称性，因此实际上的波峰比测量的更尖锐，波谷比实际的更平滑。此外，浮标的尺寸和质量都是有限的，这就导致浮标通常在波浪的固有频率下低估了短波和频率共振。图 8.6.1 是波浪骑士式浮标示意图，该浮标通过测量和计算自身的垂直加速度来估计海表面运动过程。

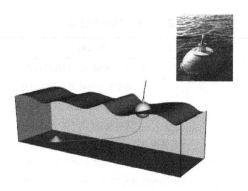

图 8.6.1　波浪骑士式浮标在海表面的示意图(Holthuijsen，2010)

　　现如今，大部分浮标的数据都是公开的，可以从许多公开网站上下载，例如美国浮标数据中心(NDBC)，提供了许多太平洋和大西洋沿海区域的波浪数据。但是目前大部分浮标数据都具有一个共同的缺陷，即无法提供波浪的方向信息。为了获取这个信息，目前正在开发两种浮标，一种是测量海面斜率，另一种是测量浮标自身的水平运动来获得方向信息，踏浪者就是这类浮标。

8.6.2 波浪的遥感观测

遥感技术是一种观测和认识海洋的重要手段，高度计是遥感技术工具中一种，为主动式微波测量仪，具有投资少、监测能力强、覆盖面积广、全天候等特点。高度计分为激光高度计、声测高度计和雷达高度计 3 种。作为一个测距仪，或者说是作为一个高度计，激光高度计的原理是利用可见光和红外线摄像，向下发射一束激光，可以相当准确地测量海面的垂直距离。它可以安装在固定平台或者飞机上，但不能安装在卫星上，因为激光高度计会受大气层的干扰。声测高度计不仅可以用于实地的观测，还可以作为遥感探测仪器。当其安装在水下时，利用一条窄波束可以测量仪器本身到海表面的距离，这种技术在日本海域用得比较多。雷达高度计是用一个窄波束雷达探测海面，从而测量海面高度。

现在最为广泛的高度计是搭载于卫星上的星载微波雷达，其主要目的是测量平均海面高度、有效波高和海面后向散射系数，涉及波浪的就是有效波高的探测。有效波高测量原理是测得返回脉冲的波形，利用波形中的波前和波宽的数值计算有效波高值。有关波浪观测的详细理论技术请参见这方面的专著(何宜军等，2015)。

8.7 极端灾害性波动

海洋中有多种灾害性的波动，其中风暴潮和海啸是典型的对人类生命和财产极具威胁的波动现象，本节简要地介绍这两种极端灾害性波动（冯士筰，1982）。

8.7.1 风暴潮

风暴潮是沿海地区最常见的自然灾害之一。我国沿海地区几乎每年都会遭受不同程度的台风、温带气旋或者寒潮所激发的风暴潮的袭击，尤其是进入 21 世纪以来，全球变暖引起了海平面上升，同时我国沿海社会经济高速发展，风暴潮灾害已成为威胁我国沿海人民生命财产安全和制约沿海经济发展的重大灾害。

当风暴吹过表面时，大陆架上海岸会堆积水，这种海平面上升的现象被称为风暴潮。风暴潮包括以下 6 个重要过程。

(1)平行于海岸的风诱导的埃克曼输运将海水输向海岸，导致海平面上升。

(2)吹向海岸的风将水直接推向海岸。

(3)波浪起伏和其他波浪相互作用将水输送到海岸，增强了前两个过程。

(4)由风产生的边缘波沿着海岸行进。

(5)风暴内的低压会引起海平面上升。

(6)风暴与高潮位同时发生会引起海岸更剧烈的增水。

8.7.2 风暴潮灾害及预防

风暴潮灾害是我国的主要海洋灾害之一，几乎遍及中国沿海。风暴潮能否成灾，还需要看当时是否遇上天文大潮的高潮，如果风暴潮正好遇上了天文潮的高潮阶段，会导致水位暴涨，成灾的可能性就很大。风暴潮的出现一般都伴有狂风、大雨，并且会导致海平面迅速上升，严重危及沿岸人民的生命和财产安全。致灾因子还包括近岸浪，当风暴潮、天文潮高潮和近岸浪三者同时出现时，破坏力最大。

登陆我国的台风和强温带气旋天气过程往往造成风暴潮灾害，其成灾频率高，致灾强度大，造成的人员和经济损失惨重。根据增水高度的强弱把风暴潮分为 4 个等级：①风暴增水，增水值小于 1 m；②弱风暴潮，增水值 1～2 m；③强风暴潮，增水值 2～3 m；④特强风暴潮，增水值 3 m 以上。台风引起的风暴潮造成的灾害有两种。

(1)风暴潮造成的增水使海水冲击沿岸，从而冲垮堤坝、房屋、护岸等设施，造成海堤决口。海水倒灌淹没耕地导致土壤盐碱化，使农作物低产甚至不能生长。

(2)风暴潮过程中伴随的强降水引起崩塌、滑坡，造成人员伤亡和财产损失。

中国是世界上风暴潮灾害频发的国家之一，并且全年均有发生，但主要发生在夏秋季节。受台风的影响，我国东南沿海、华南地区常出现风暴潮灾害。冬季的寒潮大风在黄海、渤海地区可以激发强大的风暴潮。因此应对风暴潮灾害显得极为重要，主要应对措施以防御为主。

(1)建设海岸线灾害监测预警系统。完善海洋锚系浮标、沿海台站、地波雷达、卫星遥感等监测设备，建立海-陆-空实时立体监测网络，发展海洋数值预报系统，形成海洋灾害监测预警系统，增强处理突发风暴潮灾害的应急能力。

(2)加强海岸带防护工程的建设。风暴潮的破坏力大，影响范围广，需要建立牢固的海岸防护建筑，修堤固坝，定期检修沿海公路、房屋等，建立安全的沿海防线。

(3)生态防护措施。修复和保护滨海湿地，以增强沿海地区的消浪、护岸、护堤、调节气候的能力。种植沿海防风林，抵御风暴入侵，达到降低风速和防风固岸的效果。

8.7.3　风暴潮数值预报

风暴潮的预报可分为两大类：经验预报和数值预报。过去由于计算能力不足，因此更多地采用经验预报的方式，但是随着计算机技术的飞速提高，现在的风暴潮预报基本都采用高精度的数值预报。

所谓风暴潮数值预报，其实并不是只对风暴潮进行数值计算，而是结合了数值天气预报和风暴潮数值计算的统一整体。数值天气预报给出风暴潮数值计算时所需要的海面风场和气压场，称为大气强迫力的预报；而风暴潮的数值计算则是在这个海面风场和气压场的基础上，选择合适的边界条件和初始条件对风暴潮的基本方程组进行求解。从中解出风暴潮位和风暴潮流的时空分布，其中包括了具有现实预报意义的风暴潮增水剖面以及随时间变化的增水过程。

风暴潮的数值计算以 20 世纪 50 年代为开端，20 世纪 60 年代以后逐渐进入数值实验的高速发展时期。风暴潮的数值预报模式也从刚开始的二维发展到了三维。

我们知道风暴潮是一种复杂的自然现象，它的预报精度受多因素影响，有很高的技术难度。首先，风暴潮是由强烈的大气扰动引起的，所以风暴潮的预报精度很大程度上取决于气象要素的预报；其次，风暴潮还受复杂的湍流过程影响，这对风暴潮的预报精度会有影响。有关风暴潮数值预报的详细理论和数值计算模型请参考有关风暴潮方面的专著。

8.7.4 风暴潮卫星观测

早期，监测手段落后，监测台站不足，监测系统的建设不完善，导致监测水平远远满足不了海洋灾害监测的需求。卫星遥感观测技术具有覆盖域广、持续时间长等诸多优势，在风暴潮防灾减灾领域发挥着重要的作用。

风暴潮的发生往往伴随着恶劣天气，光学遥感卫星受云、雨、雾的影响难以完成探测工作，而微波遥感的突出优点是具有全天候的工作能力，因此搭载微波遥感传感器的卫星往往是监测风暴潮灾害的首选。海洋卫星上搭载的微波散射计能够对热带气旋进行较好的观测，能够观测热带气旋的风速和风向，对涡旋特征进行识别和定位，并能够实时监测热带气旋移动路径。利用微波散射计提供的风场和气旋位置等信息，用模型风场拟合卫星风场数据，再利用风暴潮模式进行计算，即可得到沿岸风暴潮的增水值。

卫星监测除了能为风暴潮的预警预报提供数据支持，也能对风暴潮灾害受损监测分析提供技术支持。卫星可以获取风暴潮灾害爆发前后的遥感图像，对沿海地区灾后救助工作和土地重新规划利用具有指导意义。

8.7.5 海啸

海啸是由海底地震、火山爆发、海底滑坡或气象变化产生的破坏性低频海浪。海啸的波长可达上百千米，其波基为几十千米，对于平均深度只有 4000 m 的海洋，海啸是一种浅水波，其波速 $c = \sqrt{gh}$，g 是重力加速度，h 是水深。比如 4000 m 水深，波速约为 200 m/s。海啸在大洋上并不明显，但靠近海岸后会减速，受海底折射后，波高会达到 10 m 或更高。

21 世纪初发生的印度洋海啸，也称为南亚海啸，给沿岸人民带来了巨大的生命财产损失。2004 年 12 月 26 日，一场里氏 9.3 级左右的地震发生在印度洋板块与亚欧板块的交界处，地处安达曼海，震中位于印度尼西亚苏门答腊以北的海底，引发的海啸形成了几十米高的巨浪，接近 30 万人失去生命，这是全球近 200 年来死伤较为惨重的一场海啸灾难。

由于海啸是一种浅水波，其传播需要一定时间，因此海啸可以预警。海啸预警系统是通过整合地震和水位观测网、利用海啸预报方法形成的一套能够及时监测海啸，分析判定其影响范围和危险等级，并且具备海啸预警产品发布能力和手段的信号处理系统。目前在日本附近海域、美国夏威夷、美国阿拉斯加、中国近海及南美洲等环太平洋地区已经建立海啸预警系统，而印度洋的海啸预警系统也正在完善中。

第9章 海洋中的大尺度波动

在海洋中，波动是海水最重要的运动形式之一。第8章对海洋表面的重力波进行了系统的介绍，其为短波，具有空间尺度小、周期短的特点，这也意味着它无法"感知"地球自转的效应。与此相反，若波动的空间尺度大、周期长，以至于波动可以"感知"到地球的自转效应，此时地球自转引起的科里奥利力对其运动将产生不可忽略的影响，这种波动称为行星波。大尺度波动必然会表现出区别于表面重力波的动力学特征。在本章中，将对这些大尺度的海洋波动进行介绍。

9.1 线性波动理论

为方便阐述海洋大尺度波动的基本特征，我们首先讨论线性波动理论。假设海水均质、无黏，此时大尺度波动可以通过如下浅水方程组进行刻画：

$$
\begin{cases}
\dfrac{\partial u}{\partial t} + u\dfrac{\partial u}{\partial x} + v\dfrac{\partial u}{\partial y} - fv = -g\dfrac{\partial \eta}{\partial x} \\[2mm]
\dfrac{\partial v}{\partial t} + u\dfrac{\partial v}{\partial x} + v\dfrac{\partial v}{\partial y} + fu = -g\dfrac{\partial \eta}{\partial y} \\[2mm]
\dfrac{\partial \eta}{\partial t} + \dfrac{\partial}{\partial x}(hu) + \dfrac{\partial}{\partial y}(hv) = 0
\end{cases}
\tag{9.1.1}
$$

其中，u、v分别为波动在x、y方向的流速；f为科里奥利参数；g为重力加速度；η为海面起伏；$h = \eta + H$，H为平均水深(如不特别说明，H为常数)。

对于大尺度波动，满足以下假定。

(1)罗斯贝数$Ro = \dfrac{U}{fL} \ll 1$，而时间罗斯贝数$Ro_T = \dfrac{1}{fT} \sim 1$。

(2)波动振幅相比于平均水深而言为小量，即$\eta \ll H$。

基于假定(1)，可以将水平运动方程的非线性项略去，而基于假定(2)可以将连续方程非线性项线性化，最终得到控制大尺度波动的方程组：

$$
\begin{cases}
\dfrac{\partial u}{\partial t} - fv = -g\dfrac{\partial \eta}{\partial x} \\[2mm]
\dfrac{\partial v}{\partial t} + fu = -g\dfrac{\partial \eta}{\partial y} \\[2mm]
\dfrac{\partial \eta}{\partial t} + H\left(\dfrac{\partial u}{\partial x} + \dfrac{\partial v}{\partial y}\right) = 0
\end{cases}
\tag{9.1.2}
$$

9.2　庞 加 莱 波

针对上述线性化的浅水方程组，假设波动解 u、v 和 η 满足以下波动解形式：

$$\begin{pmatrix} \eta \\ u \\ v \end{pmatrix} = \begin{pmatrix} A \\ U \\ V \end{pmatrix} e^{i\,(k_x x + k_y y - \omega t)} \tag{9.2.1}$$

其中，k_x 和 k_y 分别是 x 和 y 方向的波数；ω 为频率；将上式代入线性化浅水方程组，可得

$$\begin{cases} -i\omega U - fV = -igk_x A \\ -i\omega V + fU = -igk_y A \\ -i\omega A + H\left(ik_x U + ik_y V\right) = 0 \end{cases} \tag{9.2.2}$$

式(9.2.2)只有在系数行列式为 0 时才会有解，所以只有满足以下条件，波动才会存在：

$$\omega\left[\omega^2 - f^2 - gH\left(k_x^2 + k_y^2\right)\right] = 0 \tag{9.2.3}$$

上式即为波动的频散关系式，可以发现波的频率由波数 $k_h = \left(k_x^2 + k_y^2\right)^{\frac{1}{2}}$、科里奥利参数和水深决定。

显然上式存在两种类型的解，第一类型的解为 $\omega = 0$，此时对应的解无时间变化，是稳定的地转状态。另一种类型的解为

$$\omega = \pm\sqrt{f^2 + gHk_h^2} \tag{9.2.4}$$

上式对应的波动称为庞加莱（Poincare）波，其频率总是大于惯性频率(图9.2.1)。在不考

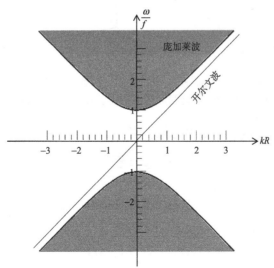

图 9.2.1　庞加莱波和开尔文波的频散关系示意图。其中，$R = \dfrac{\sqrt{gH}}{f}$，通常被称为罗斯贝变形半径，反映的是波速为 $c = \sqrt{gH}$ 的波动在一个惯性周期($\dfrac{2\pi}{f}$)内所传播的距离(Cushman-Roisin，2011)

虑旋转作用（$f=0$）的情况下，$\omega=k_h\sqrt{gH}$，相速度$c=\dfrac{\omega}{k_h}=\sqrt{gH}$，这样就变成了经典的浅水重力波。当波数很小（$k^2\ll\dfrac{f^2}{gH}$），此时波长大于变形半径时，旋转效应占主导作用，$\omega\approx f$。由于庞加莱波既有重力波的特征又有惯性振荡的特征，所以通常又被称为惯性-重力波。

9.3　开尔文波

上节介绍了在开阔海域中出现的庞加莱波。本节将考虑另一种情况，一种需要侧向边界的波动，即开尔文（Kelvin）波。该波动最常发生在沿海岸线的近岸区域以及赤道区域（见第 11 章）。如图 9.3.1，这里我们引入一个简单的模型，考虑一层有界流体，其下为水平底部，其上为自由表面，在其一侧为垂直的边界。因此，沿边界（$x=0$），其法向速度为 0。

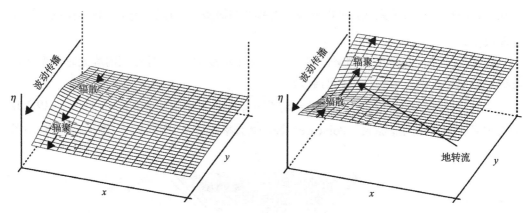

图 9.3.1　上行和下行开尔文波波型传播特点。在北半球，沿着波动传播方向，岸界均位于波动右侧，海表面起伏的不同导致了地转速度不同，辐聚和辐散造成了表面的升高和降低（Cushman-Roisin，2011）

假设研究区域内，$u=0$，则根据浅水方程组（9.1.2）消去η，得到沿岸速度的控制方程：

$$\frac{\partial^2 v}{\partial t^2}=c^2\frac{\partial^2 v}{\partial y^2} \tag{9.3.1}$$

其中，$c=\sqrt{gH}$，为无旋浅水方程中表面重力波波速，见图 9.2.1。上述方程为一维非频散波动的控制方程，其通解为

$$v=V_1\left(x,y+ct\right)+V_2\left(x,y-ct\right) \tag{9.3.2}$$

它包含两个波动，其一向y负方向移动，另一个方向与之相反。基于方程组（9.1.2）中的运动方程且此处u为 0，我们很容易确定：

$$\eta=-\sqrt{\frac{H}{g}}V_1\left(x,y+ct\right)+\sqrt{\frac{H}{g}}V_2\left(x,y-ct\right) \tag{9.3.3}$$

其中，V_1 和 V_2 可以由方程组(9.1.2)的连续性方程确定：

$$\begin{cases} \dfrac{\partial V_1}{\partial x} = -\dfrac{f}{\sqrt{gH}} V_1 \\[3mm] \dfrac{\partial V_2}{\partial x} = \dfrac{f}{\sqrt{gH}} V_2 \end{cases} \tag{9.3.4}$$

即

$$\begin{cases} V_1 = V_{10}(y+ct)\mathrm{e}^{\frac{-x}{R}} \\[3mm] V_2 = V_{20}(y-ct)\mathrm{e}^{\frac{x}{R}} \end{cases} \tag{9.3.5}$$

其中，R 为罗斯贝变形半径，$R = \dfrac{\sqrt{gH}}{f} = \dfrac{c}{f}$。由于解只存在于 $x>0$ 的右半平面，而第二个解随距离增加呈指数增长，显然不符合实际，因此，仅有第一个解作为通解：

$$\begin{cases} \eta = -HF(y+ct)\mathrm{e}^{\frac{-x}{R}} \\[2mm] u = 0 \\[2mm] v = cF(y+ct)\mathrm{e}^{\frac{-x}{R}} \end{cases} \tag{9.3.6}$$

其中，F 为其变量中的任意函数。

由于随着远离岸界呈指数衰减，开尔文波被认为是边界俘获波，即在岸界附近的一定范围内存在。在北半球($f>0$)，沿开尔文波传播方向，其右侧为海岸；在南半球则相反。开尔文波也存在于赤道区域，称为赤道开尔文波，本书将在第 11 章中介绍。

9.4 罗斯贝波

罗斯贝波首先由罗斯贝在 1939 年从理论上给出其性质。罗斯贝波是由于地转参数随纬度变化(即 β-效应)造成的，并用正压无辐散模式推导出波解。

我们知道，科里奥利参数 f 与旋转速率 Ω 成正比，与纬度 φ 的正弦成正比，即

$$f = 2\Omega\sin\varphi \tag{9.4.1}$$

在局地直角坐标系中，设局地直角坐标系的原点在纬度 φ_0，将 f 在 φ_0 附近做泰勒展开，并且纬度 φ 满足 $\varphi = \varphi_0 + \dfrac{y}{a}$。其中，$a$ 是地球半径(6371 km)。将 $\dfrac{y}{a}$ 视为一个小扰动，得

$$f = 2\Omega\sin\varphi_0 + 2\Omega\frac{y}{a}\cos\varphi_0 - \frac{2\Omega}{2}\left(\frac{y}{a}\right)^2\sin\varphi_0 + \cdots \tag{9.4.2}$$

只保留上式右端前两项，得

$$f = f_0 + \beta_0 y \tag{9.4.3}$$

其中，$f_0 = 2\Omega\sin\varphi_0$；$\beta_0 = 2(\Omega/a)\cos\varphi_0$。$f_0$、$\beta_0$ 均为常数，称为 β-平面近似。在中

纬度，如纬度 30°，$f_0 = 7.29 \times 10^{-5}\,\mathrm{s}^{-1}$，$\beta_0 = 1.98 \times 10^{-11}\,\mathrm{m}^{-1} \cdot \mathrm{s}^{-1}$。值得注意的是，只有当 $\beta_0 y$ 项与 f_0 项的比值较小时，β- 平面近似才成立。β- 平面近似在中纬度地区得到了验证，具有较好的近似效果。设经向上的运动尺度为 L，可得

$$\beta = \frac{\beta_0 L}{f_0} \ll 1 \tag{9.4.4}$$

这里量纲为 1 的量 β 被称为行星数。

在 β- 平面近似的情况下，控制方程可写为

$$\begin{cases} \dfrac{\partial u}{\partial t} - (f_0 + \beta_0 y)v = -g\dfrac{\partial \eta}{\partial x} \\[2mm] \dfrac{\partial v}{\partial t} + (f_0 + \beta_0 y)u = -g\dfrac{\partial \eta}{\partial y} \\[2mm] \dfrac{\partial \eta}{\partial t} + H\left(\dfrac{\partial u}{\partial x} + \dfrac{\partial v}{\partial y}\right) = 0 \end{cases} \tag{9.4.5}$$

通过尺度分析可知，式 (9.4.5) 中既有大项 (f_0, g, H)，又有小项 ($\dfrac{\partial u}{\partial t}, \dfrac{\partial v}{\partial t}, \dfrac{\partial \eta}{\partial t}, \beta_0$)。通过 0 阶近似可得，$u = -\dfrac{g}{f_0}\dfrac{\partial \eta}{\partial y}$，$v = \dfrac{g}{f_0}\dfrac{\partial \eta}{\partial x}$，将其代入水平运动方程得

$$\begin{cases} -\dfrac{g}{f_0}\dfrac{\partial^2 \eta}{\partial t \partial y} - f_0 v - \beta_0 y \dfrac{g}{f_0}\dfrac{\partial \eta}{\partial x} = -g\dfrac{\partial \eta}{\partial x} \\[2mm] \dfrac{g}{f_0}\dfrac{\partial^2 \eta}{\partial t \partial x} + f_0 u - \beta_0 y \dfrac{g}{f_0}\dfrac{\partial \eta}{\partial y} = -g\dfrac{\partial \eta}{\partial y} \end{cases} \tag{9.4.6}$$

于是

$$\begin{cases} u = -\dfrac{g}{f_0}\dfrac{\partial \eta}{\partial y} + \beta_0 y \dfrac{g}{f_0^2}\dfrac{\partial \eta}{\partial y} - \dfrac{g}{f_0^2}\dfrac{\partial^2 \eta}{\partial t \partial x} \\[2mm] v = \dfrac{g}{f_0}\dfrac{\partial \eta}{\partial x} - \beta_0 y \dfrac{g}{f_0^2}\dfrac{\partial \eta}{\partial x} - \dfrac{g}{f_0^2}\dfrac{\partial^2 \eta}{\partial t \partial y} \end{cases} \tag{9.4.7}$$

其中，右边第一项表示地转项，后两项为非地转项。再将式 (9.4.6) 和式 (9.4.7) 代入式 (9.4.5) 的连续性方程中，可得

$$\frac{\partial \eta}{\partial t} - R^2 \frac{\partial}{\partial t}\left(\nabla^2 \eta\right) - \beta_0 R^2 \frac{\partial \eta}{\partial x} = 0 \tag{9.4.8}$$

其中，$\nabla^2 = \dfrac{\partial^2}{\partial x^2} + \dfrac{\partial^2}{\partial y^2}$ 为二维拉普拉斯算子；$R = \dfrac{\sqrt{gH}}{f}$ 为罗斯贝变形半径。式 (9.4.8) 是一个常系数的偏微分方程，其解可以进行傅里叶余弦展开，取其中一项 $\eta = A\cos\left(k_x x + k_y y - \omega t\right)$，代入式 (9.4.8) 可得

$$\omega = -\beta_0 R^2 \frac{k_x}{1 + R^2\left(k_x{}^2 + k_y{}^2\right)} \tag{9.4.9}$$

上式为罗斯贝波的频散关系。用 L 表示波长，则 $L \sim \left(\dfrac{1}{k_x}, \dfrac{1}{k_y} \right)$，那么当 $L \leqslant R$ 或者 $L \gg R$ 时，它们的频率可分别表示为

$$\text{短波：} \quad L \leqslant R, \quad \omega \sim \beta_0 L \tag{9.4.10}$$

$$\text{长波：} \quad L \gg R, \quad \omega \sim \frac{\beta_0 R^2}{L} \leqslant \beta_0 L \tag{9.4.11}$$

考虑 $\beta_0 L \ll f_0$，因此，$\omega \ll f_0$，即罗斯贝波为低频波动。

罗斯贝波的纬向相速度表示为

$$c_x = \frac{\omega}{k_x} = -\frac{\beta_0 R^2}{1 + R^2 \left(k_x{}^2 + k_y{}^2 \right)} \tag{9.4.12}$$

由上式可知，纬向相速度始终是负值，这说明罗斯贝波总是向西传播。当 $\left(\dfrac{1}{k_x}, \dfrac{1}{k_y} \right) \gg R$ 时，其纬向速度为

$$c_x = \frac{\omega}{k_x} = -\frac{\beta_0 R^2}{1 + R^2 \left(k_x{}^2 + k_y{}^2 \right)} \sim -\beta_0 R^2 \tag{9.4.13}$$

因此西向速度的最大值为 $c = -\beta_0 R^2$。在中纬度地区，取 $H = 100\ \text{m}$；$f_0 = 7.29 \times 10^{-5}\,\text{s}^{-1}$；$\beta_0 = 1.98 \times 10^{-11}\ \text{m}^{-1} \cdot \text{s}^{-1}$；$g = 9.8\ \text{m/s}^2$；则 $R = 4.29 \times 10^5\ \text{m}$，$c = 3.65\ \text{m/s}$。

其经向传播速度为

$$c_y = \frac{\omega}{k_y} = -\frac{\beta_0 R^2}{1 + R^2 (k_x{}^2 + k_y{}^2)} \frac{k_x}{k_y} \tag{9.4.14}$$

由上式可知，其取值是可正可负的。

对频散关系式(9.4.9)进行变形可得

$$\left(k_x + \frac{\beta_0}{2\omega} \right)^2 + k_y{}^2 = \frac{\beta_0{}^2}{4\omega^2} - \frac{1}{R^2} \tag{9.4.15}$$

若将波数 k_x、k_y 视为自变量，则上式表示一个圆(图 9.4.1)，如果这个圆能够存在，那么方程右端必须是一个正的实数，即 $\beta_0{}^2 > \dfrac{4\omega^2}{R^2}$。这说明罗斯贝波的最大频率为

$$|\omega|_{\max} = \frac{\beta_0 R}{2} \tag{9.4.16}$$

当频率超过这个最大值时，罗斯贝波便不能存在。

根据群速度公式，可得罗斯贝波的 x 方向群速度为

$$c_{gx} = \beta_0 \frac{k_x{}^2 - \left(k_y{}^2 + R^{-2} \right)}{\left(k_x{}^2 + k_y{}^2 + R^{-2} \right)} \tag{9.4.17}$$

当 $k_x{}^2 > k_y{}^2 + R^{-2}$ 时，x 方向尺度较小的波能量将向东传播；当 $k_x{}^2 < k_y{}^2 + R^{-2}$ 时，x 方向尺度较大的波能量将向西传播。

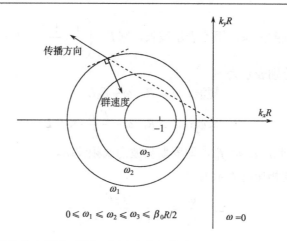

图 9.4.1　罗斯贝波频散关系示意图，图中不同半径的圆代表了不同频率的罗斯贝波，频率越大，半径越大，罗斯贝波的相位传播方向为原点指向点 (k_x, k_y)，而群速度（即能量传播的方向）则由点 (k_x, k_y) 指向对应圆心

　　罗斯贝波的形成和传播特征也可以通过位涡守恒进行定性解释。考虑 β- 效应的正压水平无辐散的涡度方程可写成如下形式：

$$\frac{\mathrm{d}\zeta}{\mathrm{d}t} = -\beta v \tag{9.4.18}$$

假设此时存在一正弦波动如图 9.4.2 所示，其仅在南北方向有速度分量 v。显然，此时在 AB、DE 段内，流场为正涡度；在 BD 段内，为负涡度；且在 C 处具有涡度最小值；A、E 处具有涡度最大值。而基于涡度方程可以知道，在 AC 段内，$v>0$，故涡度随时间要减小；而 CE 段内，$v<0$，涡度随时间增加。此时，波型显然要往西移动才能满足这一变化特征。故 β- 效应使得该波形向西传播。因此罗斯贝波西传是位涡守恒下 β- 效应调制的结果。

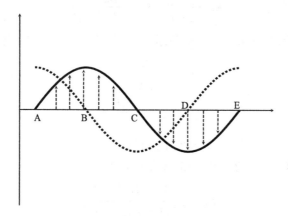

图 9.4.2　β- 效应引起的罗斯贝波西传，图中实线为流速 v，点线为对应涡度

9.5 地形罗斯贝波

正如地转参数的微小变化可以产生行星罗斯贝波一样，微小的地形变化在某些情况下也能产生类似于行星罗斯贝波的波动，称为地形罗斯贝波。

在小尺度的假定下，地转参数的变化很小，可将其视为常数。为了与前面的行星罗斯贝波推导进行比较，假设地形沿 y 方向存在微小变化（类似科里奥利参数沿纬度变化），可写为

$$H = H_0 + \alpha_0 y \tag{9.5.1}$$

其中，H 为深度；H_0 是特征深度；α_0 是海底的斜率，注意斜率必须较缓，可表达为

$$\alpha = \frac{\alpha_0 L}{H_0} \ll 1 \tag{9.5.2}$$

其中，L 是海水运动的水平特征尺度，地形参数 α 起到了和行星参数 β 相似的作用。从图 9.5.1 可以看到瞬时水深 h 可表示为

$$h(x, y, t) = H_0 + \alpha_0 y + \eta(x, y, t) \tag{9.5.3}$$

其中，η 为海表面起伏高度。因此加入地形变化的连续方程改写为

$$\frac{\partial \eta}{\partial t} + \left(u \frac{\partial \eta}{\partial x} + v \frac{\partial \eta}{\partial y} \right) + (H_0 + \alpha_0 y) \left(\frac{\partial u}{\partial x} + \frac{\partial v}{\partial y} \right) + \eta \left(\frac{\partial u}{\partial x} + \frac{\partial v}{\partial y} \right) + \alpha_0 v = 0 \tag{9.5.4}$$

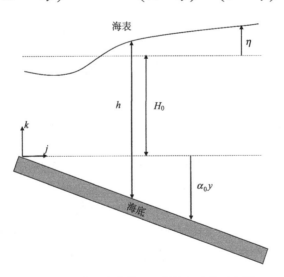

图 9.5.1 地形变化情况下的均匀流体示意图

在准地转的假设下（罗斯贝数远远小于时间罗斯贝数 $Ro_T = \dfrac{1}{fT}$）忽略非线性项，根据式 (9.5.2)，在与 H_0 相比较时 $\alpha_0 y$ 也可忽略，于是浅水方程组 (9.1.2) 中的动量方程及连续性方程式 (9.5.4) 可写为

$$\begin{cases} \dfrac{\partial u}{\partial t} - fv = -g\dfrac{\partial \eta}{\partial x} \\[2mm] \dfrac{\partial v}{\partial t} + fu = -g\dfrac{\partial \eta}{\partial y} \\[2mm] \dfrac{\partial \eta}{\partial t} + H_0\left(\dfrac{\partial u}{\partial x} + \dfrac{\partial v}{\partial y}\right) + \alpha_0 v = 0 \end{cases} \tag{9.5.5}$$

上述方程组包括了地转平衡项和时间变化项。在上述缓慢地形变化的假设下 α 的量级与时间罗斯贝数相当，因此波的频率有

$$\omega \sim \frac{1}{T} \sim \alpha f \ll f \tag{9.5.6}$$

这是一个次惯性的频率，与 9.4 节中的 β-效应引起的罗斯贝波相似，即 $\omega \sim \beta f_0$。同样的，用 0 阶地转近似关系来表示时间变化项中的速度，即 $u \simeq -\dfrac{g}{f}\dfrac{\partial \eta}{\partial y}$，$v \simeq \dfrac{g}{f}\dfrac{\partial \eta}{\partial x}$，代入方程组 (9.5.5) 的运动方程，可得

$$\begin{cases} u = -\dfrac{g}{f}\dfrac{\partial \eta}{\partial y} - \dfrac{g}{f^2}\dfrac{\partial^2 \eta}{\partial x \partial t} \\[2mm] v = \dfrac{g}{f}\dfrac{\partial \eta}{\partial x} - \dfrac{g}{f^2}\dfrac{\partial^2 \eta}{\partial y \partial t} \end{cases} \tag{9.5.7}$$

使用这种近似的相对误差的量级仅为 α^2。再将其代入方程组 (9.5.5) 的连续方程，可得仅有 1 个变量，即海表面起伏 η 的方程，根据式 (9.5.6)，有

$$\frac{\partial \eta}{\partial t} - R^2\frac{\partial}{\partial t}\nabla^2\eta + \frac{\alpha_0 g}{f}\frac{\partial \eta}{\partial x} = 0 \tag{9.5.8}$$

由于式 (9.5.5) 中非地转项 $\alpha_0 v$ 的量级为 α^2，高于方程中其他项的量级 α，故将其舍去。可以看到，除将行星罗斯贝波中的 $-\beta_0 R^2$ 项替换为 $\dfrac{\alpha_0 g}{f}$ 之外，方程式 (9.5.8) 的推导同行星罗斯贝波的推导一样。利用行波解 $\eta = A\cos\left(k_x x + k_y y - \omega t\right)$ 代入可得频散关系

$$\omega = \frac{\alpha_0 g}{f}\frac{k_x}{1 + R^2\left(k_x^2 + k_y^2\right)} \tag{9.5.9}$$

从上述频散关系式中可以看到，如果没有地形变化 α_0，那么频率 $\omega = 0$，即没有波存在，流动是地转且稳定的。在存在地形变化的情况下，引起的波动称为地形罗斯贝波。将频散关系变形可得

$$\left(k_x - \frac{\alpha_0 g}{2f\omega R^2}\right)^2 + k_y^2 = \left(\frac{\alpha_0^2 g^2}{4f^2\omega^2 R^4} - \frac{1}{R^2}\right) \tag{9.5.10}$$

可以看出，与行星罗斯贝波类似，它的频散关系也是圆形。同时，存在一个最大频率：

$$|\omega|_{\max} = \frac{|\alpha_0|g}{2|f|R} \tag{9.5.11}$$

超过这个频率的扰动就无法产生地形罗斯贝波。

上述地形罗斯贝波沿 x 方向(即沿等深线)的相速度为

$$c_x = \frac{\omega}{k_x} = \frac{\alpha_0 g}{f} \frac{1}{1 + R^2 \left(k_x^2 + k_y^2 \right)} \qquad (9.5.12)$$

其符号(传播方向)由 $\dfrac{\alpha_0}{f}$ 决定。因此在北半球,浅水总是位于地形罗斯贝波传播方向的右侧。由于相速度随波数的变化而变化,因此地形罗斯贝波是频散的。其沿等深线传播的最大速度为

$$c = \frac{\alpha_0 g}{f} \qquad (9.5.13)$$

这种情况下地形罗斯贝波的波长接近无限,即波数趋近于 0, $k_x^2 + k_y^2 \to 0$。

第10章　海洋内波

10.1　内波现象

在海洋内波被发现之前，已有一系列关于内波的研究。1752年，富兰克林(Franklin)制作了意大利油灯，灯里装入一部分油和一部分水，他发现无论灯怎么摆动，上层油的表面始终保持光滑平静，但是在油和水的界面却产生了波动，实际上是油和水的界面处产生了内波。1847年，斯托克斯(Stokes)把界面波动推广到了理论层面，研究了两层流体的界面波动，这个研究比海洋内波的发现早了半个世纪。1883年，瑞利(Rayleigh)把斯托克斯的这个研究扩展到了连续层化的流体中，使得其与海洋实际是连续分层的结构这一事实相符合。南森(Nansen)在1893～1896年去北极考察期间，发现船行驶到巴伦支海时，仿佛被一股神秘力量拖住，他当时把这种现象称为"死水现象"。1904年，埃克曼对"死水现象"给出了解释，巴伦支海域由于表面冰的融化，海水表面形成薄的淡水层，当船行驶到这个淡水层区域时，船的航行会在淡水层和盐水层的界面处产生波动(内波)。船动能中的很大一部分通过生成内波被耗散掉，从而导致船速度减慢甚至停止不前。随后，越来越多的观测资料揭示了内波的存在，而这时大家才意识到，原来观测资料中很多被认为的"噪声"，其实是海洋中真实存在的动力过程——内波。

内波是发生在密度稳定层化的海水内部的一种波动，可以直观理解为等密度面的起伏。内波振幅可达几十米到几百米，而波长在几十米至几十千米之间。这里，首先不加证明地给出内波的基本特征，对于内波，其基本特征包括：①内波的最大振幅出现在海洋内部，在海表面起伏相对很小。这显然区别于表面波振幅的分布特征。②内波的频率介于惯性频率和浮力频率之间，内波时间尺度在几分钟到几十小时之间，大于表面波的周期。③一般而言，内波的恢复力为重力与浮力的合力，该力的大小要明显小于表面波的恢复力——重力。这一特性也决定了内波的振幅要比表面波大得多。图10.1.1给出了内波最直观的示例，在具有稳定层结的两层流体中($\rho_2 > \rho_1$)，在不同密度界面处发生的波动便是内波。

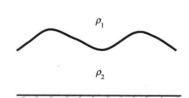

图 10.1.1　两层流体界面处内波示意图

研究表明，内波的生成需要具备3个条件。①海水密度分布要稳定层化，即海水的密度分布要满足轻的海水置于重的海水之上的条件，实际海洋的状态基本满足该条件。

可以推测，若不满足这一条件，即轻的海水在重的海水之下，重的海水在重力作用下要和轻的海水发生位置的"对调"，因此这种情形下海水无法处于一个稳定状态。②内波的生成要有能量来源，内波作为海洋中的动力过程，它的出现需要能量，因此能量来源是内波生成的另一个重要条件。③内波的生成还需要激发源，能量转化的过程需要激发源才能实现，一般而言实际海洋中的激发源为变化的地形。实际海洋中常见的内波生成例子便是潮流流经变化的地形时生成内潮，这一过程在全球海洋中广泛存在。

内波的生成可以基于海水层结定性说明。密度在垂直方向存在变化的流体通常被称作层化流体。对于海洋而言，其密度的分布一般随着深度增加而增大，即轻的海水始终存于重的海水之上。直观而言，海洋中海水密度的这种垂向分布结构是比较稳定的，海水在垂向上一般不会发生由于垂向密度差异而导致的对流。然而，海水层化结构是否稳定，靠直观定性的刻画显然是不够的，那么是否存在可以刻画该特征的定量参数呢？

以海洋为例，忽略海水密度随时间和水平方向的变化，海水密度仅为垂向坐标 z(z 向上为正)的函数，即 $\rho(z)$。下面分类讨论不同层化结构下，海水的稳定性特征。首先考虑密度随深度减小的情形，即 $\dfrac{\mathrm{d}\rho}{\mathrm{d}z} > 0$。这时，若某一深度处的海水水团在外力或者其他外加干扰下，从 z 处移动到 $z+\Delta z$ 处，由于该过程时间较短，可认为水团在移动过程中绝热，该水团在 $z+\Delta z$ 处所受的合力为它在该深度处所受浮力和自身重力的合力，即

$$F = \rho(z+\Delta z)g - \rho(z)g = \Delta\rho g = \frac{\mathrm{d}\rho}{\mathrm{d}z}\Delta z g \qquad (10.1.1)$$

该力通常被称为约化重力。由于 $\dfrac{\mathrm{d}\rho}{\mathrm{d}z} > 0$，故 $F > 0$。这意味着水团在受扰动被抬升之后，由于浮力作用，会继续向上运动，从而远离起始点。显然，初始的密度结构会在初始扰动发生之后产生改变。对于这种情形，可以认为海水层化结构是不稳定的。当密度随深度增加时，即 $\dfrac{\mathrm{d}\rho}{\mathrm{d}z} < 0$，此时，若同样有一水团绝热从 z 处移动到 $z+\Delta z$ 处，该水团所受合力仍与上述情形一致。然而，由于该种情形下，密度的垂直梯度小于 0($\dfrac{\mathrm{d}\rho}{\mathrm{d}z} < 0$)，所以该水团此时受到的合力向下，即 $F<0$。这意味着，被抬升的水团因受到向下的约化重力的作用，会向下朝着起始点运动。当水团到达起始深度后，此时虽然其受到的约化重力为 0，但水团却不会停止在起始深度，它自身具有的初速度会让其冲过起始深度继续向更深的深度运动。当其冲过起始点后，由于此时自身的密度要小于其周围海水的密度，故会受到向上的浮力作用，该浮力会使水团向下运动的速度最终减为 0 并转为向上运动。如此周而复始，如果不考虑能量的耗散，该水团会在其起始深度之间来回运动。对于这种层化结构，可以认为海水是稳定的。

显然，对于海水的层化结构是否稳定，可以通过考察密度梯度的符号来进行衡量，因此定义参数：

$$E = -\frac{1}{\rho}\frac{\mathrm{d}\rho}{\mathrm{d}z} \qquad (10.1.2)$$

该参数的正负和大小反映了海水是否稳定及其稳定性程度，称作海水稳定度。若 $E<0$，

则表明海水层化不稳定，绝对值越大，说明越不稳定；若 $E>0$，则表明海水层化处于稳定状态，值越大，说明海水越稳定；当 $E=0$ 时，表明没有垂直密度梯度，海水密度均匀。

基于约化重力表达式，可以给出水团在外力消失之后的运动方程：

$$\rho(z+\Delta z)g - \rho(z)g = \rho(z)\frac{\mathrm{d}^2(\Delta z)}{\mathrm{d}t^2} \tag{10.1.3}$$

整理上述表达式，水团的运动加速度可写成

$$\frac{\mathrm{d}^2(\Delta z)}{\mathrm{d}t^2} - \frac{g}{\rho(z)}\frac{\mathrm{d}\rho(z)}{\mathrm{d}z}\Delta z = 0 \tag{10.1.4}$$

定义

$$N^2 = -\frac{g}{\rho(z)}\frac{\mathrm{d}\rho(z)}{\mathrm{d}z} \tag{10.1.5}$$

此时，有

$$\frac{\mathrm{d}^2(\Delta z)}{\mathrm{d}t^2} + N^2\Delta z = 0 \tag{10.1.6}$$

显然，上述方程是否存在波动解取决于 N^2 的符号。当 $N^2>0$ 时，上述方程存在波动解，且其恢复力为浮力和重力的合力，即约化重力；而当 $N^2<0$，上述方程没有波动解，对应的指数解不具有实际物理意义。而对于上述提及的稳定层化的流体，由于 $\frac{\mathrm{d}\rho}{\mathrm{d}z} < 0$，显然 $N^2>0$。

基于 N 的定义可以知道，其单位为 Hz，通过分析该波动方程解的特征可以发现，若解为波动解，那么其振荡的频率为 N，也即波动会以 N 为频率做上下振荡。N 通常被称作浮力频率，也被称为布伦特-维赛拉(Brunt-Väisälä)频率。它的大小反映了海洋层化或者层结的稳定性和强度。上述的分析忽略了海水压缩性的影响，而在较深的水层，海水的压缩性会影响海水密度大小，进而影响浮力频率的大小。

图 10.1.2 给出了南海海盆冬季和夏季的浮力频率的深度剖面。从图中可以看出，浮

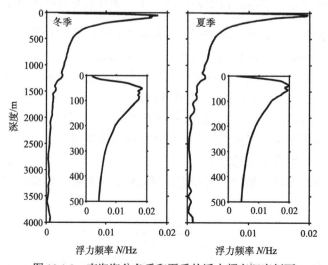

图 10.1.2　南海海盆冬季和夏季的浮力频率深度剖面

力频率的分布随深度呈现出先增加后减小的趋势，在跃层处存在着最大值，这与密度梯度的垂向分布相对应。此外，浮力频率在不同季节也表现出一定的差异。在冬季，强的季风过程通过搅拌作用会使得上混合层加深，从而导致浮力频率最大值对应的深度加深，也即跃层加深；而夏季，季风减弱，混合层变薄，于是跃层变浅。同时，不同季节层结的强度也存在着差异，夏季层结的最大值明显大于冬季最大值。冬季由于季风强、辐射弱，层结较弱；夏季弱的季风和较高的海面温度使密度梯度增加，从而导致层结加强。上述差异仅局限于海洋上层，而在深层，浮力频率的季节性差异便不再明显。

10.2 内波基本控制方程

对于实际海洋中密度的分布，它是空间变量 x、y、z 和时间变量 t 的函数，可以将其拆分为 3 个量的叠加，将密度写为

$$\rho(x,y,z,t) = \rho_0 + \bar{\rho}(z) + \rho'(x,y,z,t) \tag{10.2.1}$$

它是一个密度常数 ρ_0、仅与深度 z 有关的密度场 $\bar{\rho}(z)$ 和密度扰动 $\rho'(x,y,z,t)$ 的叠加。ρ_0 是参考密度，为常数；$\bar{\rho}(z)$ 通过密度减去参考密度后对时间和水平方向取平均后得到。

相应的，压强也类似地可分解为如下形式：

$$p(x,y,z,t) = \bar{p}(z) + p'(x,y,z,t) \tag{10.2.2}$$

此时，对于水平运动方程（忽略外力作用）：

$$\frac{\mathrm{d}\boldsymbol{u}_h}{\mathrm{d}t} + f\boldsymbol{k} \times \boldsymbol{u}_h = -\frac{1}{\rho}\nabla_h p \tag{10.2.3}$$

将密度和压强的分解形式代入，并对上述方程作变换，可得

$$\left(1 + \frac{\bar{\rho} + \rho'}{\rho_0}\right)\frac{\mathrm{d}\boldsymbol{u}_h}{\mathrm{d}t} + \left(1 + \frac{\bar{\rho} + \rho'}{\rho_0}\right)f\boldsymbol{k} \times \boldsymbol{u}_h = -\frac{1}{\rho_0}\nabla_h(\bar{p} + p') \tag{10.2.4}$$

对于密度，扰动项 ρ' 和随深度变化的 $\bar{\rho}(z)$ 相对于密度常量 ρ_0 而言，都是小量。将上述分解形式代入，水平运动方程式(10.2.3)此时可简化为

$$\frac{\mathrm{d}\boldsymbol{u}_h}{\mathrm{d}t} + f\boldsymbol{k} \times \boldsymbol{u}_h = -\frac{1}{\rho_0}\nabla_h(\bar{p} + p') \tag{10.2.5}$$

对于垂向运动方程（忽略外力作用）：

$$\frac{\mathrm{d}w}{\mathrm{d}t} = -\frac{1}{\rho}\frac{\partial p}{\partial z} - g \tag{10.2.6}$$

同样将密度和压强的分解形式代入，有

$$\frac{\mathrm{d}w}{\mathrm{d}t} = -\frac{1}{\rho_0 + \bar{\rho} + \rho'}\frac{\partial(\bar{p} + p')}{\partial z} - g \tag{10.2.7}$$

对于式(10.2.7)，整理方程右端第一项

$$-\frac{1}{\rho_0 + \overline{\rho} + \rho'}\frac{\partial(\overline{p} + p')}{\partial z} = -\frac{1}{\rho_0}\left(\frac{1}{1 + \dfrac{\overline{\rho} + \rho'}{\rho_0}}\right)\left(\frac{\partial \overline{p}}{\partial z} + \frac{\partial p'}{\partial z}\right) \tag{10.2.8}$$

对于分母含有密度扰动的那一项，利用幂级数进行展开：

$$\frac{1}{1 + \dfrac{\overline{\rho} + \rho'}{\rho_0}} = 1 - \frac{\overline{\rho} + \rho'}{\rho_0} + O(\rho'^2)\cdots \tag{10.2.9}$$

保留到一阶项，忽略更高阶项：

$$-\frac{1}{\rho_0}\left(\frac{1}{1 + \dfrac{\overline{\rho} + \rho'}{\rho_0}}\right)\left(\frac{\partial \overline{p}}{\partial z} + \frac{\partial p'}{\partial z}\right) = -\frac{1}{\rho_0}\left(1 - \frac{\overline{\rho} + \rho'}{\rho_0}\right)\left(\frac{\partial \overline{p}}{\partial z} + \frac{\partial p'}{\partial z}\right) = -\frac{1}{\rho_0}\frac{\partial \overline{p}}{\partial z} - \frac{1}{\rho_0}\frac{\partial p'}{\partial z} + \frac{1}{\rho_0}\frac{\rho}{\rho_0}\frac{\partial \overline{p}}{\partial z}$$

$$+\frac{1}{\rho_0}\frac{\overline{\rho}}{\rho_0}\frac{\partial p'}{\partial z} + \frac{1}{\rho_0}\frac{\rho'}{\rho_0}\frac{\partial \overline{p}}{\partial z} + \frac{1}{\rho_0}\frac{\rho'}{\rho_0}\frac{\partial p'}{\partial z}$$

$$\tag{10.2.10}$$

此时，假设背景态仍满足静力平衡，即

$$-\frac{1}{\rho_0}\frac{\partial \overline{p}}{\partial z} = g \tag{10.2.11}$$

并忽略二阶项，可得

$$-\frac{1}{\rho_0}\frac{\partial \overline{p}}{\partial z} - \frac{1}{\rho_0}\frac{\partial p'}{\partial z} + \frac{1}{\rho_0}\frac{\overline{\rho}}{\rho_0}\frac{\partial \overline{p}}{\partial z} + \frac{1}{\rho_0}\frac{\overline{\rho}}{\rho_0}\frac{\partial p'}{\partial z} + \frac{1}{\rho_0}\frac{\rho'}{\rho_0}\frac{\partial \overline{p}}{\partial z} + \frac{1}{\rho_0}\frac{\rho'}{\rho_0}\frac{\partial p'}{\partial z} = g - \frac{1}{\rho_0}\frac{\partial p'}{\partial z} - \frac{\rho' + \overline{\rho}}{\rho_0}g$$

$$\tag{10.2.12}$$

将上述结果代入垂向运动方程，简化为

$$\frac{\partial w}{\partial t} = -\frac{1}{\rho_0}\frac{\partial p'}{\partial z} - g\frac{\rho' + \overline{\rho}}{\rho_0} \tag{10.2.13}$$

对于密度守恒方程

$$\frac{\mathrm{d}\rho}{\mathrm{d}t} = 0 \tag{10.2.14}$$

将密度的分解形式代入，可得

$$\frac{\mathrm{d}(\rho_0 + \overline{\rho} + \rho')}{\mathrm{d}t} = 0 \tag{10.2.15}$$

由于$\overline{\rho}$仅与深度有关，对上述全微分展开可得

$$\frac{\mathrm{d}\rho'}{\mathrm{d}t} + w\frac{\partial \overline{\rho}}{\partial z} = 0 \tag{10.2.16}$$

此密度守恒方程表明，密度扰动项并非守恒量，其变化与背景密度垂向梯度和垂向流速有关。基于上述推导，可以得到流体运动方程组：

$$
\begin{cases}
\dfrac{\partial u}{\partial t} - fv = -\dfrac{1}{\rho_0}\dfrac{\partial p'}{\partial x} \\[2mm]
\dfrac{\partial v}{\partial t} + fu = -\dfrac{1}{\rho_0}\dfrac{\partial p'}{\partial y} \\[2mm]
\dfrac{\partial w}{\partial t} = -\dfrac{1}{\rho_0}\dfrac{\partial p'}{\partial z} - g\dfrac{\rho' + \overline{\rho}}{\rho_0} \\[2mm]
\dfrac{\partial \rho'}{\partial t} + w\dfrac{\partial \overline{\rho}}{\partial z} = 0 \\[2mm]
\dfrac{\partial u}{\partial x} + \dfrac{\partial v}{\partial x} + \dfrac{\partial w}{\partial z} = 0
\end{cases}
\tag{10.2.17}
$$

该方程组即为布西内斯克近似下的线性方程组。需要注意的是，上述线性方程组认为背景海水静止，即平均态的流速为 0，这可以大大简化运动方程组。若背景海水流速不为 0，此时流场也可以进行类似分解，分解为平均场和扰动场之和。显然，此时的方程组是否为线性方程组取决于平均流场的分布特点。

10.3　内波频散关系

10.3.1　垂向本征方程

上节中，推导得到了小扰动假定下内波的线性控制方程组，方程组中有 5 个方程 5 个未知量，理论上可以得到内波方程的解。针对方程组 (10.2.17) 中前 3 个方程，分别可以两两作运算消去方程右侧的压力项

$$
\frac{\partial}{\partial t}\left(\frac{\partial u}{\partial z} - \frac{\partial w}{\partial x}\right) - \frac{g}{\rho_0}\frac{\partial \rho'}{\partial x} - f\frac{\partial v}{\partial z} = 0
\tag{10.3.1}
$$

$$
\frac{\partial}{\partial t}\left(\frac{\partial v}{\partial z} - \frac{\partial w}{\partial y}\right) - \frac{g}{\rho_0}\frac{\partial \rho'}{\partial y} + f\frac{\partial u}{\partial z} = 0
\tag{10.3.2}
$$

$$
\frac{\partial}{\partial t}\left(\frac{\partial v}{\partial x} - \frac{\partial u}{\partial y}\right) + f\frac{\partial w}{\partial z} = 0
\tag{10.3.3}
$$

对式 (10.3.1)、式 (10.3.2) 分别作 x、y 微分，再作时间微分并相加，可得

$$
\frac{\partial^2}{\partial t^2}\left[\frac{\partial}{\partial z}\left(\frac{\partial u}{\partial x} + \frac{\partial v}{\partial y}\right) - \frac{\partial^2 w}{\partial x^2} - \frac{\partial^2 w}{\partial y^2}\right] - \frac{g}{\rho_0}\left(\frac{\partial^2}{\partial x^2} + \frac{\partial^2}{\partial y^2}\right)\frac{\partial \rho'}{\partial t} - f\frac{\partial^2}{\partial t\partial z}\left(\frac{\partial v}{\partial x} - \frac{\partial u}{\partial y}\right) = 0
\tag{10.3.4}
$$

基于式 (10.2.17) 中的连续性方程，将上述方程化简，可得

$$
-\frac{\partial^2}{\partial t^2}(\nabla^2 w) - \frac{g}{\rho_0}\left(\frac{\partial^2}{\partial x^2} + \frac{\partial^2}{\partial y^2}\right)\frac{\partial \rho'}{\partial t} - f\frac{\partial^2}{\partial t\partial z}\left(\frac{\partial v}{\partial x} - \frac{\partial u}{\partial y}\right) = 0
\tag{10.3.5}
$$

针对式（10.3.5）中的第二项，利用方程组 (10.2.17) 中密度方程，可将其表示为

$$
-\frac{g}{\rho_0}\left(\frac{\partial^2}{\partial x^2} + \frac{\partial^2}{\partial y^2}\right)\frac{\partial \rho'}{\partial t} = \frac{g}{\rho_0}\frac{\partial \overline{\rho}}{\partial z}\left(\frac{\partial^2}{\partial x^2} + \frac{\partial^2}{\partial y^2}\right)w
\tag{10.3.6}
$$

考虑浮力频率的定义$\left(N^2 = -\dfrac{g}{\rho_0}\dfrac{\partial \overline{\rho}}{\partial z} \right)$，代入式(10.3.6)，同时针对式(10.3.5)中的第三项，利用式(10.3.3)，最终方程可以写成

$$\frac{\partial^2}{\partial t^2}\left(\nabla^2 w \right) + N^2 \nabla_h^2 w + f^2 \frac{\partial^2 w}{\partial z^2} = 0 \tag{10.3.7}$$

其中，$\nabla_h = i\dfrac{\partial}{\partial x} + j\dfrac{\partial}{\partial y}$。上述方程仅包括未知量 w，表明不考虑边界影响或边界影响确定的条件下，线性内波的垂向流速分布与海洋垂向层结 N 和局地科里奥利参数 f 有关。该方程刻画线性内波垂向流速的结构特征，包括空间分布和时间变化，被称为内波的垂向本征方程。

10.3.2　内波频散关系

基于内波的垂向本征方程，可以求解其对应的内波解。与前面求解波动方程的方法类似，假设上述本征方程对应的内波垂向流速 w 满足如下波动解形式：

$$w(x,y,z,t) = W_0\, e^{i\left(k_x x + k_y y + k_z z - \omega t \right)} \tag{10.3.8}$$

其中，W_0 为常数。考虑波动的实际物理意义，上述波动解在计算中仅取实部。将式(10.3.8)代入式(10.3.7)中，可得

$$\omega^2\left(k_x^{\,2} + k_y^{\,2} + k_z^{\,2} \right) - N^2\left(k_x^{\,2} + k_y^{\,2} \right) - f^2 k_z^{\,2} = 0 \tag{10.3.9}$$

并化简可得

$$\omega^2 = \frac{N^2\left(k_x^{\,2} + k_y^{\,2} \right) + f^2 k_z^{\,2}}{k_x^{\,2} + k_y^{\,2} + k_z^{\,2}} \tag{10.3.10}$$

上式反映了内波频率和自身水平、垂直波数、浮力频率以及惯性频率之间的关系，即为内波的频散关系式。

将上述表达式移项，内波频散关系式可写为如下形式：

$$k_h^{\,2} = \frac{\omega^2 - f^2}{N^2 - \omega^2}k_z^{\,2} \tag{10.3.11}$$

其中，$k_h^{\,2} = k_x^{\,2} + k_y^{\,2}$，为水平波数。上述表达式表明，波动解要存在，波动频率需满足：

$$f < \omega < N \tag{10.3.12}$$

因此，对于内波而言，其存在的条件之一是频率需介于惯性频率和浮力频率之间。

基于内波的频散关系式，可以得出内波的传播特点。基于内波的水平和垂直波数，可以得出内波的传播方向与垂直方向的夹角为

$$\tan\alpha = \frac{k_h}{k_z} = \sqrt{\frac{\omega^2 - f^2}{N^2 - \omega^2}} \tag{10.3.13}$$

通过该式可以看出，内波的传播方向并非固定，不但与其自身的频率有关，还与背景场的浮力频率和惯性频率有关。不同于表面波的二维传播过程，它是一种在三维空间传播的波，而且是斜向传播的波。若背景浮力频率和惯性频率一定，内波传播方向取决于其

自身频率的大小，与垂直方向夹角为 $\arctan\left(\sqrt{\dfrac{\omega^2 - f^2}{N^2 - \omega^2}}\right)$。显然，对于内波而言，由于频率介于惯性频率和浮力频率之间，其传播为斜向传播。当内波自身频率 ω 趋近于惯性频率 f 时，其传播方向趋近于沿垂直方向，当其频率 ω 趋近于浮力频率 N 时，其传播方向趋近于沿水平方向。

此外，基于频散关系式可以分别计算相速度和群速度的表达式，其相速度

$$c = \frac{\omega}{k^2}K = \frac{\sqrt{k_h^2 N^2 + k_z^2 f^2}}{k^3}K \tag{10.3.14}$$

其中，$K = (k_x, k_y, k_z)$，为内波的波数矢量；$k^2 = k_x^2 + k_y^2 + k_z^2$，它反映了内波信号的传播，其大小和方向与波数有关，故内波为频散波。同样的，对于群速度

$$c_g = \frac{\partial \omega}{\partial K} = \left(\frac{\left(N^2 - f^2\right)k_x k_z^2}{k^3 \sqrt{k_h^2 N^2 + k_z^2 f^2}}, \frac{\left(N^2 - f^2\right)k_y k_z^2}{k^3 \sqrt{k_h^2 N^2 + k_z^2 f^2}}, -\frac{\left(N^2 - f^2\right)k_z k_h^2}{k^3 \sqrt{k_h^2 N^2 + k_z^2 f^2}} \right) \tag{10.3.15}$$

群速度大小和方向反映了内波能量的传播特点，因此是内波研究极为重要的参量。对比相速度和群速度矢量，可以发现，二者的点乘乘积为 0，即

$$c \cdot c_g = 0 \tag{10.3.16}$$

这意味着，内波的相速度和群速度矢量垂直，这与之前提及的水平传播的表面波截然不同。这也说明了，从具体物理过程来讲，内波信号的传播方向与能量的传播方向并非平行，而是垂直，这是内波传播所具有的十分重要的动力学特征。

10.4 内波动力学特征

10.4.1 内波垂向本征模态

在 10.3 节中我们未考虑上下边界的影响，但是实际海洋存在上边界和底边界。本节讨论上下边界的存在对内波垂向结构的影响。

同样考虑 10.3 节中垂向速度 w 的控制方程具有如下形式的波动解

$$w(x,y,z,t) = W(z)e^{i(k_x x + k_y y - \omega t)} = W_0 e^{i k_z z} e^{i(k_x x + k_y y - \omega t)} \tag{10.4.1}$$

这里认为该波动满足变量分离。在海面边界处，满足"刚盖近似"，即 $W_{(z=0)} = 0$；在海底边界处，满足平底条件，即 $W_{(z=-d)} = 0$。考虑波动解为 x、y、z、t 的函数，显然在边界处只能有

$$W(z) = W_0 e^{i k_z z} = 0, \quad z = -d, 0 \tag{10.4.2}$$

在海表面处 $z = 0$，有

$$W = W_0 \left(i \cdot \sin k_z z + \cos k_z z \right) = 0 \tag{10.4.3}$$

考虑到仅实部具有物理意义，故上式若要成立，需

$$W_0 = i \cdot A = A e^{i \frac{\pi}{2}} \tag{10.4.4}$$

其中，A 为任意常数。再利用海底边界条件，考虑在海底边界处，满足平底条件，即 $W_{(z=-d)}=0$，有

$$A\sin k_z d = 0 \tag{10.4.5}$$

于是，可得到内波垂向波数与水深之间的关系

$$k_z = j\frac{\pi}{d}, \ j=1,2,3,\cdots \tag{10.4.6}$$

该式表明，不止一类具有特定垂向波数的内波满足上述条件，即只要垂向波数与水深满足上述关系，皆是上述本征方程的内波解。

因此垂向本征方程的解为

$$W = A\sin k_z z, \ k_z = j\frac{\pi}{d}, \ j=1,2,3,\cdots \tag{10.4.7}$$

通过上述表达式可以知道，对于不同的 j，W 会存在不同的垂向结构，这些不同的垂向结构被称为内波的垂向模态(图 10.4.1)。当 $j=1$ 时，W 仅有 1 个极值点，没有零点(不考虑上下边界处的零点)，被称为第一模态；当 $j=2$ 时，W 出现 2 个极值点，并存在 1 个零点，为第二模态。随着 j 取值的增加，W 的极值点、零点也随之增加，模态数便增加，表现为更高模态。可以看出，内波的模态反映了其垂向波数的大小，模态越高，垂向波数越大，垂向波长越小。基于频散关系式(10.3.10)可以知道，此时内波的水平波数便越大。对于内波而言，模态越高，其尺度通常越小，这种内波通常对应着强剪切效应，因此越容易耗散掉。实际海洋中，常见的内波便为第一模态内波，这种内波尺度大，传播速度快，因此可以传播很远的距离。海洋中高模态内波传播慢，往往在局地耗散，因此高模态内波出现的区域通常对应着强混合区。

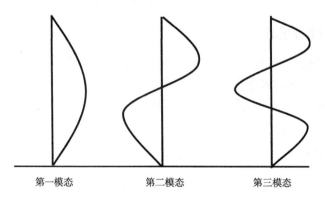

第一模态　　　　　　第二模态　　　　　　第三模态

图 10.4.1　不同模态内波振幅特征示意图

10.4.2　两层流体内波解及其流场特征

实际海洋为连续层结且层结的强度随深度而变化，要得到内波的理论解是十分复杂的。本小节中仅考虑两层流体，即除两层流体界面处存在层结之外，其他位置处流体密度均一致。这一简化模型可以认为是第一模态内波的简化形式，因为在界面处垂向起伏

最大，符合第一模态单一极值的特点。此模型可以较为容易地在实验室通过物理模型实验再现，并且与实际海洋中发生在跃层处的内波在动力特征上有许多相似之处。因此两层流体界面波模型有助于从理论上直观地认识内波，具有十分重要的实用价值。

基于两层流体，仅考虑二维模型（略去 y），并忽略科里奥利力的作用（即 $f = 0$）。此时，由于是两层流体，除在二者界面处存在垂向层结之外，在两层流体各自内部，垂向层结为 0（即 $N = 0$）。在两层流体内部分别应用垂向本征方程，于是方程中含有浮力频率 N 和惯性频率 f 的两项皆可略去，垂向本征方程式（10.3.7）简化为如下形式

$$\frac{\partial^2}{\partial t^2}\left(\nabla^2 w\right) = 0 \tag{10.4.8}$$

同样的，利用分离变量法，垂向流速可写为

$$w(x, y, z, t) = W(z)\,\mathrm{e}^{\mathrm{i}(kx - \omega t)} \tag{10.4.9}$$

代入可得

$$W'' - k^2 W = 0 \tag{10.4.10}$$

该表达式也可以由求解频散关系时得到的本征方程直接简化获得。对于上述方程，其通解满足以下形式：

$$W = A\mathrm{e}^{-\mathrm{i}kz} + B\mathrm{e}^{\mathrm{i}kz} \tag{10.4.11}$$

要确定该波动解的具体形式，还需要利用边界条件。此时边界条件与求解内波本征模态时略有不同，这里的边界条件可以通过以下方法获得。对于两层流体模型，假定上层流体厚度为 d_1，下层流体厚度为 d_2，若取初始两层流体界面深度作为坐标零点，那么对于流场流速，对应的边界条件为在表面及底边界处，垂向流速满足 $W_{(z=d_1)} = 0$ 和 $W_{(z=-d_2)} = 0$，在两层流体界面处，上下两层流体的垂向流速要相等，即 $W(z = 0$，界面以上$) = W(z = 0$，界面以下$)$。将上述边界处的边界条件代入可得

$$W = \begin{cases} A\sinh\left[k\left(d_1 - z\right)\right], & 0 \leqslant z \leqslant d_1 \\ B\sinh\left[k\left(d_2 + z\right)\right], & -d_2 \leqslant z \leqslant 0 \end{cases} \tag{10.4.12}$$

其中，$\sinh$ 为双曲正弦函数。同时，考虑界面处需满足 W 相等，于是，可以得到系数 A 和 B 满足：

$$B = A\frac{\sinh\left(kd_1\right)}{\sinh\left(kd_2\right)} \tag{10.4.13}$$

代回垂向流速表达式，可得两层流体界面处的内波垂向流速的表达形式：

$$W = \begin{cases} A\sinh\left[k\left(d_1 - z\right)\right], & 0 \leqslant z \leqslant d_1 \\ A\dfrac{\sinh\left(kd_1\right)}{\sinh\left(kd_2\right)}\sinh\left[k\left(d_2 + z\right)\right], & -d_2 \leqslant z \leqslant 0 \end{cases} \tag{10.4.14}$$

若假定界面处内波的振幅为 ζ_0，那么界面处的起伏为

$$\zeta = \zeta_0\,\mathrm{e}^{\mathrm{i}(kx - \omega t)} \tag{10.4.15}$$

考虑界面处，垂向流速和振幅起伏满足：

$$w = \frac{\partial \zeta}{\partial t} \tag{10.4.16}$$

则有

$$\zeta_0 = -\frac{A}{\mathrm{i}\omega} \sinh(kd_1) \tag{10.4.17}$$

即

$$A = -\mathrm{i}\omega \frac{\zeta_0}{\sinh(kd_1)} \tag{10.4.18}$$

于是，对于振幅为 ζ_0，对应的垂向流速的大小为

$$w = \begin{cases} -\mathrm{i}\omega \dfrac{\zeta_0}{\sinh(kd_1)} \sinh\big[k(d_1-z)\big]\mathrm{e}^{\mathrm{i}(kx-\omega t)}, & 0 \leqslant z \leqslant d_1 \\[3mm] -\mathrm{i}\omega \dfrac{\zeta_0}{\sinh(kd_2)} \sinh\big[k(d_2+z)\big]\mathrm{e}^{\mathrm{i}(kx-\omega t)}, & -d_2 \leqslant z \leqslant 0 \end{cases} \tag{10.4.19}$$

基于方程式（10.4.16），可得振幅的大小为

$$\zeta = \begin{cases} \dfrac{\zeta_0}{\sinh(kd_1)} \sinh\big[k(d_1-z)\big]\mathrm{e}^{\mathrm{i}(kx-\omega t)}, & 0 \leqslant z \leqslant d_1 \\[3mm] \dfrac{\zeta_0}{\sinh(kd_2)} \sinh\big[k(d_2+z)\big]\mathrm{e}^{\mathrm{i}(kx-\omega t)}, & -d_2 \leqslant z \leqslant 0 \end{cases} \tag{10.4.20}$$

根据体积守恒 $\dfrac{\partial u}{\partial x} + \dfrac{\partial w}{\partial z} = 0$，则水平流速的大小为

$$u = \begin{cases} -\omega \dfrac{\zeta_0}{\sinh(kd_1)} \cosh\big[k(d_1-z)\big]\mathrm{e}^{\mathrm{i}(kx-\omega t)}, & 0 \leqslant z \leqslant d_1 \\[3mm] -\omega \dfrac{\zeta_0}{\sinh(kd_2)} \cosh\big[k(d_2+z)\big]\mathrm{e}^{\mathrm{i}(kx-\omega t)}, & -d_2 \leqslant z \leqslant 0 \end{cases} \tag{10.4.21}$$

　　基于上述表达式，可以将内波引起的振幅、流场结构通过作图直观展现出来（图10.4.2），其中，实线为内波振幅，虚线为流线，矢量箭头为流场。可以看出，对于界面内波，其振幅在界面处最大，并以双曲正弦形式衰减，到自由表面和底面时衰减为 0；垂向流速的振幅具有同样的变化特征。而水平流速则在界面上下位置处具有最大振幅，但方向相反，以界面为水平流速的间断面，离自由表面和底面越近，振幅越小，并以双曲余弦的形式递减，但在自由表面和底面处振幅不为 0。需要注意的是，为直观表现内波的流场结构，图 10.4.2 中垂向流速进行了放大处理，实际内波水平速度一般要比垂直速度大得多。低频内波的水平速度甚至要比垂直速度大 2～3 个量级。此外，两层流体水平速度的平均深度值也不相等，流体层的厚度越薄，速度越大，这可以使两层流体的体积通量保持一致，并且方向相反，以保证从海面到海底断面的流量通量为 0。

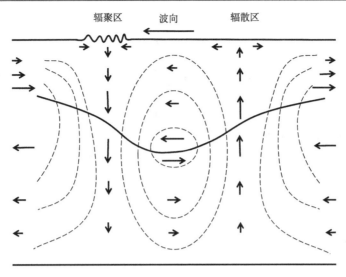

图 10.4.2　界面内波流场示意图

同时还可以看出，上下两层的垂向运动相位是相同的，垂向速度相位比垂向位移相位早 $\frac{\pi}{2}$。下层水平流速与垂直位移具有相同的相位，而上层正好相反，因此在波峰和波谷处有最大的水平速度，而垂向速度则为 0；在波峰与波谷的中间点具有最大的垂向速度。波峰的前方为上升流区，界面以下辐聚而界面以上辐散；波峰的后方为下沉流区，界面以下辐散而界面以上辐聚。当 d_1 较小时这种流动反映在自由表面上，即自由表面上峰前辐散，辐散区的波变缓，表面平滑；峰后辐聚，辐聚区的波变陡，表面粗糙。此现象可以在合成孔径雷达(SAR)卫星图像上观测到。

10.5　内波的反射与折射

由于海洋内波是斜向传播的，且实际的海洋在垂向上是有界的，因此海洋内波的传播必然会受到海面与海底的影响，产生反射现象。当海洋内波在非均匀分层(N 不是常数)的海洋中传播时，同一频率的海洋内波会因浮力频率 N 的变化而变化，从而出现折射现象；同样，当海洋内波沿着经向由一个海区传播到另一个海区时，惯性频率 f 也会发生变化，也将出现折射现象。

10.5.1　海洋内波的反射

理论分析与实验研究表明，与光波、声波以及海洋表面波不同，海洋内波的反射不遵循镜面反射原理。海洋内波的反射之所以具有独有的特征，是由于海洋内波的能量传输方向与波形传播方向相互垂直所造成的。

波的反射体现的是能量的反射，波形的反射是通过能量的反射来实现的。在海洋内波的研究中，为了使海洋内波的传播分析更加简单有效，通常把内波能量的传输方向用射线来描述，就如同波形的传播方向用波向线描述一样。

内波能量的反射方向可以通过频散关系式得出。内波的波形传播方向，即波向线或者波数向量 k 的方向与垂直方向的夹角 α 满足表达式：

$$\alpha = \arctan\sqrt{\frac{\omega^2 - f^2}{N^2 - \omega^2}} \tag{10.5.1}$$

其中，α 为波向线与垂直方向的夹角，由于波向线传播方向（相速度方向）与波射线传播方向（群速度方向）垂直，因此 α 为波射线与水平方向的夹角。不论反射面是倾斜还是水平，入射射线和水平面夹角与反射射线和水平面夹角总是相等的。

如图 10.5.1 所示，当海底水平时（左），波能量通过海面及海底不断反射，在水平方向仍是向前传播。当海底倾斜时，海底的反射特性根据海底地形的倾斜程度不同而不同。只有当海底地形倾斜角度 $\beta < \alpha$ 时（中），即亚临界地形时，波能才能不断地在水平方向上向前传播。当 $\beta > \alpha$ 时（右），即超临界地形时，波能在水平方向也将反射并向回传播。这种反射特性已经得到海洋调查资料的证实。陆架外缘形成内潮后，在平缓的陆架上只能观测向岸传播的内潮波而无离岸方向的内潮波；反之，在陡峭的陆坡上则只能观测向海洋传播的内潮波。

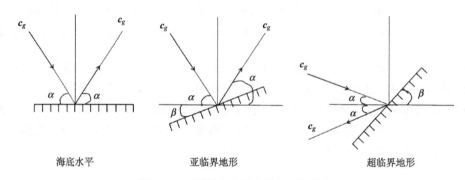

图 10.5.1　不同条件下内波的反射特性

10.5.2　海洋内波的折射

在海洋内波反射特性的分析中，把射线看作直线，这实际是浮力频率 N 和惯性频率 f 无变化的情形。当 $N(z)$ 和 $f(y)$ 变化时，内波将产生折射现象，射线将变成曲线。

下面通过两种特殊的情况考虑海洋内波的折射特性。

(1) 惯性频率 f 不变而浮力频率 N 是深度 z（z 向上为正）的单调函数。假设在一个强分层的海洋中的某一深度 $z = -d$ 处，有一给定频率 ω 的海洋内波开始向外传播，当射线（能量传输方向）射向海底时，因为 $N^2 - \omega^2$ 不断减小，故射线与水平线的夹角 α 不断增大，即产生折射，最终在 $\omega \equiv N$ 处垂直于水平线。此时按反射定律折回上层海洋，把 $\omega \equiv N$ 对应的深度称为转折深度，在这一深度处，群速为 0。因此，实际垂直区间 $[0, H(\omega \equiv N)]$ 可看作是对应某一频率的内波波导，海洋内波的传播被限制在这一波导区域中。

(2) 浮力频率 N 不变而惯性频率 f 变化。此时，海洋内波沿水平方向传播并存在经向分量。假设北半球存在指向北方的射线，f 增加，$\omega^2 - f^2$ 减小，射线与水平线的夹角不断减小，折向水平面，最终在 $\omega^2 \equiv f^2$ 处，射线产生反射。把 $\omega = \pm f$ 所对应的纬度叫作转折纬度，或称为临界纬度(critical latitude)。显然，海洋内波的频率不同，所对应的转折纬度也不同。对具有某一确定频率 ω 的海洋内波，在其南北半球的转折纬度以外将不能存在，它会被限制在转折纬度以内的区域。实际情况下，浮力频率 N 和惯性频率 f 都会发生变化，海洋内波的折射特性将更加复杂。

10.6　内　波　观　测

10.6.1　现场观测

内波的生成和传播过程会影响海水的物理性质，因此对内波进行观测时，就需要记录下海水的温度、盐度、流速、流向等各种物理性质的时间序列和空间序列。可以采用现场测量海水参数(温盐密，海水流速)的方法，对内波进行直接精确测量，主要测量手段为利用温盐深仪(CTD)测量温盐密参数，利用声学多普勒流速剖面仪(Acoustic Doppler Current Profilers，ADCP)，测海流流向。

(1)温盐的观测。从船上或平台上多次下放温盐深仪，或者把温度传感器和盐度传感器固定在锚系潜标上进行长时间观测，都是测量全水深温盐数据的有效观测手段，可以获得温盐等物理量的深度剖面随时间的变化或者是在空间上的分布。内波是海洋内部的波动，因此通过观察、分析温度和盐度等物理量的等值线起伏，可以得到内波特征。

(2)流的观测。内波除引起温度、盐度以及密度的起伏之外，还会诱导出强的流动。故通过观测海水的流速大小，也可对内波的流场特征进行刻画。ADCP 可以获得瞬时的流速深度剖面，相较于经典的单点海流计具有明显优势。通过将 ADCP 固定在锚系潜标上，可以获得长时间的流速深度剖面序列，从而可以对内波的流速进行分析。

10.6.2　卫星遥感观测

由于内波发生的随机性，获取长时间、大范围的内波观测资料非常困难。合成孔径雷达(SAR)成为内波探测的重要手段。根据内波的流场特征可以知道，通过辐聚辐散作用，内波会对海表面的粗糙度产生影响，而粗糙度的改变会影响后向散射强度，从而使 SAR 图像的灰度值发生变化。在辐聚带，海面粗糙度增加，导致后向散射强度增强，形成亮图像；辐散带的海面光滑，后向散射减弱，形成暗图像(图10.6.1)。这些变化会在雷达图像上形成明暗相间的条纹，这就是合成孔径雷达探测内波的原理。SAR 在卫星上的应用，使得获得的图像更清晰，而且不受夜晚和云雾影响。采用 SAR 图像反演监测内波，可以很容易从图像上得到内波的位置、传播方向和大致的振幅等信息。

在用上述方法观测内波的同时，还需搜集观测海区及其周边海域的背景资料，包括海洋深度、海底地形、观测期间的海水温度、盐度、密度等要素的时间平均垂向剖面和空间上的水平变化，以及海流、潮汐、潮流和海表风速、风向、气压等气象资料。最基本也是必不可少的背景资料是时间平均的密度垂向剖面资料(密跃层的深度、厚度和强度)，由于内波存在的前提是海水的稳定层化，要想研究一个海区的内波首先要了解该海区海水的层化是怎样的，不同的层化特征，内波的特征也是不一样的。若缺少这些背景资料，即使有很好的锚系、走航实测资料，也很难对观测海区的内波进行有意义的分析研究。

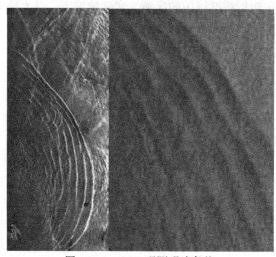

图 10.6.1　SAR 观测明暗条纹

10.7　内潮和内孤立波

海洋内部混合是驱动大尺度深层环流的重要因子，对海洋环流和气候变化有着重要的调控作用。海洋中存在各种尺度的动力过程，它们的能量如何向小尺度正向传递并最终为混合提供能量一直以来都是海洋学家们关心的科学问题。海气界面和天体引潮力的能量输入是海洋运动的两个重要能量来源，海气界面的能量输入大都集中在海洋上层，其能量最终通过波浪等形式耗散，对海洋内部的混合贡献十分有限。而引潮力引起的海水潮汐运动在海洋中无处不在，覆盖整个海水层，尤其是在海洋内部，潮汐运动是重要的能量输入。可以推测，潮汐运动可能是海洋内部混合的重要能量来源，那么潮汐运动又是如何逐步将能量由大尺度向混合传递的呢？

10.7.1　内潮

通过内波的学习可以知道，内波的生成需具备 3 个条件，稳定层结、能量来源以及激发源(如地形等)。一般而言，实际海洋总是层结稳定的，当海水潮汐运动流经变化的地形时，必然会有内波出现，而这种形式的内波，被称为内潮。因此，内潮是潮汐运动激发的海洋内波，是最为常见的内波现象之一。内潮除具有内波的基本特征之外，区别于其他内波的重要特征在于其频率接近或等于生成源地的天文潮频率。

虽然内潮和天文潮频率接近甚至相同，但二者却有着明显的动力学区别。从波动根本性质而言，二者都可以成为界面波，不同的地方在于天文潮为海洋与大气界面处的波动，而内潮则是发生在不同密度海水层界面处的波动。从另一个角度而言，这也意味着内潮和天文潮的恢复力不同，天文潮的恢复力为重力，而内潮的恢复力为约化重力，显然内潮的恢复力要比天文潮弱得多。因此一般而言，内潮的振幅要比天文潮的振幅大得多(同等能量的初始扰动下，恢复力越小，水质点在垂向的运动距离必然越大)。众所周知，天文潮的振幅量级仅为几米，而内潮的振幅却可以到达几十米。此外，内潮的传播速度要比天文潮的慢得多(这也与恢复力不同有关)，天文潮的传播速度可以达 100 m/s 的量级，而内潮的速度量级仅为每秒几米。同样的周期、不同的传播速度决定了内潮的波长要比天文潮小得多，一般而言内潮的波长为 $1 \times 10 \sim 1 \times 10^2$ km。

内潮在传播过程中可以引起温度等值线的波动起伏，这些波动信号即为内潮信号。对应着这些温度起伏，必然存在着内潮流速的响应，通过计算斜压流场的功率谱，可以发现，流速的功率谱存在明显的潮周期谱峰，不但包括全日、半日周期峰值，还包括二者非线性相互作用出现的峰值(图 10.7.1)。

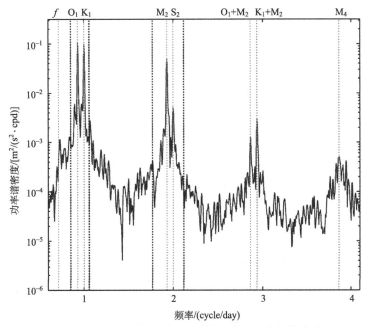

图 10.7.1　南海(118.16° E，21.01° S)处斜压流场的功率谱(梁辉，2015)

相关估算表明，全球海洋中天文潮的能量达 3.7 TW(1 TW $=10^{12}$ W)，其中有近 30% 的能量经由地形作用转变成为内潮。内潮活跃的海区遍布全球海洋，而且主要集中于地形变化剧烈的海域。活跃于全球海洋的内潮从天文潮获得能量，在传播过程中经由非线性作用、反射、折射等，最终为混合提供能量。内潮对海洋能量、热量和物质输运都有十分重要的贡献，因此内潮的研究一直以来都是物理海洋学的重要课题之一。

10.7.2　内孤立波

内孤立波是海洋内波另一种常见的类型，与内潮等不同，内孤立波是具有明显非线性特征的内波，它最典型的特点为一般只有一个或者几个波形，并且由于非线性作用与频散作用平衡，这些波形的传播过程保持不变。基于卫星遥感的图像统计结果表明，其在全球海洋中十分活跃，尤其是近海及边缘海。图 10.7.2 给出的便是基于卫星图像统计得到的内孤立波发生的热点海区，包括了大西洋东西部海域、太平洋西部海域、地中海海域、苏禄海以及我国的南海、东海和黄海等边缘海区域。

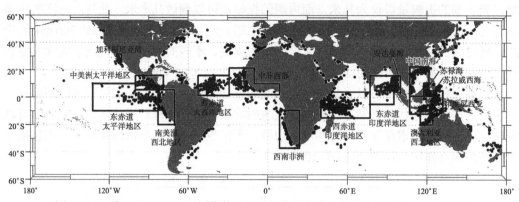

图 10.7.2　基于 MODIS 卫星图像统计得到的内孤立波的频发海域(Jackson，2007)

内孤立波的振幅可达上百米，水平流速可达每秒几米。内孤立波引起的强水平流和垂直流对海洋热量和物质输运有着十分重要的贡献。一方面，内孤立波在传播过程中可以携带大量的水体向前输运。加利福尼亚陆架区的观测就曾发现内孤立波在传播过程中卷挟含高浓度沉积物的水体(Bogucki, et al., 2010)。另一方面，内孤立波引起的垂向运动可以将深层的含有高营养盐的水体输送到表层，从而为表层的初级生产力的生长提供支持。曾经有学者发现，海洋中的鲸鱼会跟在内孤立波的后面觅食(Moore and Lien, 2007)。

内孤立波的传播特征可以通过 KdV 方程来进行刻画：

$$\frac{\partial \eta}{\partial t} + c\frac{\partial \eta}{\partial x} + \alpha\frac{\partial \eta}{\partial x} + \beta\frac{\partial^3 \eta}{\partial x^3} = 0 \tag{10.7.1}$$

其中，η 为波动振幅；c 为线性相速度；α 为非线性系数；β 为频散系数。KdV 方程作为一个非线性方程，其解为孤立子，具有 sech^2 函数的形式，研究表明这与实际海洋内孤立波的结构特征十分类似。因此，KdV 方程一直以来是研究内孤立波动力学特征的重要理论手段。需要注意，上述方程并非可以完美还原实际内孤立波的波动特征，仅是近似结果。为进一步准确地刻画内孤立波的传播特征，有学者也针对 KdV 方程进行完善或者延伸，并提出更为优化的理论，诸如考虑更高阶非线性项的影响、考虑地转的影响等。总之，内孤立波作为一个强非线性的波动，针对其动力学特征的理论研究一直都是艰巨的挑战。

那么，内孤立波又是如何生成的呢？目前，相关研究表明多种机制都可以生成内孤立波，不过这些机制一般都与正压潮和地形相互作用密切相关。10.7.1 节曾提及，当正压潮流经变化地形时，会生成内潮。内潮在传播过程中随着非线性作用的增强，波形会逐渐变陡，当非线性作用和频散作用达到平衡时，便会形成内孤立波，这一机制通常被称为内潮机制。此外，内潮波射线也可以通过振荡温跃层分裂出内孤立波。内孤立波的另一个生成机制为山后波机制(或称为背风波机制)。正压潮流经变化的地形时，会形成山后波，该波动在潮流减弱时会翻越海山向来流方向传播，形成内孤立波。

内孤立波具有非常强的非线性特征，因此它不但对海洋热量、物质输运有着十分重要的贡献，同时对海洋能量的传递也有着不可忽略的作用，一直以来都是物理海洋学的研究热点。

第11章 若干前沿专题

11.1 赤 道 过 程

赤道过程对于了解海洋对大气影响和全球天气模式的年际波动十分重要。太阳辐射使赤道太平洋和印度洋地区的辽阔洋面升温,海水蒸发加剧。当水汽凝结成雨时,会释放出大量热量,因此赤道区域是驱动大气循环的主要原动力来源区,赤道地区雨水所释放的热量有助于驱动大部分的大气环流;赤道流可重新分配热量,赤道太平洋的气流和气温的年际变化调整了海洋中的大气压力;赤道动力学的变化引起大气环流的变化,改变了热带太平洋地区的降雨位置,从而改变主要热源驱动大气环流的位置;厄尔尼诺(El-Niño)现象导致赤道动力学发生很大变化,当厄尔尼诺现象发生时,西太平洋信风减弱,西部温跃层变浅,使得开尔文波沿赤道向东推进,加深了东太平洋的温跃层,西部暖池向东移动至中太平洋,强热带降水区域也随之移动。

11.1.1 赤道海流

1. 表面流

强烈的分层将风生环流限制在混合层和温跃层。热带大西洋、太平洋和印度洋的表面流场可以用斯韦德鲁普理论以及蒙克理论来解释。这些流动包括(图 11.1.1):①北赤道逆流位于 3° N～10° N,其向东流速约为 50 cm/s。流动集中于风力较弱的区域,约 5° N～10° N 的南北信风聚集区,又称赤道辐合带。②南北赤道流在赤道逆流带两侧向西流动。这些流动较浅,一般不超过 200 m。北赤道流较弱,流速一般不超过 20 cm/s。南赤道流流速最大值出现在 0°～3° N,约为 100 cm/s。

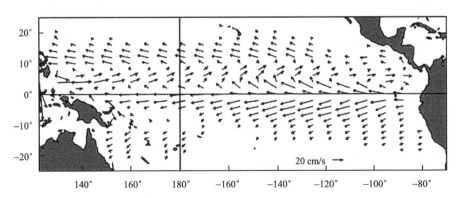

图 11.1.1 由模块化海洋模型通过风及平均热通量计算而得的 1981～1994 年 10 m 平均风场,该模式由 NOAA 国家环境预报中心管理,同化观测海表和表面以下的温度(Behringer, et al., 1998)

　　大西洋中也有与太平洋类似的流动，因为信风在大西洋中同样在 5°N～10°N 处辐合。大西洋的南赤道流继续沿巴西的海岸线向西北方向流动，被称为巴西北部流。在印度洋，南半球只在当地夏季出现赤道无风带；在北半球，洋流随季风翻转而转向。

2. 赤道潜流观测

　　在赤道表面以下几米的深度处有强烈的东向流动，被称为赤道潜流。1886 年，布坎南（Buchanan）最早发现大西洋赤道潜流。太平洋赤道潜流则于 20 世纪 20～30 年代被日本海军发现（McPhaden，1986）。Arthur（1959）总结了该流动的主要特征：①表面流以 25～75 cm/s 的速度向西流动。②流动在 20～40 m 深度处会发生翻转。③东向潜流垂向可达 400 m，其所带来的输运可达 30 Sv。④最大东向速度（0.50～1.50 m/s）的核心从 140° W 的 100 m 深度上升到 98° W 的 40 m 深度，然后下降。⑤潜流大致在赤道两侧对称且在 2° S～2° N 较薄较弱。

　　从本质上来说，太平洋赤道潜流呈一个 0.2 km×300 km×13000 km 带状（图 11.1.2）。

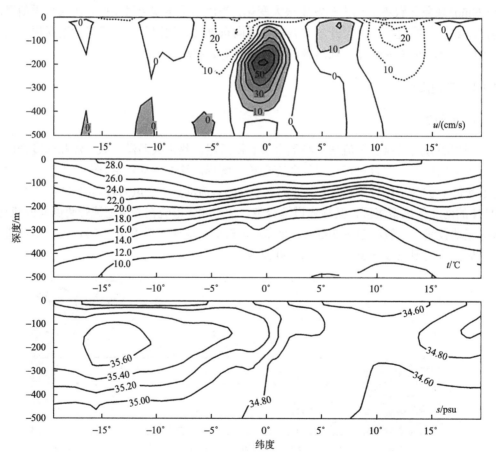

图 11.1.2　由同化后的表层数据和模块化海洋模型计算的太平洋赤道潜流截面，此截面由 1965 年 1 月～1999 年 12 月 160° E～170° E 的平均值绘制而成，其中虚线表示向西的流动（Stewart，2008）

3. 赤道潜流理论

尽管针对潜流目前还没有一套完整的理论体系，但是 Pedlosky(1996)认为赤道潜流打破了我们应用于中纬度地区的基本动力学平衡。

(1)赤道上科里奥利力非常小，近乎 0：

$$f = 2\Omega\sin\varphi = \beta y \approx 2\Omega\varphi \tag{11.1.1}$$

其中，φ 为纬度；赤道附近科里奥利力南北变化梯度 $\beta = \dfrac{\partial f}{\partial y} \approx \dfrac{2\Omega}{R}$，并且 $y = R\varphi$，R 为地球半径，Ω 是地球自转角速度。

(2)行星涡度 f 也很小，相对涡度平流不能忽略。因此，斯韦德鲁普理论必须修改。

(3)当子午线距离 L 距赤道为 $O\sqrt{\dfrac{U}{\beta}}$，且 $\beta = \dfrac{\partial f}{\partial y}$ 时，地转位涡平衡失效。如果风速 $U = 1$ m/s，则 $L = 200$ km 或 2 个纬度。Lagerloef 等(1999)测量流量发现赤道附近的洋流在 $\varphi > 2.2°$ 时达到地转平衡。他们还指出利用 β-平面近似 $f = \beta y$ 可以描述赤道附近的流动。

(4)纬向流的地转平衡符合得较好，因为当 $\varphi \sim 0$ 时，f 和 $\dfrac{\partial \zeta}{\partial y} \sim 0$，$\zeta$ 为海面起伏。

赤道附近的地转平衡提供纬向流动速度，但无法解释潜流驱动力。有关潜流的简化理论表明潜流可以建立在纬向压力梯度平衡的基础上。风应力推动海水向西流动，在西部产生深温跃层和暖池。假设温跃层以下流动较弱，温跃层加深使海面起伏 ζ 在西部较高。因此，赤道表面的东向压力梯度达到几百米。由风应力 T_x 作用在表层 A 层向东的压力梯度力是平衡的(图 11.1.3)，并且 $\dfrac{T_x}{H} = -\dfrac{\partial p}{\partial x}$，其中，$H$ 是混合层深度。几十米深度以下的 B 层处，受风应力影响较小，压力梯度不平衡，因此加速了赤道潜流向东流动。在这一层中，流动一直加速到压力梯度力和摩擦力平衡为止。几百米深度以下的 C 层处，东向压力梯度力较弱以致无法产生流动，$\dfrac{\partial p}{\partial x} \approx 0$。科里奥利力使赤道潜流以赤道为中心；若流动北偏，则科里奥利力使流动向南，反之亦然。

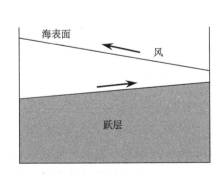
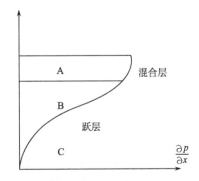

图 11.1.3　左图为沿着赤道的温跃层和海面起伏的横截面示意图；右图为中部太平洋向东的压力梯度，由左边密度结构引起

11.1.2　ENSO

1. 厄尔尼诺(El-Niño)

Trenberth(1997)建议将位于 5° N～5° S、120° W～170° W 区域内海表温度距平连续 6 个月及以上超过 0.4℃的现象称为厄尔尼诺。而基于 CODAS 资料的研究表明厄尔尼诺的最佳指标为 108° W～98° W、4° S～ 4° N 之间的赤道东太平洋海平面气压异常 (Harrison and Larkin，1996)。

Wyrtki(1975)对厄尔尼诺现象给出了一个较为清晰的解释。在厄尔尼诺发生的两年前，中太平洋会出现较强的东南信风，而强劲的东南信风加强了南太平洋副热带环流并且增强海平面东西坡度，一旦太平洋中部的风应力减弱，前期累积的水将会向东流动(可能以赤道开尔文波的形式)，导致厄瓜多尔和秘鲁的暖水堆积以及浅温跃层下降，即厄尔尼诺现象是赤道太平洋对信风强迫的响应结果。

2. 南方涛动指数

塔希提站(149°43′W，17°65′S)的海平面气压减去达尔文站(12°27′S，130°50′E)的海平面气压标准化后的标准差之差，该差与信风息息相关，是被用于衡量南方涛动强弱的指数，当南方涛动指数较高时，热带太平洋东部和西部的气压梯度大，信风强，反之亦然。南方涛动指数出现连续性的负值，该年有厄尔尼诺现象；相反南方涛动指数出现连续正值时，该年有反厄尔尼诺现象，即拉尼娜现象。

正是由于厄尔尼诺与南方涛动间的这种紧密联系，将二者合称为 ENSO(图 11.1.4)。

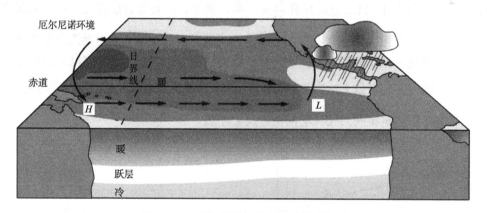

图 11.1.4　厄尔尼诺与南方涛动的示意图

11.1.3　ENSO 观测与预报

为了获得 ENSO 现象的研究数据，联合国政府间海洋学委员会和世界气象组织共同发起了热带海洋和全球大气(TOGA)计划。TOGA 计划是气象学和海洋学的联合计划，即详细调查热带海洋状况变化对全球气候的影响。其主要任务是研究 20° N～20° S 范围内的热带海洋和全球气候的逐年变化，从而确定这些变化的机理，提高中、长期天气预报的准确性，研究建立几个月至几年时间尺度的海洋与大气耦合系统变化预报模式的可行性，研究厄尔尼诺现象的响应机制。该计划分准备阶段、野外调查阶段和室内资料分析整理 3 个阶段，1985～1995 年，共进行 10 年研究。其中，第一个 5 年为普查阶段。第二个 5 年为详查阶段，即所谓加强观测期。在第二个 5 年中，又设计了一个连续 4 个月的加密调查阶段。该计划的主要实施区域为热带西太平洋。目前除 TOGA 计划以外还有其他一系列的国际性 ENSO 观测项目。

　　厄尔尼诺现象对全球天气模式的重要性使得许多赤道太平洋预报事件的方案得以产生。目前已经产生几代模式，主要有大气模式、海洋模式以及耦合模式。总的来说，在准确性上，尚没有模式能预报出 ENSO 事件循环过程的每一细节。从影响气候模式 ENSO 预测技巧的主要因素考虑，主要原因是模式本身不完善以及大气和海洋初始场存在不可避免的系统性、随机性等各种观测误差(Chen，et al.，2004)，目前预测结果最好的是耦合模式。这些预测不仅包括太平洋地区的事件，还包括 ENSO 的全球性影响。在 ENSO 统计预测方法方面，常用方法主要有典型相关分析、主振荡分析、奇异谱分析、经验正交函数分析、回归分析和神经网络等。

11.1.4　赤道开尔文波和罗斯贝波

　　第 9 章已经介绍了海洋大尺度波动——开尔文波和罗斯贝波。在赤道地区由于地转科里奥利力为 0，开尔文波以一种特殊的形式存在。虽然赤道上几乎没有边界存在，但南北半球的开尔文波互为镜像，所以赤道实际是一种边界，赤道开尔文波由西往东传播，并只存在于赤道附近。赤道开尔文波和罗斯贝波对厄尔尼诺现象十分重要，它们都是赤道陷波(equatorially trapped waves)，与两者在高纬度地区的形态略有不同。开尔文波和罗斯贝波是海洋适应强迫变化的方式，例如西风爆发，可迅速加深温跃层，温跃层加深激发向东传播的开尔文波和向西传播的罗斯贝波。Chen 等(2015)的研究表明西风爆发事件与厄尔尼诺基本循环之间的相互作用是产生厄尔尼诺多样性的主要原因之一。

　　赤道波动理论是建立在海洋两层模型基础上的(图 11.1.5)。由于热带海洋有一个薄且偏暖，位于温跃层之上的表层，这样的模型在这些地区有一个很好的近似。

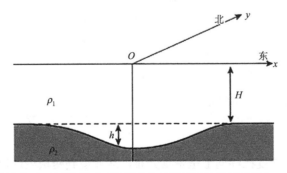

图 11.1.5　赤道海洋两层模型用于计算这些地区行星波的示意图(Philander，1990)

赤道开尔文波是非弥散的，其群速度为

$$c_{Kg} = c \equiv \sqrt{g'H}; \quad g' = \frac{\rho_2 - \rho_1}{\rho_1} g \tag{11.1.2}$$

其中，g' 为约化重力；ρ_1 和 ρ_2 为温跃层之上和之下两层的密度；g 为重力；c 为浅水内部重力波的相位和群速度，它是扰动沿温跃层传播的最大速度，赤道开尔文波只向东传播。

赤道罗斯贝波的频率远小于科里奥利力频率，且只能向西传播，其群速度为

$$c_{Rg} = -\frac{c}{2n+1}, \quad n = 1, 2, 3, \cdots \tag{11.1.3}$$

罗斯贝波向西传播的最快波速接近 0.8 m/s。远离赤道时，频率较低、波长较长的罗斯贝波也只能向西传播，与波动有关的洋流再一次处于地转平衡中。群速度很大程度上取决于纬度：

$$c_{Rg} = -\frac{\beta g'H}{f^2} \tag{11.1.4}$$

赤道地区的波浪动力学与中纬度地区的波浪动力学有明显不同。斜压波速快得多，并且风强迫导致海洋变化的响应也比中纬度快得多。对于赤道上的大尺度波动，可以称为赤道波导（equatorial wave guide）。

11.2　极　地　过　程

极地位于地球的南北两端，包括南极和北极。人们通常说的南北极并不仅限于极点，而是指一个区域。北极地区是指 66° N（北极圈）以北的广大区域，以北冰洋为中心，周围濒临亚洲、欧洲和北美洲三大洲；而南极地区是指 66° S（南极圈）以南的广大区域，以南极洲为中心，周围濒临太平洋、大西洋和印度洋三大洋。

11.2.1　概述

海洋表层的海水温度由赤道向两极逐渐降低，极圈附近海水温度为 0℃左右，在极地冰盖之下，温度接近于对应盐度下的冰点温度。南极冰架之下曾有−2.1℃的记录。大洋中海水的温度受多种因素影响，其中极地海域除了受太阳辐射分布和大洋环流影响，还受结冰和融冰的影响。极地海域的水温在中深层的铅直分布与热带和温带相似，即铅直向梯度均较小。但在上层有所不同，热带和温带海域近海面的水温均匀层下存在很强的正温跃层（温度随深度增加而减小），而在极地海域则会出现逆温层。在夏季时，极地海域表层增温后也可形成正温跃层，但是混合深度较小，因此该温跃层下冬季冷却下沉的冷水仍能被保留，形成"中层冷水"。在"中层冷水"之下，又会存在大多数是由暖平流所致的"中层暖水"。

海洋表层的海水盐度在纬向上呈带状分布，从赤道到两极表现出马鞍形双峰分布。两极海域盐度可达 34 psu 以下，除了蒸发量与降水量之差为负值外，还受结冰、融冰影响。但是，北冰洋附近的挪威海和巴伦支海盐度普遍较高，这是受大西洋流和挪威流所

携带的高盐水平流输送所造成的。表层以下盐度分布几近均匀，这是由于制约盐度变化因子的影响随深度增大而减小，所以盐度的水平差异也随深度的增大而减小。在极地海域，表层盐度很低，但随深度的增加而增大，从 2000 m 以下直至海底，铅直变化都非常小。

大洋表层密度的分布主要受表层水温和盐度影响，压力的影响可以忽略。极地海域表层密度较大，铅直向梯度却不大，冬季会产生大规模对流和下沉，而夏季融冰时所形成的浅而弱的跃层可以减弱冬季的对流和下沉。

1. 北极

北冰洋是世界四大洋中面积最小、深度最浅的大洋，占海洋总面积的 3.65%，平均深度为 1296 m。北冰洋与其他海洋相对隔绝，因此有些海洋学家称之为北极地中海，而国际水文组织认为它是一个海洋。北冰洋几乎完全被欧亚大陆和北美大陆包围，是大陆包围海洋的半封闭海区。北冰洋是世界上温度最低的大洋，是世界大洋中名副其实的冷源热汇，详见 11.2.2 节。

2. 南极

南极大陆被人们称为第七大陆，整个南极大陆 95%以上的面积被冰雪覆盖，有"白色大陆"之称。南极大陆周围被海洋所包围。南半球表层海水的温度低于北半球的原因是南赤道流的一部分跨越赤道进入北半球，另外一个原因是北半球的陆地阻断了北冰洋冷水的流入，而南半球与周围海域直接连通，详见 11.2.3 节。

3. 海冰

极地海域与其他海域最大的不同就是，极地海域大多数时期甚至是终年覆盖海冰，结冰与融冰过程导致全年水温与盐度较低，形成低温低盐的表层水。狭义上将海水冻结而成的冰称为海冰，而海洋中的冰，除了海冰之外，还有大陆冰川、河流及湖泊流入海中的淡水体，广义上也把它们统称为海冰。北冰洋终年被海冰覆盖，大部分海域被平均 3 m 厚的冰层覆盖；南极大陆几乎被巨大的大陆冰河覆盖，是世界上最大的天然冰库，冰层平均厚度约为 567 m，最厚可达 933 m，南极的冰约占全世界总量的 90%，约为北极冰量的 8~10 倍。

海冰形成时，主要是纯水的冻结，将其中的大部分盐分、气体排出冰外，部分来不及流走的盐分以盐卤的形式被封存在冰中，形成"盐泡"。此外，海水结冰时还将来不及逸出的气体包围在冰晶之间，形成"气泡"。因此，海冰实际上是淡水冰晶、盐泡和气泡的混合物，与纯水冰的物理性质有很多不同。

美国国家冰雪数据中心(American National Snow and Ice Data Center，NSIDC)为人们提供 1979 年至今的全球海冰范围数据。

11.2.2　北极地区

北极地区是指北极圈以北的广大地区，面积 2100 万平方千米，包括北冰洋(又称北极海、北极地中海)、边缘陆地海岸带、诸多岛屿和亚、欧、北美大陆北部的苔原带和部分泰加林带。北冰洋面积约 1400 万平方千米,与南极大陆面积相当,绝大部分区域终年覆盖海冰。北极冰川主要集中在格陵兰岛,占全球 9%。北冰洋属于地中海型海洋盆地,虽然它被定义为世界海洋的一部分,但是它与主要海洋盆地(太平洋、大西洋和印度洋)之间联系并不紧密,其环流以温盐强迫为主。这意味着地中海型洋流主要受温盐效应驱动,与其他主要海洋盆地的洋流主要受风驱动的动力过程不同。地形是温盐强迫占主导地位的原因,地中海型海盆与主要海洋盆地通过海槛分开,限制了更深水域的水交换(赵进平和史久新,2004)。

地中海型环流可分为两类,具体取决于海面上的淡水收支(图 11.2.1)。如果其上空的蒸发量超过降水量,则上层的淡水损失,增加表面水的密度,导致深层垂直对流和海槛深度以下水流频繁更新。北极地中海与洋盆连接处的环流由上层海水流入和下层海水流出组成。北极地中海的淡水损失驱动上层海水的流入,盐度较高的北极地中海水和盐度较低的海洋水之间的密度差导致连接通道较深处的北极地中海水流出,且其上有补偿流流入。流出的水一直下沉,直到海水密度与自身密度相匹配的深度时,在这个密度层上扩散,这里它的高盐度可以追溯到海洋盆地。由于海水的盐度在通过北极地中海时会增加,因此这种地中海也被称为浓缩盆地。相反,如果北极地中海上空降水超过蒸发,淡水增益会驱动流出水通过上层流入海洋盆地。它会使表面密度降低,并且在海槛处产生密度差异,进而导致海水通过下层流入和上层额外补偿流出。一个强的密跃层会抑制深层水的更新。海水的流入通常是唯一具有重要意义的更新过程,如果横跨海槛的连接较窄或深水量较大,深水更新并不足以防止深海盆中的 O_2 耗尽,因此在这些情况下,跃层以下的地方不存在生命(除了部分厌氧细菌)。这种类型的地中海也被称为稀释盆地。

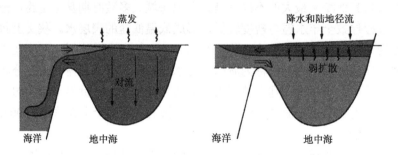

图 11.2.1　地中海型环流的示意图,左为负降水-蒸发平衡;右为正降水-蒸发平衡

1. 海底地形

北冰洋的岛屿数量和面积仅次于太平洋,有世界第一大岛——格陵兰岛和世界第二大群岛——加拿大北极群岛。在北极地中海的范围内有格陵兰岛、冰岛和挪威海以及包括西伯利亚大陆架区域各个区域的北极或北极海本体,即(从白令海峡开始,向西移动)楚科奇、东西伯利亚、拉普捷夫、卡拉、巴伦支海、白海以及格陵兰—加拿大—阿拉斯加海架上的林肯和博福特海。格陵兰岛、冰岛和挪威海通过弗拉姆海峡与北极海相通。

弗拉姆海峡位于格陵兰岛和西斯匹次卑尔根群岛(斯瓦尔巴特群岛最西端的岛屿)之间,宽 450 km,一般深度超过 3000 m,海槛深度略小于 2500 m。北冰洋略呈椭圆形(图11.2.2),沿其短轴方向,有一系列长条形的海岭和海盆。北冰洋通过 3 个海脊(阿尔法海岭也称为门捷列夫海岭、罗蒙诺索夫海岭和北冰洋中脊也称南森海岭)构成 4 个盆地,靠亚欧大陆一侧的为欧亚海盆,一般深 4000 m,最大深度位于斯瓦尔巴特群岛以北,也是北冰洋最大水深处;靠北美洲一侧的为加拿大海盆;位于罗蒙诺索夫和阿尔法两海岭之间的为马卡洛夫海盆。北冰洋海底地形突出的特点是大陆架非常广阔,特别是亚欧大陆北部,达 400~500 km,占整个北冰洋面积的 1/3,最宽处将近 1700 km(水深 50~150 m)。除了沿美国海岸的陆架只有 50~90 km 宽以外,在西伯利亚一侧大多数地方宽度都超过800 km。大陆架也相当浅,在楚科奇海仅 20~60 m,与东西伯利亚海水深相似,拉普捷夫海 10~40 m,卡拉海平均水深 100 m,巴伦支海水深 100~350 m。这些陆架海占据北冰洋表面的近 70%。许多大河流入北极陆架海域降低了盐度,因此浅陆架区域极大地影响了北极地中海的表层水。

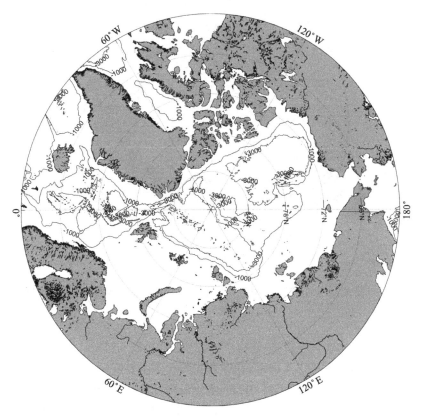

图 11.2.2　北冰洋水深图

2. 风场

北极附近的高压决定了北极地中海上空的风系统(图 11.2.3)。冬季,从加拿大盆地到格陵兰岛北部的高压脊形状非常突出，夏季压力梯度降低，但极点附近的压力仍高于大陆，因此，大部分北极海域受极地东风控制，并呈现反气旋(西向)表层环流(与极地东风的影响仅沿南极大陆弱西流中较为明显的南大洋形成鲜明对比)。在格陵兰岛和挪威海，大气系统(风)以冰岛低压为主，产生气旋运动。格陵兰—冰岛—法罗—苏格兰海脊的宽度允许科里奥利力对海流产生影响，它浓缩西部东格陵兰岛流的低盐度流出水，为东侧挪威海流留下流入空间。流入的水起源于北大西洋的温带和亚热带环流，它的低密度是受墨西哥湾流的高温造成的，东格陵兰流和挪威海流的流速通常在 0.2 m/s，但有时可能达到 0.5 m/s。永久覆盖的海冰抑制风对极地反气旋环流中强流的产生，在西伯利亚陆架上可以看到西风漂移产生的东向流动。然而，这些地区的观测测量很稀少而且水流可能受海岸线地形和河流入流影响，所以大多数对陆架上流量的估计都不够精确，其中阿拉斯加陆架上的东向流被证明是通过白令海峡流入风力驱动的延伸。

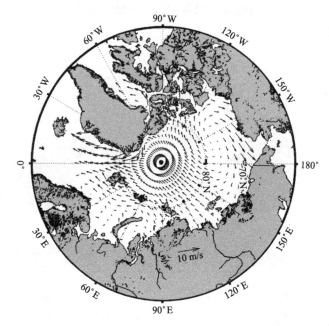

图 11.2.3　北极地区海面 1979～2016 年平均风场(资料来源于欧洲中期天气预报中心)

3. 海流

北冰洋表层环流如图 11.2.4 所示，在欧亚大陆一侧主要表现为气旋式环流(逆时针方向)，而在加拿大海盆的波弗特流涡(Beaufort gyre)表现为反气旋环流(顺时针方向)。在北冰洋表层环流中起主要作用的是大西洋海流的支流西斯匹次卑尔根海流。这支海流从格陵兰岛和斯瓦尔巴特群岛之间的东部进入北冰洋，沿陆架边缘做逆时针运动。它是高盐暖水，比周围水重，在斯瓦尔巴特群岛以北下沉，形成了位于 200～600 m 深度上的暖水层，并沿北冰洋陆架边缘做逆时针方向运动，它的某些支流则进入附近的边缘海。另外从楚科奇海穿过中央洋区到弗拉姆海峡有一支越极漂流，流过格陵兰海，并入东格陵兰流。北冰洋的冷水主要通过拉布拉多海流和格陵兰海流注入大西洋。此外，在加拿大海盆表层还有一反气旋型环流，流速只有 2 cm/s，仅在阿拉斯加北部流速增至 5～10 cm/s。

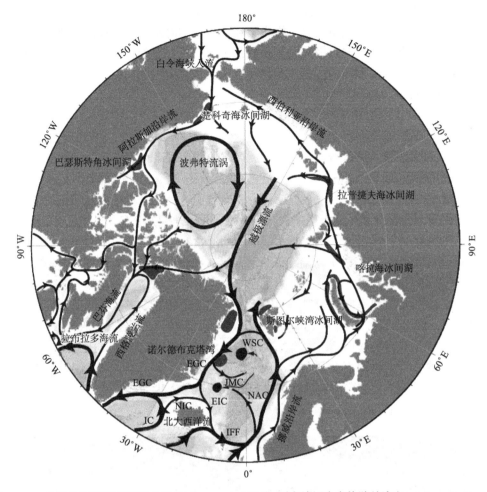

图 11.2.4　北极地区表层环流示意图(Talley, et al., 2011)，图中缩写为东格陵兰流(East Greenland current, EGC)；东冰岛流(East Iceland current, EIC)；伊明格流(Irminger current, IC)；冰岛-法罗群岛锋面(Iceland-Faroe front, IFF)；扬马延岛流(Jan Mayen current, JMC)；挪威大西洋流(Norwegian Atlantic current, NAC)；北伊明格流(North Irminger current, NIC)；西斯匹次卑尔根海流(West Spitsbergen current, WSC)

　　北冰洋上层环流模式在欧亚海盆以及在陆架上的北冰洋边缘处表现为气旋式，而加拿大海盆的波弗特流涡依然表现为反气旋式。入流来自北欧地区大西洋和白令海(太平洋)，出流通过弗拉姆海峡(Fram strait)向北欧地区大西洋流去，并通过加拿大群岛(Canadian archipelago)到达巴芬湾(Baffin bay)和拉布拉多海(Labrador sea)。上层环流流速相当缓慢(≤10 cm/s)。横越北极地区的漂流系统，从楚科奇海和东西伯利亚海开始，穿过欧亚海盆的长轴，最后作为东格陵兰流，夹有大量浮冰流入大西洋。该流系的流速开始只有 2～3 cm/s，但越过极地后，流速逐渐增至 8～10 cm/s。

　　中层环流，包括次表层、暖大西洋水层以及北冰洋中层，代表 200～900 m 深的海流。大尺度的环流表现为气旋式，气旋式的小环流嵌套在这个大环流上。深层环流模式与中层环流模式类似，由于北冰洋环流近似满足正压。

而在南极，存在着南极绕极流，构成了环绕南极的海水封闭循环。在北极，海水的流动要比南极复杂得多，与南极的海洋环流几乎没有相似之处。然而，如果把来自大西洋的海水运移路线作为判断的依据，北冰洋也存在着封闭的绕极循环，称为北极环极边界流(Rudels, et al., 1999)。

4. 海冰

北冰洋海冰分布的显著特征是，受海冰影响的最南端可以延伸至美洲大陆沿岸，而永久无冰的区域的最北端的延伸范围为沿挪威海岸(图 11.2.5)。大部分海区，尤其是纬度高于 75° N 的洋区，存在着永久性冰盖。其余海面上分布有自东向西漂流的冰山和浮冰，仅巴伦支海地区受北角暖流影响常年不封冻，北冰洋大部分岛屿上遍布冰川和冰盖。60° N～75° N 的海区，海冰的出现是季节性的，通常有一年周期。挪威海流的平均温度是 6～8℃，东格陵兰海流的平均温度低于–1℃。这种温差很容易对密度产生影响，在挪威海流和挪威海岸，盐度对密度的影响比在东格陵兰海流中高，根据热成风关系，水在西侧较稠密，等坡度斜率向东倾斜。两股水流之间的边界或多或少与冰面边界重合，以剪切力产生的涡旋为特征，直径为 10～20 km，寿命为 20～30 天，这会影响水向几百米深处运动。在风和流的作用下，大群冰块叠积形成流冰群，它们沿高压脊运动，在局部地区堆积很高，并向纵深下沉几十米，从而形成巨大的浮冰山。从岛屿脱落下来的冰山能漂移到很远的距离，其中一些冰山漂过极地水域可进入大西洋，个别冰山可向南漂移到 40° N，由于冰盖厚度大，给船舶航行造成很大困难。

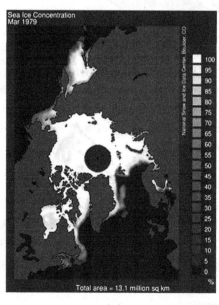 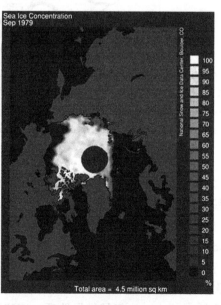

冬末　　　　　　　　　　　　　　　夏末

图 11.2.5　1979 年冬末(3 月)与夏末(9 月)海冰分布

11.2.3　南极地区

南极处于地球最南端，包含地理上的南极点(south pole)。位于南半球的南极地区几乎包含整个南极圈范围内的区域，周围被南大洋(Southern Ocean)所包围，见图 11.2.6。

南极洲由大陆、陆缘冰、岛屿组成，总面积 1424.5 万平方千米，其中大陆面积 1239.3 万平方千米，陆缘冰面积 158.2 万平方千米，岛屿面积 7.6 万平方千米。南极洲分东南极洲和西南极洲两部分。东南极洲从 30° W 向东延伸至 170° E，包括科茨地、毛德皇后地、恩德比地、威尔克斯地、乔治五世海岸、维多利亚地、南极高原和南极点，其面积 1018 万平方千米。西南极洲位于 50° W～160° W，包括南极半岛、亚历山大岛、埃尔斯沃思地以及玛丽伯德地等，面积 229 万平方千米。南极大陆四周被太平洋、印度洋和大西洋所包围，边缘有别林斯高晋海(Bellingshausen sea)、罗斯海(Ross sea)、阿蒙森海(Amundsen sea)和威德尔海(Weddell sea)等。

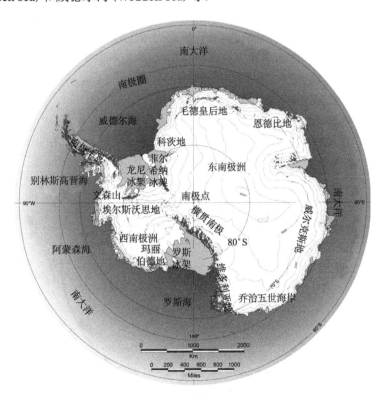

图 11.2.6　南极地图(改编自 https://lima.nasa.gov/pdf/A3_overview.pdf)

除威德尔海和罗斯海外，南极周围的陆架窄而深，常年承受厚达 2000～2500 m 的冰幔重压，致使大陆边缘沉陷，陆架与陆坡间的"坡折"深达 400～800 m，较其他大洋坡折深度大，陆坡陡峭，坡度为 5%。洋底很深，由三条海岭分割成三大海盆。主要的海岭为斯科舍海岭，呈弧形，在海面下连接了南极大陆与南美洲，露出海面的部分形成斯科舍岛弧，包括南佐治亚岛、南桑威奇群岛、南奥克尼群岛和南设得兰群岛。其余两条是凯尔盖朗海岭和麦夸里海岭，都有露出海面的岛屿。三大海盆中的南极—大西洋—印度洋海盆(也称瓦尔迪维亚海盆)，最大深度 6972 m。其余两个海盆为南印度洋海盆(也称诺克斯海盆)和东南太平洋海盆(也称别林斯高晋海盆)，最大深度分别为 5455 m 和 6414 m。仅有的一条深海沟叫南桑威奇海沟，最深处 8264。洋底沉积结构比较简单，几乎呈同心圆状绕极大陆分布：靠近大陆边缘的内圈有大量卵石、砾石、冰碛石等冰川海岸沉积物，中圈以硅质软泥为主，靠北界的外圈以钙质软泥为主。

1. 风场

在南极大陆附近，风应力显示出从东向西的逆转(图11.2.7)。由极地高压区流向相对低纬度的空气，受地球自转偏向力作用，一律偏东，在南极圈内的地区形成东南风，近南极大陆沿岸存在极地东风带。而无论在夏季还是冬季，在大约 25° S～35° S 处有一个高压脊，而在南极大陆的北侧 65° S 左右有一个低压槽，在槽脊之间存在显著的西向地转风。也就是副热带高气压带与副极地低气压带之间，由高压指向低压的气流(压强梯度力)在地转偏向力的作用下，偏转成西风(西北风)，形成南半球中纬度地区的盛行西风带。盛行西风在高纬区和低纬区之间形成"风壁"，阻挡低纬区暖空气进入南极高原，使南极反气旋保持恒定。

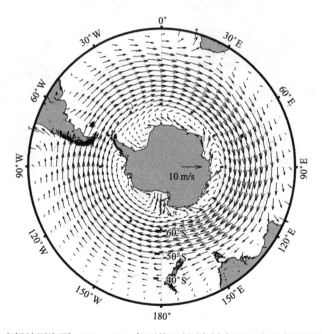

图 11.2.7　南极地区海面 1979～2016 年平均风场(资料来源于欧洲中期天气预报中心)

2. 海流

在靠近南极大陆沿岸的狭窄的海域内，存在由极地东风所驱动的，自东向西的绕南极大陆边缘的环流，称为东风环流。该环流在南极边缘形成向极流，与南极绕极流所形成的离极流之间，由动力作用形成了南极辐散带。南极绕极流(Antarctic circumpolar current，ACC)是南大洋中最显著的流动，也是世界上唯一环绕全球的海流。虽然其流速并不是很快，平均流速约 0.15 m/s，但随深度减弱很慢，而且厚度很大，因此具有巨大流量。通过德雷克海峡的年平均流量估计为 100～150 Sv，堪称世界海洋最强流。ACC 是西风漂流与地转流合成的环流。西风漂流是宽阔、深厚、强劲的风生漂流，南北跨距在 35°S～65°S，与西风带平均范围一致。在热盐效应下，该西风漂流发展更为强盛，可从表层一直渗达底层，也就是说在该海域内，表层、次表层环流与中、深、底层是一致的。同样，海底地形对流向的影响也可以在表层体现出来。总的来说，南极绕极流是一支由盛行西风驱动，自表至底、自西向东的强大流动，上部为漂流下部为地转流。

ACC 由两个甚至更多个与密度锋面相关联的海流组成，这使得其在整体上呈现为绕极性。这一海流并不严格地绕纬圈线流动，而是向南北两侧摆动。受大陆架和洋中脊约束，ACC 向南最大摆动分别出现在新西兰南部和德雷克海峡。在德雷克海峡的东部，绕极流向北回转，然后在南美洲的东海岸绕极流的一个分支向北延伸，与南向的巴西海流相交汇。在绕极流的南部至少有两个顺时针亚极地流涡——威德尔海流涡和罗斯海流涡，在印度洋扇区可能有第三支流涡(Whitworth, 1998)。由于没有其他陆地与南极洲相连接，ACC 将温暖的海水与南极大陆相隔离，使南极洲的巨大冰原得以保持。作为全球最大的环流，ACC 的存在既限制了热量向南极的输送，又是全球洋盆之间相互联系的纽带；它不仅是南大洋海气相互作用系统中极其重要的一部分，还在南半球乃至全球的气候变化中扮演重要角色。

3. 锋面

在整个纬圈方向上 ACC 表现出非常高的经向一致性，在任一观测断面上均有相似的特征。Deacon(1984)最早注意到 ACC 区域从南向北盐度等值线和温度等值线存在一系列的向下倾斜现象，温度和盐度等值线的倾斜意味着密度等值线的相应倾斜，从而对应着强流出现。ACC 的大部分输运与温、盐等值线倾斜区域处的流速大值区(流核)有关，流核之间由一条过渡带分开。在南半球，高密度水位于南部，对应着东向流，据此容易确定横穿断面的流核位置。这些流核处是具有密度、温度、盐度或者营养盐等要素典型水平梯度的锋面；锋面宽度相对较窄，约 50～100 km；至少在锋面上层水体内，如温盐(T-s)特征关系会发生突变。

除德雷克海峡断面外，横跨南大洋的断面密度分布显示，3 个锋面分割出 4 个海洋带。这 3 个锋面从南向北依次是极锋(polar front，PF)、亚南极锋(subantarctic front，SAF)和亚热带锋(subtropical front，STF)(图 11.2.8)。通过锋面可以划分出南极地区的辐合辐散带，其中极锋对应南极辐合带(Antarctic convergence，AC)，亚热带锋对应亚热带辐合带(subtropical convergence，STC)。这些锋面将各自不同的条带相互隔离，每个条带都具有独特的温盐层化特征。4 个水团条带从南向北依次是南极带(Antarctic zone，AZ)、极锋带(polar front zone，PFZ)、亚南极带(subantarctic zone，SAZ)和亚热带(subtropical zone，STZ)。

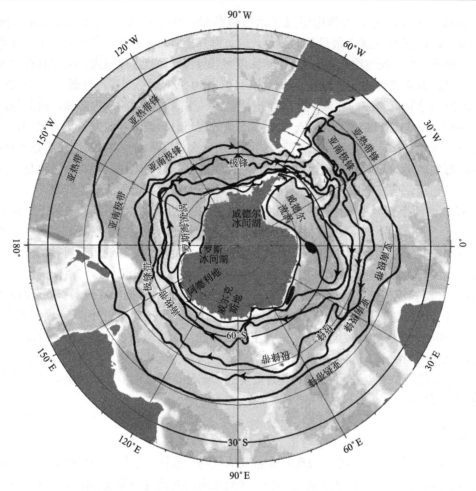

图 11.2.8　南大洋的表层流与锋面分布(Talley，et al.，2011)

4. 水团

　　南大洋海水按温盐结构可分为 6 种水团(图 11.2.9)，南极陆架水(continental shelf water，CSW)、南极表层水(Antarctic surface water，AASW)、亚南极表层水(subantarctic surface water，SASW)、绕极深层水(circumpolar deep water，CDW)、南极中层水(Antarctic intermediate water，AAIW)和南极底层水(Antarctic bottom water，AABW)。

　　南极陆架水是致密的且近乎同温的冷水，一般处于陆架区的中下层。冰下水体温度约为-1.9℃，盐度增大直至下沉，可高达 34.7 psu。

　　南极表层水和亚南极表层水是南大洋表层的两种水团。低温低盐的南极表层水位于南极带，水层厚度 100～250 m，盐度范围为 33～34.5 psu，冬季温度为-1.9～1℃，夏季温度为-1～4℃。亚南极表层水在亚南极锋以北的亚南极带，水层厚而均匀，比南极表层水稍暖也略咸些，其冬季温度为 4～10℃，夏季温度可高达 14℃；夏季盐度为 33.9～34.9 psu，夏季盐度可低至 33 psu(Talley，et al.，2011)。该水团与来自温带的暖水相遇所形成的海洋锋面，就是作为南大洋北界的副热带辐合带。

绕极深层水具有很厚的深度，位于几百米到 3000~4000 m 深度之间。该水团可细分为上绕极深层水、下绕极深层水两层：上绕极深层水层具有温度最大值和溶解氧最小值，温度最大值层(1.5~2.5℃)位于 200~600 m 深度处，溶解氧最小值层(<180 μmol/kg)与温度最大值层差不多一致，该层还具有较高的营养盐浓度；下绕极深层水层以盐度最大值为特征，该层中心位温为 1.3~1.8℃，位密约为 27.8 kg/m³，大西洋的下绕极深层水层最大盐度为 34.8~34.9 psu，印度洋的下绕极深层水层最大盐度约为 34.75 psu，而太平洋的下绕极深层水层最大盐度约为 34.72 psu。向南流的绕极深层水抵达南极大陆海岸附近，向上运动，构成高初级生产力的上升流区。强劲西风和高纬处盛行东风之间出现表层流的辐散，加剧了绕极深层水在海岸附近的涌升。水体这一强烈的垂直运动区就是南极辐散带，也呈绕极状，但没有封闭，中断于德雷克海峡东面。

南极底层水位于 3000~4000 m 及以下的南极海盆底部，密度大于绕极深层水，温度高于冰点。具有低温高密的特性，温度和盐度终年约为–0.3℃和 34.7 psu。一般认为，南极底层水主要源于罗斯海(太平洋扇区)和威德尔海(大西洋扇区)。高密使其向北呈扇形展开流入三大洋的洋盆，影响所及可达 40° N 的大西洋和 50° N 的太平洋，对各大洋的总热量影响至关重要。南极底层水的散布路径主要受洋底地形分布的影响，其中大洋中脊和重要海岭起阻隔和分流的作用，而海沟和断裂带则起沟通和放行的作用。另外，南极底层水的散布路径还受西向强化的影响，主要表现为在大洋西侧较强而东侧较弱。

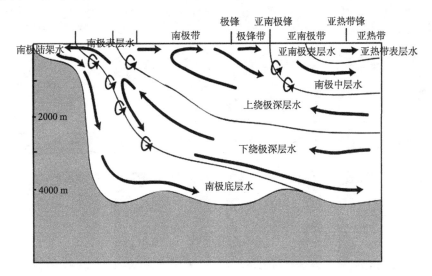

图 11.2.9 南大洋的剖面示意图，图中包括水团、经向环流、锋面和区域带(Talley, et al., 2011)，其中南极陆架水(continental shelf water，CSW)，南极表层水(Antarctic surface water，AASW)，亚南极表层水(subantarctic surface water，SASW)，亚热带表层水(subtropical surface water，STSW)，极锋(polar front，PF)，亚南极锋(subantarctic front，SAF)，亚热带锋(subtropical front，STF)

5. 海冰

南大洋海冰具有明显的季节变化特征(图 11.2.10)，海冰覆盖范围在 2 月最小，约为 3.14×10^6 km²；在 9 月达到最大，约为 18.27×10^6 km²(Cavalieri, et al., 2003)。威德尔海和罗斯海的海冰净冰面积之和占整个南大洋海冰净冰面积一半以上，且有很好的同步性，且这两个海域是海冰时空变化都很大的海域。冬季，浮冰可以延伸到 60° S～65° S，冰山大多处于 40° S～50° S。南大洋的冰山主要来源于罗斯海和威德尔海的冰架，颜色较白，密度较小，体积巨大，顶部扁平。常见的冰山长达 8 km 左右，但高度很少有超过 35 m 的。曾经记录到的南大洋特大冰山约长 150 km、宽 40 km，露出水面高度约 30 m，吃水深度为露出水面高度的 5～7 倍。由于吃水深度大，冰山移动主要受海流影响。大多数冰山为流冰群阻塞在极锋带以南，少量随海流北移，抵达温度为 0℃的表层水附近，缓慢融化。一般冰山寿命约 4 年，极大冰山可持续相当长时间。冰山北移可远至大西洋的 35° S，印度洋和太平洋分别为 45° S 和 50° S。漂移的冰山威胁船舶航行，融化的冰山给南大洋水团带来淡水，但消耗海水热量。

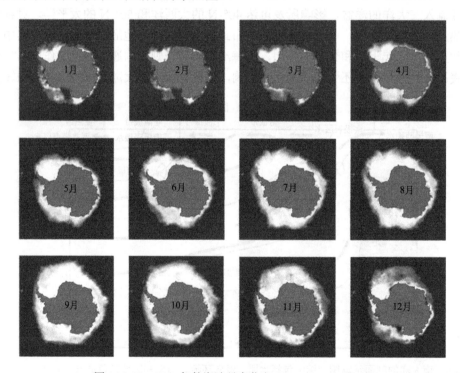

图 11.2.10　1991 年的海冰月变化(Talley, et al., 2011)

南大洋海冰在全球气候系统中发挥着重要作用，包括海冰的反照率影响热量吸收、隔离海气之间的热量和水汽交换、海冰生消过程影响南极底层水的生成等。卫星图片显示海冰间有许多巨大的无冰区，称为"冰间湖"，对研究辐射和热平衡问题至关重要。

南极海冰范围存在微弱增加趋势。南极海冰的增多具有一定的区域差异性，总体而言，威德尔海、罗斯海和太平洋海盆的海冰面积有所增加，其中罗斯海是海冰面积增加的极大值区；而印度洋海盆和阿蒙森海、别林斯高晋海的海冰面积有所减少，尤其是阿蒙森海—别林斯高晋海区域，海冰面积减少尤为明显。南极海冰的长期增加趋势似乎与全球变暖的气候背景并不一致，成为南极海冰变化的热点问题。

11.3　海洋中尺度涡旋

海洋中尺度涡旋是海洋中普遍存在的一种物理现象，具有十至上百天的时间尺度，及几十至几百千米的空间尺度。其在海洋热量、盐度、物质输运以及海洋生物化学过程等方面起着非常重要的作用。

涡旋根据其自转方向可以分为两类，一种是气旋式涡旋(在北半球为逆时针旋转，南半球为顺时针旋转)，根据流体力学原理可知，在气旋式涡旋中心海水自下向上运动，因此，涡旋中心海水温度低于周围海水，这种使水温与周围海水相比发生"冷异常"的涡旋也被称为冷涡；另一种是反气旋式涡旋(北半球为顺时针旋转，南半球为逆时针旋转)，在涡旋中心海水自上向下运动，涡旋中心海水温度高于周围海水，这种使水温与周围海水相比发生"暖异常"的涡旋也被称为暖涡。

自 20 世纪 90 年代初期以来，卫星高度计观测的海面高度异常观测数据为中尺度涡旋的遥感探测提供可能。此外，微波辐射计能够全天候观测海洋，而且不受云影响，因而能够提供海表温度、海面风速、云中液态水、大气水汽含量等海洋和气象参数。微波卫星所提供的长时间序列多源遥感数据可以用于海洋中尺度涡旋探测，获取涡旋类型，涡旋中心，涡旋半径，涡旋产生、成长和消亡周期等关键参数以及中尺度海气相互作用的研究(图 11.3.1)。

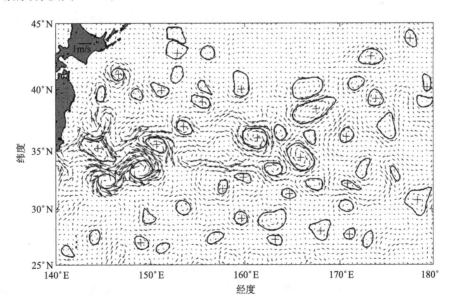

图 11.3.1　海表流场图，黑色圈内为识别出的涡旋，+代表反气旋，无标记代表气旋(摘自 http//www.aviso.com)

20 世纪 70 年代初，国内外海洋学家就开始海洋中尺度涡旋的研究工作，包括观测、数值模拟和理论分析，比如 Holland(1978)、McWilliams 和 Flierl(1979)、胡敦欣等(1980)等。近年来有关全球海洋涡旋的研究更是如火如荼，如程旭华和齐义泉(2008)、Adams 等(2011)、Chelton 等(2007，2011a，2011b)、Gruber 等(2011)、Petersen 等(2013)、Frenger 等(2013)、Zhang 等(2014b)、Dong 等(2014)。个体涡旋的观测和分析也吸引了海洋学家的研究兴趣，比如 Wang 等(2006)、Benitez-Nelson 等(2007)、乔方利等(2008)、Nencioli 等(2008)、Dong 等(2009)、Hu 等(2011)、Zhang(2013)、林夏艳等(2013)、Liu 等(2013)、Chu 等(2014)。其中，中国海洋界在涡旋研究中取得的成就有：①20 世纪 90 年代，在中日黑潮联合调查项目中，中国海洋学家开展了许多很有意义的黑潮流经海区海洋涡旋的研究工作，采集了很多很有价值的涡旋观测资料，比如郑义芳等(1992)、郭炳火和汤毓祥(1995)等，而有关东海的更多涡旋研究工作可参见袁耀初和管秉贤(2007)的综述文章；②从 21 世纪初开始，在大量的南海海洋观测计划推动下，南海海洋涡旋的研究在中国海洋学界得到了相当的重视，涌现出大量优秀成果，涉及涡旋的统计分析(Wang, et al., 2003；林鹏飞等, 2007；刘金芳等, 2006；兰健等, 2006；Xiu, et al., 2010；Yuan, et al., 2007；高理等, 2007；Chen, et al., 2011)、涡流相互作用(Chen, et al., 2011；Li, et al., 1998；Li and Pohlmann, 2002；Wang, et al., 2008；林宏阳等, 2012；潘丰等, 2012)、涡旋产生机制(Yang and Liu, 2003；Gan and Qu, 2008；Wang, et al., 2008)、涡旋热盐输运(Wang, et al., 2012；Chen, et al., 2012)以及其他方面(Yang, et al., 2013；Chen, et al., 2013)。其中王桂华等(2005)、管秉贤和袁耀初(2006)综述了之前南海涡旋的研究工作动态。其他海区的涡旋研究也得到很大的发展，比如李威等(2011)、Liu 等(2012)、Yang 等(2013)、Zhang 等(2013)、张笑等(2013)。通过中尺度涡旋观测(现场和卫星遥感)、数值模拟和理论分析，人们获得了有关中尺度涡旋在中国海的基本认识。

11.3.1　海洋涡旋自动探测的必要性

人工涡旋探测易受研究人员主观判断差异的影响，不确定性大，易出现不可统计的误差。通过人工手段从上述庞大的数据集中逐个寻找涡旋已经是不可能的任务。因而，利用计算机进行海洋涡旋的自动探测是十分必要的。

高分辨率海洋卫星遥感资料的出现和计算机技术的飞速发展，为海洋中尺度涡旋的研究提供了大量的观测资料和数值产品。目前具有全球覆盖率可用于海洋中尺度涡旋研究的观测资料有：①卫星高度计(altimetry)，已有从 1992 年至今覆盖全球的海面高度异常场(sea surface height anomaly，SSHA)网格化资料；②海表温度资料(sea surface temperature，SST)，已有从 20 世纪 80 年代初至今的全球覆盖资料；③水色卫星遥感资料；④星载合成孔径雷达数据(synthetic aperture radar，SAR)；⑤全球海洋浮标资料(global drifter program，GDP)。此外，全球涡旋分辨率的数值产品有 HYCOM(hybrid coordinate ocean model)和 ECCO(estimating the circulation & climate of the ocean)等。

11.3.2　海洋涡旋自动探测的方法

海洋观测数据的分类一般可分为欧拉型数据(Eulerian)和拉格朗日型数据(Lagrangian)。欧拉型数据是指一个时刻的快照数据或者空间场的数据，拉格朗日型数据是指水团或者物质颗粒的轨迹数据。如 SSHA、SST、水色、SAR 等属于欧拉型数据，而 GDP 数据属于拉格朗日型数据。由于覆盖率和技术原因，至今没有基于水色和 SAR 资料的涡旋自动探测方法。根据数据的不同类别将涡旋探测方法分为两类：欧拉方法和拉格朗日方法。

Nencioli 等(2010)将欧拉方法划分为以下三类：①基于物理参数的方法；②基于流场几何特征的方法；③物理参数和几何特征混合法，同时涉及物理参数和流场的几何特征。

在方法①中，Okubo-Weiss(OW)参数法(Okubo，1970；Weiss，1991)在中尺度自动涡旋探测方法中的应用最为广泛。其物理参数 W 是通过水平速度场计算得到的，即 $W = S_n^2 + S_s^2 - \omega^2$，其中，$S_n$、$S_s$、$\omega$ 分别表示剪切形变率、拉伸形变率以及相对涡度。OW 参数法已经得到了非常广泛的应用，如地中海海域(Isern-Fontanet，et al.，2003)、秘鲁海域(Penven，et al.，2005)、阿拉斯加海域(Henson and Thomas，2008)以及全球涡旋的探测(Chelton，et al.，2007)等。尽管 OW 参数法应用很广，但它自身仍然存在 3 个缺陷：①W 最优阈值选取很难确定(Chelton，et al.，2011b)，Williams 等(2011)和 Petersen 等(2013)为消除通过阈值选择的依赖性，发展了一个新的 R^2 算法，这种判断方法是基于涡旋与给定的理想高斯涡旋类比得到的；②物理参数的推导过程可能会带来一些噪声项，它会增加涡旋的错误检测率(Ari-Sadarjoen and Post，2000；Chaigneau，et al.，2008；Chelton，et al.，2011a；Nencioli，et al.，2010)；③物理标准会导致涡旋探测失败或者低估涡旋尺寸的大小(Basdevant and Philipovitch，1994；Doglioli，et al.，2007；Henson and Thomas，2008；Isern-Fontanet，et al.，2003)。

方法②是基于流场的几何特征探测涡旋。Ari-Sadarjoen 和 Post 在 2000 年首次提出了缠绕角(winding-angle，WA)法，通过闭合曲线识别涡旋(Ari-Sadarjoen and Post，2000)。

方法③将特殊的物理参数方法和几何方法混合，Chaigneau 等(2008)、Chelton 等(2011b)和 Faghmous 等(2015)利用 SSHA 局部极值作为潜在涡旋中心，结合围绕涡旋中心的封闭流线的几何特征探测涡旋。

Dong 等(2011)将基于海表浮标轨迹数据探测涡旋的拉格朗日方法分为 4 类：①旋转方法(Veneziani，et al.，2005；Griffa，et al.，2008)；②拉格朗日随机模型法(Lankhorst，2006；Beron-Vera，et al.，2008)；③小波变换及分析粒子位置的椭圆重构法(Lilly and Gascard，2006)；④根据轨迹的几何特征，螺旋轨迹的搜索方法(Dong，et al.，2011)。

利用涡旋自动探测方法，可以得到涡旋数据库。涡旋数据库应该包括涡旋的位置、时间、大小、极性(气旋型或反气旋型)、强度、边界等涡旋特征。应用涡旋数据库进行与涡旋相关的研究，是海洋涡旋研究中重要且极具挑战的问题。

11.3.3　海洋涡旋的产生机制

涡旋是如何产生的？一般来说可以分为以下三类：①锋面的斜压不稳定产生机制，如副热带逆流区(Qiu and Chen，2010；Liu，et al.，2012)；②强流区的大弯曲产生机制，如黑潮延续体、墨西哥湾流区域(Yoshida，et al.，2010)；③水平剪切产生机制(Liu，et al.，2017；Shi，et al.，2018)。

11.3.4　大气对海洋中尺度涡旋的响应特征

在海面温度相对较高的低纬度热带海洋区域，海温的变化往往通过大气深对流的调整对大气环流产生影响，而这种深对流调整主要表现为第一斜压模态结构。因此，在热带暖洋表面，海温、深对流以及海面风场之间存在耦合关系，这种关系可以很好地用来解释 ENSO 这样的海气相互作用现象。但在海温相对较低的中高纬洋面，深对流较少出现，大气对海温变化的调整明显不同于海温较高的热带洋面。大量关于中纬度地区的海气相互作用的研究显示，强海流区的中尺度涡与风速之间呈正相关，即暖(冷)涡上空对应 10 m 风速的极大(小)值等。Frenger 等(2013)基于对南大洋区域 600000 多个中尺度海洋涡旋的合成分析发现，气旋涡引起海表风速减小，云量、水汽含量和降水均减少，反气旋涡情况与此相反。与南大洋热通量相比较，黑潮延伸区的海气温度、湿度差很大，并向大气释放大量热量；黑潮延伸区的混合层深度显著小于南大洋。

11.4　海洋次中尺度过程

海洋次中尺度过程(submesoscale current)是一种在海洋的表面、内部以及海洋底部皆有分布的海洋现象，其主要外在表现形式有：次中尺度锋面(submesoscale front)、涡丝(filament)、地形尾涡(topographic wake)、相干次中尺度涡旋(submesoscale coherent vortices)。次中尺度过程可以由海洋中尺度涡旋、海洋锋面或者强流剪切产生，其为海洋微尺度的耗散以及跨等密度面的混合提供了能量级串的通道，是海洋能量级串中的重要一环。次中尺度过程的空间尺度通常比船载仪器能够测量的尺度大，而又比卫星观测的空间分辨率小，并且在单点观测的时间序列或者单独某一条垂向剖面观测数据中很难与内重力波进行区分(McWilliams，2016)。这一尺度特征使得对位于小尺度与中尺度之间的次中尺度过程的研究具有极大挑战，是当今物理海洋学最前沿的研究方向之一。本节将从次中尺度过程的时空特征、种类、生成机制等方面对其做简单的介绍。

11.4.1　海洋次中尺度过程的时空特征

海洋次中尺度过程的水平尺度(L)为 0.1～10 km，垂直尺度(h)为 0.01～1 km，时间尺度(T)为数小时至数天(一些相干次中尺度涡旋可以在海洋内部存活数年)。可见，次中尺度过程的水平尺度 L 介于以湍流边界层厚度(h_b)为特征尺度的小尺度运动和以第一斜压罗斯贝变形半径(L_D)为特征尺度的中尺度运动之间，即 $h_b < L < L_D$。次中尺度过程与中尺度过程相比除了在尺度上更小以外，更本质的区别在于次中尺度过程的罗斯

贝数（$Ro = \dfrac{U}{fL}$）和弗劳德数（$Fr = \dfrac{U}{Nh}$）通常满足 $Ro \sim Fr \sim O(1)$。其中，U 是次中尺度过程的水平速度尺度；f 是局地科里奥利参数；$N = \sqrt{-g\dfrac{\partial \ln\rho}{\partial z}}$ 是浮力频率；z 取向上为正方向；g 是重力加速度常量。可见，次中尺度过程是非地转的运动，能够引起海水在水平方向上的辐聚、辐散，从而诱发海水的垂向运动。此外，次中尺度过程的纵横比满足 $\dfrac{h}{L} \sim \dfrac{f}{N} \ll 1$，即次中尺度过程还具有强烈的各向异性特征。需要注意，在层结较弱的海洋表面以及海洋底部，$N(z)$ 往往变化剧烈，有时甚至模糊不清。在研究这些位置的次中尺度过程时，必须要考虑层结的垂向分布，而不能机械地套用公式。事实上，次中尺度过程在表面边界层与底边界层中的生成和演化都与小尺度的湍流活动密切相关。

11.4.2　海洋次中尺度过程的种类

海洋次中尺度过程主要包括：次中尺度锋面、涡丝、地形尾涡、相干次中尺度涡旋。

1. 次中尺度锋面和涡丝

锋面是指海水密度（或者温度等物理量）在水平方向上存在强烈梯度的区域。该现象在海洋中十分常见，例如湾流和黑潮延伸体海域附近就广泛分布着中尺度以及次中尺度的锋面。中尺度涡的边缘位置由于速度场的强剪切，会形成局部罗斯贝数 Ro 以及理查德森数 Ri 都为 $O(1)$ 的区域，使得这些位置出现大量次中尺度涡丝。在这些位置通常会诱导出空间尺度在 $O(1)$ 的强上升流或者下降流区域。随着高分辨率观测数据增多以及模式分辨率的提高，人们对锋面以及涡丝的研究也越来越多（Nordstrom，et al.，2013；McWilliams，2016，2017）。

2. 地形尾涡

经典流体力学中的卡门涡街是一种常见的自然现象。根据伯努利原理，当流体经过障碍物时，在均质无旋的情况下，固定边界处产生黏性边界层进而产生局地相对涡度，在流场下游诱发出次级环流并脱离固体边界产生涡街。在实际海洋旋转、层结的环境下也存在着类似于经典流体力学中卡门涡街的现象——地形尾涡。无论是理论、实验还是数值模拟都表明，在相同的来流条件下，旋转的条件会抑制涡旋的脱落。流体实验表明密度分层的环境将会抑制垂向运动，导致在弱分层条件下，很小的雷诺数 Re 就可以产生回流涡旋，从而在障碍物后面脱落形成尾涡。

自然界中存在的地形尾涡可以根据控制地形尾涡的摩擦力来源划分为深水地形尾涡与浅水地形尾涡两类。其中，摩擦力来源于底边界层摩擦应力的被称为深水地形尾涡，而摩擦力来源于地形两侧边界摩擦应力的则被称为浅水地形尾涡（Tomczak，1988）。而 Dong 等（2018）指出在浅水中，由于水深不均匀性导致底摩擦空间不均匀分布，也可以诱导地形尾涡的形成。Dong 等（2007）指出在发生深水地形尾涡现象时，离心不稳定、正压不稳定以及斜压不稳定 3 种不稳定将同时发生，且雷诺数 Re、罗斯贝数 Ro 以及布格数

Bu 共同控制了整个地形尾涡的生成和演化过程。

3. 相干次中尺度涡旋

相干次中尺度涡旋被认为可能是最早被人类发现的次中尺度现象(McWilliams, 2016)。它可以存在于海洋的内部和底部,其垂向结构相对于由正压或者第一斜压模态为代表的中尺度涡旋来说具有更大的局地性,其水平尺度也更小。相干次中尺度涡旋几乎都是反气旋,具有强烈的中心涡度、紧致的轴对称结构、充沛的动能,其存活的时间很长,有时甚至可以达到数年。它们一旦产生便可以被中尺度涡或者平均流携带而传播数千千米,且其携带的水体质量以及化学特性等在传播过程中几乎不与周围水体发生混合(McWilliams, 1985)。

11.4.3　海洋次中尺度过程的生成机制

次中尺度过程的生成机制主要包括:锋生过程、非强迫性不稳定(混合层斜压不稳定)、外力强迫(非线性埃克曼输运)以及地形诱导(岛屿、剧烈地形变化等)4 种。

1. 锋生过程

锋生是一种极其有效地将能量传递给小尺度过程的机制。图 11.4.1 中给出在锋面以及涡丝处产生次中尺度过程的近似模型,海洋表面的变形流场使得沿锋面的射流得以维持,从而产生垂向的次级环流。锋生过程中大尺度流场的切变导致跨密度锋面的水平浮力梯度显著增强,从而产生可以与行星涡度 f 大小相近的局地相对涡度 ξ。根据位涡守恒原理($\frac{\mathrm{d}q}{\mathrm{d}t} = \frac{\mathrm{d}}{\mathrm{d}t}\left(\frac{f+\xi}{h}\right) = 0$,其中,$q$ 代表位势涡度;f 为行星涡度;ξ 为相对涡度),在锋面的冷水一侧,相对涡度 ξ 增加导致等密度线下沉,产生下降流。同样在锋面的暖水一侧,相对涡度 ξ 减小导致等密度线上升,产生上升流(图 11.4.2)。为了维持质量守恒,在海表将会诱导出一支从暖水侧到冷水侧的流动,同时在混合层内部有一支从冷水侧向暖水侧的流动,它们共同构成了次级环流。次级环流的产生使得原本混合均匀的海水出现再分层现象。涡丝处的次级环流的产生机制与锋面处大致相同。

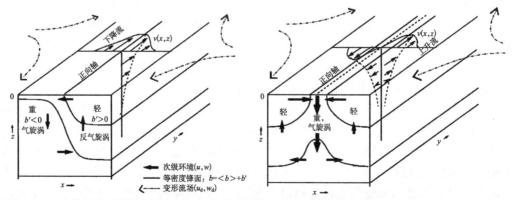

图 11.4.1　在锋面流轴附近(左图)以及涡丝处(右图)由于水平速度的切变和强烈的水平浮力梯度使得在垂向上产生次级环流,加强垂向的输运(McWilliams, et al., 2009)

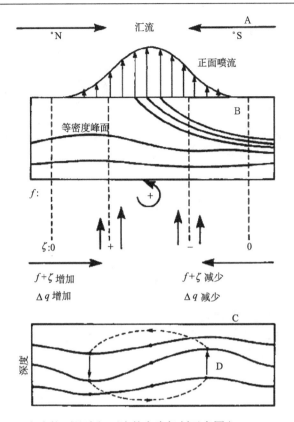

图 11.4.2　海表锋面处次级环流的产生机制示意图（Abramczyk，2012）

2. 非强迫性不稳定

存在于混合层中的非强迫性不稳定（即混合层斜压不稳定）是一种典型的表面次中尺度过程。混合层中的弱层结特性使其具有独立的变形半径，即 $L_s = \dfrac{N_s h_b}{f}$，由于其浮力频率 N_s 和厚度 h_b 都相对较小，因此其变形半径尺度比第一斜压罗斯贝变形半径 L_D 小很多。卫星图像显示海洋表面存在大量的温度梯度，而海洋表层经常处于中性层结状态，因此通常都满足混合层不稳定的条件。在对有限振幅、准平衡相位理想混合层不稳定的模拟中，次中尺度涡旋场表现出强烈的锋面特征，即强烈的水平梯度，其沿锋面的空间尺度大小接近于涡旋的尺度，这一现象也被称为混合层涡旋。Boccaletti 等（2007）通过对混合层不稳定导致的再分层现象（图 11.4.3）的模拟，指出次中尺度过程在锋面处发生摆动，增长的时间尺度为 $\dfrac{1}{f}$（模式中为 5～10 天），超过了时间尺度只有几天的曲流，并且次中尺度过程把能量向更大的尺度转移。次中尺度过程持续控制着次级环流以及锋面处的垂向输运，最终导致混合层的次分层。在混合层不稳定的发展中，局地的罗斯贝数 Ro 及理查德森数 Ri 的梯度表明混合层不稳定主要由流动的非地转项引起。

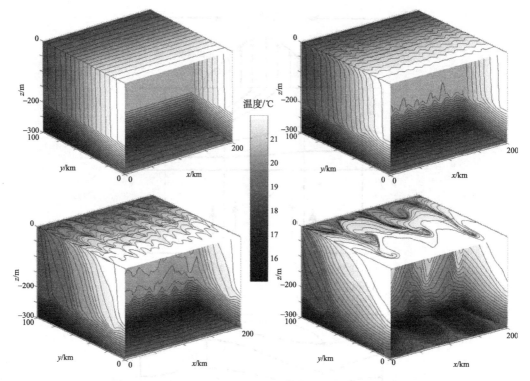

图 11.4.3　海洋上层混合层的再分层（Boccaletti，et al.，2007）

3. 外力强迫

沿锋面射流方向的风场，即当风沿着海表锋面射流的方向吹动时，将会减小表面边界层的理查德森数 Ri、削弱海表的分层，从而为次中尺度过程的产生提供有利条件。沿着锋面射流方向的风场会引起非线性埃克曼输运，在表层使海水从锋面密度大的一侧输运到密度小的一侧。由于埃克曼输运在射流气旋（反气旋）的一侧更弱（强），因此在锋面密度大的一侧产生辐聚的次级环流及下降流，而在射流中心产生辐散的次级环流及上升流。锋面处的埃克曼输运导致的局部混合产生叠加的次级环流（图11.4.4），即在一个由沿锋面射流风场强迫的斜压区域中，将会有大量次中尺度过程产生。

4. 地形诱导

海洋中也存在着类似经典流体动力学中圆柱绕流产生尾涡的现象，但两者在动力学上具有重要的差异。比如海洋中在研究次中尺度过程时（$O(Ro) \sim O(Fr) \sim O(1)$）旋转和层结效应都是不可忽略的。在实际海洋中，由于在 z 方向上的来流和形状的差异导致尾涡及其演化更接近三维情况，其边界本质上更接近于底部边界而非侧面边界。这也意味着涡度生成的边界层是底边界层，即便是在非真实的理想旋转、层结实验模拟中，侧面边界层以及剪切层在大雷诺数 Re 情况下都是非常薄的，因此实际海洋中的现象可以被认为发生在次中尺度的范畴，即地形和岛屿也会诱发次中尺度过程。当流动流经岛屿和

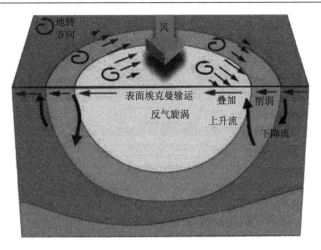

图 11.4.4　非线性埃克曼输运在中尺度涡锋面处产生的垂向次级环流(Mahadevan，et al.，2008)

尖岬时，经常会产生狭窄的边界层，在流场发生分离的边界层区域，流场的不稳定会诱导出大量的次中尺度涡旋(Dong，et al.，2007，2018)。流场与复杂的地形作用可以直接将能量传递给次中尺度涡旋，或者通过背风波(lee wave)和边界层陷波产生次中尺度涡旋(McWilliams，2010)。

参 考 文 献

程旭华, 齐义泉. 2008. 基于卫星高度计观测的全球中尺度涡的分布和传播特征. 海洋科学进展, 26(4): 447~453.

董昌明. 2017. 郑和下西洋中的海洋学. 北京: 科学出版社.

董昌明, 袁业立. 1996. 卫星高度计海面高度时间距平场反演平均场的理论基础. 海洋学报: 中文版, 18(3): 53~57.

方国洪. 1986. 潮汐和潮流的分析和预报. 北京: 海洋出版社.

冯士筰. 1982. 风暴潮导论. 北京: 科学出版社.

冯士筰, 李凤岐, 李少菁. 1999. 海洋科学导论. 北京: 高等教育出版社.

高理, 刘玉光, 荣增瑞. 2007. 黑潮延伸区的海平面异常和中尺度涡的统计分析. 海洋湖沼通报, (1): 14~23.

管秉贤, 袁耀初. 2006. 中国近海及其附近海域若干涡旋研究综述 I. 南海和台湾以东海域. 海洋学报. 28(3): 1~16.

郭炳火, 汤毓祥. 1995. 春季东海黑潮锋面涡旋的观测与分析. 海洋学报, 17(1): 13~23.

何宜军. 2002. 高度计海洋遥感研究与应用. 北京: 科学出版社.

何宜军, 丘仲锋, 张彪. 2015. 海浪观测技术. 北京: 科学出版社.

胡敦欣, 丁宗信, 熊庆成. 1980. 东海北部一个气旋型涡旋的初步分析. 科学通报, 25(1): 29~31.

黄瑞新. 2012. 大洋环流: 风生与热盐过程. 乐肯堂, 史久新, 译. 北京: 高等教育出版社.

兰健, 洪洁莉, 李丕学. 2006. 南海西部夏季冷涡的季节变化特征. 地球科学进展, 21(11): 1145~1152.

李威, 王琦, 马继瑞, 等. 2011. 台湾以东黑潮锋的中尺度过程研究. 海洋通报(英文版), 13(1): 10~24.

梁辉. 2015. 南海北部内潮与近惯性内波观测研究. 青岛: 中国海洋大学博士学位论文.

林宏阳, 胡建宇, 郑全安. 2012. 南海及西北太平洋卫星高度计资料分析: 海洋中尺度涡统计特征. 应用海洋学学报, 31(1): 105~113.

林鹏飞, 王凡, 陈永利, 等. 2007. 南海中尺度涡的时空变化规律 I. 统计特征分析. 海洋学报, 29(3): 14~22.

林夏艳, 管玉平, 刘宇. 2013. 2000 年秋季东沙冷涡的三维结构及其演化过程. 热带海洋学报, 32(2): 55~65.

刘金芳, 毛可修, 闫明, 等. 2006. 吕宋冷涡时空特征概况. 海洋预报, 23(2): 39~44.

刘宇, 管玉平, 林一骅. 2006. 大洋热盐环流研究的一个焦点: 北太平洋是否有深水形成. 地球科学进展, 21(11): 1185~1192.

刘玉光. 2009. 卫星海洋学. 北京: 高等教育出版社.

刘增宏, 许建平, 孙朝辉, 等. 2011. 吕宋海峡附近海域水团分布及季节变化特征. 热带海洋学报, 30(1): 11~19.

吕华庆. 2012. 物理海洋学基础. 北京: 海洋出版社.

潘丰, 张有广, 林明森. 2012. 黑潮延伸体区海平面异常和中尺度涡的时空特征分析. 海洋预报, 29(5): 29~38.

乔方利, 赵伟, 吕新刚. 2008. 东海冷涡上升流的环状结构. 自然科学进展, 18(6): 674~679.

史久新, 赵进平, 矫玉田, 等. 2004. 太平洋入流及其与北冰洋异常变化的联系. 极地研究, 16(3): 253~260.

侍茂崇, 高郭平, 鲍献文. 2000. 海洋调查方法. 青岛: 青岛海洋大学出版社.

孙湘平. 2006. 中国近海区域海洋. 北京: 海洋出版社.

王桂华, 苏纪兰, 齐义泉. 2005. 南海中尺度涡研究进展. 地球科学进展, 20(8): 882~886.

吴俊彦, 肖京国, 成俊, 等. 2008. 中国沿海潮汐类型分布特点. 中国测绘学会九届四次理事会暨 2008 年学术年会论文集.

叶安乐, 李凤岐. 1992. 物理海洋学. 青岛: 青岛海洋大学出版社.

俞聿修. 1999. 随机波浪及其工程应用. 大连: 大连理工大学出版社.

袁耀初, 管秉贤. 2007. 中国近海及其附近海域若干涡旋研究综述Ⅱ.东海和琉球群岛以东海域. 海洋学报:中文版, 29(2): 1~17.

张荣华, 李新正, 李安春, 等. 2017. 海洋学导论. 北京: 电子工业出版社.

张笑, 贾英来, 沈辉, 等. 2013. 黑潮延伸体区域海洋涡旋研究进展. 气候变化研究快报, 2(1): 1~8.

赵进平, 史久新. 2004. 北极环极边界流研究及其主要科学问题.极地研究, 16(03): 159~170.

郑义芳, 等. 1992. 东海黑潮锋面涡旋的观测. 黑潮调查研究论文选(四), 23~32.

朱学明, 鲍献文, 宋德海, 等. 2012. 渤、黄、东海潮汐、潮流的数值模拟与研究. 海洋与湖沼, 43(6): 1103~1113.

Abramczyk M. 2012. Dynamics of A Submesoscale Surface Ocean Density Front. Los Angeles: University of California, Los Angeles.

Adams D K, McGillicuddy D J, Zamudio L, et al. 2011. Surface-generated mesoscale eddies transport deep-sea products from hydrothermal vents. Science, 332(6029): 580~583.

Airy G B. 1845. Tides and waves. Encyclopaedia Metropolitana, 5: 241~396.

Ari-Sadarjoen I, Post F H. 2000. Detection, quantification, and tracking of vortices using streamline geometry. Computers & Graphics, 24(3): 333~341.

Arthur R S. 1959. A review of the calculation of ocean currents at the equator. Deep Sea Research (1953), 6: 287~297.

Basdevant C, Philipovitch T. 1994. On the validity of the "Weiss criterion" in two-dimensional turbulence. Physica D Nonlinear Phenomena, 73(1-2): 17~30.

Behringer D W, Ji M, Leetmaa A. 1998. An improved coupled model for ENSO prediction and implications for ocean initialization. Part Ⅰ: The ocean data assimilation system. Monthly Weather Review, 126(4): 1013~1021.

Benitez-Nelson C, Bidigare R R, Dickey T D, et al. 2007. Eddy-induced diatom bloom drives increased biogenic silica flux, but inefficient carbon export in the subtropical North Pacific Ocean. Science, 316(5827): 1017~1021.

Beron-Vera F J, Olascoaga M J, Goni G J. 2008. Oceanic mesoscale eddies as revealed by Lagrangian coherent structures. Geophysical Research Letters, 35(12): 603.

Binder R C. 1949. Fluid Mechanics. 2nd ed. New York: Prentice-Hall.

Boccaletti G, Ferrari R, Fox-Kemper B. 2007. Mixed layer instabilities and restratification. Journal of Physical Oceanography, 37(9): 2228~2250.

Bogucki D, Dickey T, Redekopp L G. 2010. Sediment resuspension and mixing by resonantly generated internal solitary waves. Journal of Physical Oceanography, 27(7): 1181~1196.

Boussinesq J. 1903. Théorie analytique de la chaleur. Vol. 2. Gauthier-Villars, Paris.

Cavalieri D J, Parkinson C L, Vinnikov K Y. 2003. 30-Year satellite record reveals contrasting Arctic and Antarctic decadal sea ice variability. Geophysical Research Letters, 30(18): CRY 4-1~CRY 4-4.

Chaigneau A, Gizolme A, Grados C. 2008. Mesoscale eddies off Peru in altimeter records: Identification algorithms and eddy spatio-temporal patterns. Progress in Oceanography, 79(2-4): 106~119.

Charney J G. 1955. Generation of oceanic currents by wind. J. Marine Research., 14: 477~498.

Chelton D B, Gaube P, Schlax M G, et al. 2011a. The influence of nonlinear mesoscale eddies on near-surface oceanic chlorophyll. Science, 334(6054): 328~332.

Chelton D B, Schlax M G, Samelson R M, et al. 2007. Global observations of large oceanic eddies. Geophysical Research Letters, 34(15): 87~101.

Chelton D B, Schlax M G, Samelson R M. 2011b. Global observations of nonlinear mesoscale eddies. Progress in Oceanography, 91(2): 167~216.

Chen D, Cane M A, Kaplan A, et al. 2004. Predictability of El Niño over the past 148 years. Nature, 428(6984): 733~736.

Chen D, Lian T, Fu C, et al. 2015. Strong influence of westerly wind bursts on El Niño diversity. Nature Geoscience, 8(5): 339.

Chen G, Gan J, Xie Q, et al. 2012. Eddy heat and salt transports in the South China Sea and their seasonal modulations. Journal of Geophysical Research: Oceans, 117: C05021.

Chen G, Hou Y J, Chu X Q. 2011. Mesoscale eddies in the South China Sea: Mean properties, spatiotemporal variability, and impact on thermohaline structure. Journal of Geophysical Research: Oceans (1978-2012), 116: C06018.

Chen G, Xue H, Wang D, et al. 2013. Observed near-inertial kinetic energy in the northwestern South China Sea. Journal of Geophysical Research: Oceans, 118(10): 4965~4977.

Chereskin T K, Roemmich D. 1991. A comparison of measured and wind-derived Ekman transport at 11° N in the Atlantic Ocean. Journal of Physical Oceanography, 21(6): 869~878.

Chu P. 1995. P-vector method for determining absolute velocity from hydrographic data. Marine Technology Society Journal, 29(2): 3~14.

Chu X, Xue H, Qi Y, et al. 2014. An exceptional anticyclonic eddy in the South China Sea in 2010. Journal of Geophysical Research Oceans, 119(2): 881~897.

Cox R A, Culkin F, Riley J P. 1969. The electrical conductivity/chlorinity relationship in natural sea water. Deep Sea Research and Oceanographic Abstracts.

Cushman-Roisin B. 2011. Introduction to geophysical fluid dynamics : physical and numerical aspects // Introduction to Geophysical Fluid Dynamics. New York: Prentice Hall: 775~788.

da Silva A M, Young C C, Levitus S. 1995. Atlas of surface marine data 1994, Vol. 4: Anomalies of fresh water fluxes. NOAA Atlas, NESDIS, 8: 411.

Davis R E, Deszoeke R, Niiler P. 1981. Variability in the upper ocean during MILE. Part II : Modeling the mixed layer response. Deep Sea Research Part A Oceanographic Research Papers, 28(12): 1453~1475.

Deacon G. 1984. The Antarctic Circumpolar Ocean. Cambridge: Cambridge University Press: 180.

Dietrich G, Kalle K, Krauß W, et al. 1980. General Oceanography. New York: Wiley.

Doglioli A M, Blanke B, Speich S, et al. 2007. Tracking coherent structures in a regional ocean model with wavelet analysis: Application to Cape Basin eddies. Journal of Geophysical Research: Oceans, 112: C05043.

Dong C, Cao Y, McWilliams J C. 2018. Island wakes in shallow water. Atmosphere-Ocean, 56(2): 96~103.

Dong C, Liu Y, Lumpkin R, et al. 2011. A scheme to identify loops from trajectories of oceanic surface drifters: An application in the Kuroshio extension region. Journal of Atmospheric and Oceanic Technology, 28(9): 1167~1176.

Dong C, Mavor T, Nencioli F, et al. 2009. An oceanic cyclonic eddy on the lee side of Lanai Island, Hawai'i. Journal of Geophysical Research: Oceans, 114: C10008.

Dong C, McWilliams J C, Liu Y, et al. 2014. Global heat and salt transports by eddy movement. Nature

Communications, 5:3294.

Dong C, McWilliams J C, Shchepetkin A F. 2007. Island wakes in deep water. Journal of Physical Oceanography, 37(4): 962~981.

Doodson A T. 1921. The harmonic development of the tide-generating potential. Acta paediatrica Japonica; Overseas edition, a100(3): 305~329.

Dushaw B D, Worcester P F, Cornuelle B D, et al. 1993. On equations for the speed of sound in seawater. The Journal of the Acoustical Society of America, 93(1): 255~275.

Eden C, Willebrand J. 1999. Neutral density revisited. Deep-Sea Research Part II: Topical Studies in Oceanography, 46: 33~54.

Faghmous, J H, Frenger I, Yao Y, et al. 2015. A daily global mesoscale ocean eddy dataset from satellite altimetry. Scientific Data, 2: 150028.

Forchhammer G. 1865. On the composition of sea-water in the different parts of the ocean. Philosophical Transactions of the Royal Society of London, 155 (1865): 203~262.

Frenger I, Gruber N, Knutti R, et al. 2013. Imprint of Southern Ocean eddies on winds, clouds and rainfall. Nature Geoscience, 6(8): 608.

Gan J, Qu T. 2008. Coastal jet separation and associated flow variability in the southwest South China Sea. Deep-Sea Research Part I, 55(1): 1~19.

Griffa A, Lumpkin R, Veneziani M. 2008. Cyclonic and anticyclonic motion in the upper ocean. Geophysical Research Letters, 35(1): 548~562.

Gruber N, Lachkar Z, Frenzel H, et al. 2011. Eddy-induced reduction of biological production in eastern boundary upwelling systems. Nature Geoscience, 4(11): 787.

Gustafson T, Kullenberg B. 1936. Investigations of inertial currents in the Baltic Sea. Svenska Hydrografisk-Biologiska, 13: 1~28.

Harrison D E. 1989. On climatological monthly mean wind stress and wind stress curl fields over the world ocean. Journal of Climate, 2(1): 57~70.

Harrison D E, Larkin N K. 1996. The COADS sea level pressure signal: A near-global El Nino composite and time series view, 1946–1993. Journal of Climate, 9(12): 3025~3055.

Harrison D E, Larkin N K. 1998. El Nino-Southern Oscillation sea surface temperature and wind anomalies, 1946–1993. Reviews of Geophysics. 36(3): 353~399.

Hasselmann K. 1973. Measurements of wind-wave growth and swell decay during the Joint North Sea Wave Project (JONSWAP). Ergänzungsheft, 8(12): 1~95.

He J, He Y, Cai S. 2012. Assessing the application of Argo profiling float data to the study of the seasonal variation of the hydrological parameters and the current field east of Luzon Strait. Atmosphere-Ocean, 50(sup1): 77~91.

Henson S A, Thomas A C. 2008. A census of oceanic anticyclonic eddies in the Gulf of Alaska. Deep-Sea Research Part I, 55(2): 163~176.

Holland W R. 1978. The role of mesoscale eddies in the general circulation of the ocean—numerical experiments using a wind-driven quasi-geostrophic model. Journal of Physical Oceanography, 8(8): 363~392.

Holthuijsen L H. 2010. Waves in Oceanic and Coastal Waters. Cambridge: Cambridge University Press.

Hu J, Gan J, Sun Z, et al. 2011. Observed three-dimensional structure of a cold eddy in the southwestern South China Sea. Journal of Geophysical Research: Oceans, 116: C05016.

Isern-Fontanet J, Garcíaladona E, Font J. 2003. Identification of marine eddies from altimetric maps. J. Atmos. Oceanic. Technol., 20(5): 772~778.

Jackett D R, McDougall T J. 1997. A neutral density variable for the world's oceans. Journal of Physical Oceanography, 27: 237~263.

Jackson C. 2007. Internal wave detection using the moderate resolution imaging spectroradiometer (MODIS). Journal of Geophysical Research: Oceans, 112: C11012.

JPOTS Editorial Panel. 1991. Processing of Oceanographic Station Data. Paris: UNESCO.

Kiehl J T, Trenberth K E. 1997. Earth's annual global mean energy budget. Bulletin of the American Meteorological Society, 78(2): 197~208.

Korteweg D J, de Vries G. 1895. On the change of form of long waves advancing in a rectangular canal, and on a new type of long stationary waves. Philosophical Magazine, 39 (240): 422~443.

Lagerloef G S E, Mitchum G T, Lukas R B, et al. 1999. Tropical Pacific near - surface currents estimated from altimeter, wind, and drifter data. Journal of Geophysical Research: Oceans, 104(C10): 23313~23326.

Lankhorst M. 2006. A self-contained identification scheme for eddies in drifter and float trajectories. Journal of Atmospheric and Oceanic Technology, 23(11): 1583~1592.

Levitus S. 1982. Climatological Atlas of the World Ocean. NOAA, Professional Paper, 13: 1~173.

Lewis E L, Perkin R G. 1978. Salinity: Its definition and calculation. Journal of Geophysical Research, 83: 466~478.

Li L, Nowlin Jr W D, Su J. 1998. Anticyclonic rings from the Kuroshio in the South China Sea. Deep Sea Research Part I: Oceanographic Research Papers, 45(9):1469~1482.

Li L, Pohlmann T. 2002. The South China Sea warm-core ring 94S and its influence on the distribution of chemical tracers. Ocean Dynamics, 52(3): 116~122.

Lilly J M, Gascard J C. 2006. Wavelet ridge diagnosis of time-varying elliptical signals with application to an oceanic eddy. Nonlinear Processes in Geophysics, 13(5): 467.

Liu C, Yan D U, Zhuang W, et al. 2013. Evolution and propagation of a mesoscale eddy in the northern South China Sea during winter. Acta Oceanologica Sinica, 32(7): 1~7.

Liu Y, Dong C M, Guan Y P, et al. 2012. Eddy analysis in the subtropical zonal band of the North Pacific Ocean. Deep Sea Research Part I: Oceanographic Research Papers, 68: 54~67.

Liu Y, Dong C M, Liu X, et al. 2017. Antisymmetry of oceanic eddies across the Kuroshio over a shelfbreak. Scientific Reports, 7(1): 6761.

Lynn R J, Reid J L. 1968. Characteristics and circulation of deep and abyssal waters. Deep-Sea Research, 15(5): 577~598.

MacKenzie K V. 1981. Nine - term equation for sound speed in the oceans. Journal of the Acoustical Society of America, 70(3): 807~812.

Mahadevan A, Thomas L N, Tandon A. 2008. Comment on" Eddy/Wind Interactions Stimulate Extraordinary Mid-Ocean Plankton Blooms". Science, 320(5875): 448~448.

McPhaden M J. 1986. The equatorial undercurrent: 100 years of discovery. EOS, Transactions American Geophysical Union, 67(40): 762~765.

McWilliams J C. 1985. Submesoscale, coherent vortices in the ocean. Reviews of Geophysics, 23(2): 165~182.

McWilliams J C. 2010. A perspective on submesoscale geophysical turbulence. IUTAM Symposium on Turbulence in the Atmosphere and Oceans. Springer Netherlands:131~141.

McWilliams J C. 2016. Submesoscale currents in the ocean. Proceedings of the Royal Society, 472(2189): 20160117.

McWilliams J C. 2017. Submesoscale surface fronts and filaments: Secondary circulation, buoyancy flux, and frontogenesis. Journal of Fluid Mechanics, 823: 391~432.

McWilliams J C, Colas F, Molemaker M J. 2009. Cold filamentary intensification and oceanic surface convergence lines. Geophysical Research Letters, 36: L18602.

McWilliams J C, Flierl G R. 1979. On the evolution of isolated, nonlinear vortices. Journal of Physical Oceanography, 9(6): 1155~1182.

Moore S E, Lien R C. 2007. Pilot whales follow internal solitary waves in the South China Sea. Marine Mammal Science, 23(1): 193~196.

Morgan G W. 1956. On the wind-driven ocean circulation. Tellus, 8(3): 301~320.

Munk W H. 1950. On the wind-driven ocean circulation. Journal of Meteorology, 7(2): 79~93.

Munk W H. 1966. Abyssal recipes. Deep Sea Research & Oceanographic Abstracts, 13(4): 707~730.

Munk W H, Worcester P, Wunsch C. 1995. Ocean Acoustic Tomography. Cambridge: Cambridge University Press.

Munk W H, Wunsch C. 1998. Abyssal recipes II. Deep-Sea Research, 45: 1976~2009.

Nencioli F, Dong C, Dickey T, et al. 2010. A vector geometry–based eddy detection algorithm and its application to a high-resolution numerical model product and high-frequency radar surface velocities in the Southern California Bight. Journal of Atmospheric and Oceanic Technology, 27(3): 564~579.

Nencioli F, Kuwahara V S, Dickey T D, et al. 2008. Physical dynamics and biological implications of a mesoscale eddy in the lee of Hawai'i: Cyclone *Opal* observations during E-FluxIII. Deep Sea Research Part II: Topical Studies in Oceanography, 55(10~13): 1252~1274.

Nordstrom C A, Battaile B C, Cotté C, et al. 2013. Foraging habitats of lactating northern fur seals are structured by thermocline depths and submesoscale fronts in the eastern Bering Sea. Deep Sea Research Part II: Topical Studies in Oceanography, 88(s 88~89):78~96.

Okubo A. 1970. Horizontal dispersion of floatable particles in the vicinity of velocity singularities such as convergences. Deep Sea Research and Oceanographic Abstracts. Elsevier, 17(3): 445~454.

Pedlosky J. 1996. Ocean Circulation Theory. Heidelberg: Springer Berlin Heidelberg.

Penven P, Echevin V, Pasapera J, et al. 2005. Average circulation, seasonal cycle, and mesoscale dynamics of the Peru Current System: A modeling approach. Journal of Geophysical Research: Oceans, 110: C10021.

Petersen M R, Williams S J, Maltrud M E, et al. 2013. A threedimensional eddy census of a highresolution global ocean simulation. Journal of Geophysical Research: Oceans, 118(4): 1759~1774.

Philander S G, 1990: El Niño, La Niña, and the Southern Oscillation. San Diego: Academic Press.

Pierson W J, Moskowitz L. 1964. A proposed spectral form for fully developed wind seas based on the similarity theory of S. A. Kitaigorodskii. Journal of Geophysical Research, 69(24): 5181~5190.

Pollard R T. 1977. Observations and theories of Langmuir circulations and their role in near surface mixing // Angel M. A Voyage of Discovery: G. Deacon 70th Anniversary Volume, Re, 235-251. Oxford, UK: Pergamon.

Prandtl L. 1904. In Verhandlungen des dritten internationalen Mathematiker-Kongresses in Heidelberg. Krazer A, Teubner, Leipzig, Germany (1905), p. 484. English trans. In Early Developments of Modern Aerodynamics, Ackroyd J A K, Axcell B P, Ruban A I, eds., Butterworth-Heinemann, Oxford, UK (2001), p. 77.

Preston-Thomas H. 1990. The international temperature scale of 1990 (its-90). Metrologia, 27 (1): 3~10.

Qiu B, Chen S. 2010. Interannual variability of the North Pacific Subtropical Countercurrent and its associated mesoscale eddy field. Journal of Physical Oceanography, 40: 213~225.

Rahmstorf S. 1995. Bifurcations of the Atlantic thermohaline circulation in response to changes in the hydrological cycle. Nature, 378(6553): 145~149.

Rahmstorf S. 2002. Ocean circulation and climate during the past 120 000 years. Nature, 419(6903): 207~214.

Ralph E A, Niiler P P. 1999. Wind-driven currents in the Tropical Pacific. Journal of Physical Oceanography, 29(29): 2121~2129.

Reid R O. 1948. The equatorial currents of the eastern Pacific as maintained by the stress of the wind. Journal of Marine Research, 7(2): 75~79.

Reynolds R W, Smith T M. 1995. A high-resolution global sea surface climatology. J. Climate, 8(6): 1571~1583.

Richardson L F. 1922. Weather Prediction by Numerical Process. Cambridge: Cambridge University Press.

Rudels B, Friedrich H J, Quadfasel D. 1999. The Arctic circumpolar boundary current. Deep Sea Research Part II Topical Studies in Oceanography, 46(46): 1023~1062.

Sandström J W. 1908. Dynamische versuche mit meerwasser. Annals in Hydrodynamic Marine Meteorology, 36: 6~23

Saunders P M. 1986. The accuracy of measurements of salinity, oxygen and temperature in the deep ocean. J. Physical Oceanography, 16 (1): 189~195.

Selby J E A, McClatchey R A. 1975. Atmospheric transmittance from 0.25 to 28.5 microns: Computer code LOWTRAN 3. Environmental Research Papers Air Force Cambridge Research Labs, 75: 0255

Shi Y L, Yang D Z, Feng X R, et al. 2018. One possible mechanism for eddy distribution in zonal current with meridional shear. Scientific Reports, 8(1): 10106.

Stewart R H. 1985. Methods of Satellite Oceanography. Berkeley: University of California Press.

Stewart R H. 2008. Introduction to Physical Oceanography. Florida: University Press of Florida.

Stocker T F, Marchal O. 2000. Abrupt climate change in the computer: Is it real? Proc. Natl. Acad. Sci. U. S. A., 97(4): 1362~1365.

Stokes G G. 1847. On the theory of oscillatory waves. Transactions of the Cambridge Philosophical Society, 8: 441~455.

Stommel H. 1958. The abyssal circulation. Deep Sea Research, 5(1): 80~82.

Stommel H. 1961. Thermohaline convection with two stable regimes of flow. Tellus, 13(2): 224~230.

Stommel H, Arons A B. 1960. On the abyssal circulation of the world ocean—II. An idealized model of the circulation pattern and amplitude in oceanic basins. Deep Sea Research, 6: 217~233.

Stommel H, Arons A B, Faller A J. 1958. Some examples of stationary planetary flow patterns in bounded basins 1. Tellus, 10(2): 179~187.

SUN. 1985. The international system of units (SI) in oceanography. Paris: UNESCO Technical Papers in Marine Science.

Sun W, Dong C, Wang R, et al. 2017. Vertical structure anomalies of oceanic eddies in the Kuroshio Extension region. Journal of Geophysical Research: Oceans, 122(2): 1476~1496.

Sverdrup H U. 1947. Wind-driven currents in a baroclinic ocean; with application to the equatorial currents of the eastern Pacific. Proceedings of the National Academy of Sciences, 33(11): 318~326.

Swallow J C, Worthington L V. 1961. An observation of a deep countercurrent in the Western North Atlantic. Deep Sea Research, 8(1):1,IN1~19,IN3.

Talley L D, Pickard G L, Emery W J, et al. 2011. Descriptive Physical Oceanography: An Introduction. Massachusetts: Academic Press.

Toggweiler J R, Russell J. 2008. Ocean circulation in a warming climate. Nature, 451(7176): 286~288.

Toggweiler J R, Samuels B. 1995. Effect of drake passage on the global thermohaline circulation. Deep Sea Research Part I Oceanographic Research Papers, 42(4): 477~500.

Tolmazin D. 1985. Changing coastal oceanography of the Black Sea. I: Northwestern shelf. Progress in

Oceanography, 15(4): 217~276.

Tomczak M. 1988. Island wakes in deep and shallow water. Journal of Geophysical Research Oceans, 93(C5): 5153~5154.

Trenberth K E. 1997. The use and abuse of climate models. Nature, 386(6621): 131~133.

Trenberth K E, Large W G, Olson J G. 1989. The effective drag coefficient for evaluating wind stress over the oceans. Journal of Climate, 2(2): 1507~1516.

Trujillo A P, Thurman H V. 2008. Essentials of Oceanography. Pearson Education Press.

Veneziani M, Griffa A, Reynolds A M, et al. 2005. Parameterizations of Lagrangian spin statistics and particle dispersion in the presence of coherent vortices. Journal of Marine Research, 63(6): 1057~1083.

Wang D, Xu H, Lin J, et al. 2008. Anticyclonic eddies in the northeastern South China Sea during winter 2003/2004. Journal of Oceanography, 64(6): 925~935.

Wang G, Chen D K, Su J L. 2006. Generation and life cycle of the dipole in the South China Sea summer circulation. Journal of Geophysical Research-Oceans, 111: C06002.

Wang G, Chen D K, Su J L. 2008. Winter eddy genesis in the eastern South China Sea due to orographic wind jets. Journal of Physical Oceanography, 38(3): 726~732.

Wang G, Su J L, Chu P C. 2003. Mesoscale eddies in the South China Sea observed with altimeter data. Geophysical Research Letters, 30(21): 2121.

Wang H L, Yang Y Z, Sun B N, et al. 2017. Improvements to the statistical theoretical model for wave breaking based on the ratio of breaking wave kinetic and potential energy. Science China Earth Sciences, 59(1): 1~8.

Wang X, Li W, Qi Y, et al. 2012. Heat, salt and volume transports by eddies in the vicinity of the Luzon Strait. Deep Sea Research Part I: Oceanographic Research Papers, 61: 21~33.

Warren B A. 1973. Transpacific hydrographic sections at Lats. 43°S and 28°S: The scorpio Expedition–Ⅱ. Deep Water. Deep-Sea Research, 20: 9~38.

Webster F. 1968. Observations of inertial‐period motions in the deep sea. Reviews of Geophysics, 6(4): 473~490.

Weiss J. 1991. The dynamics of enstrophy transfer in two-dimensional hydrodynamics. Physica D: Nonlinear Phenomena, 48(2-3): 273~294.

Weller R A, Dean J P, Price J F, et al. 1985. Three-dimensional flow in the upper ocean. Science, 227(4694): 1552.

Weller R A, Plueddemann A J. 1996. Observations of the vertical structure of the oceanic boundary layer. Journal of Geophysical Research Oceans, 101(C4): 8789~8806.

Wentz F J, Peteherych S, Thomas L A. 1984. A model function for ocean radar cross sections at 14.6 GHz. Journal of Geophysical Research Oceans, 89(C3):3689~3704.

West G B. 1982. Mean earth ellipsoid determined from SEASAT 1 altimetric observations. Journal of Geophysical Research Solid Earth, 87(B7): 5538~5540.

Whitworth Ⅲ T. 1998. The Antarctic circumpolar current. Oceanus, 31(2): 53~58.

Williams S, Petersen M, Bremer P T, et al. 2011. Adaptive extraction and quantification of geophysical vortices. IEEE Transactions on Visualization and Computer Graphics, 17(12): 2088~2095.

Worthington L V. 1970. The Norwegian Sea as a mediterranean basin. Deep-Sea Research and Oceanographic Abstracts, 17(1): 77~84.

Wu L, Jing Z, Riser S, et al. 2011. Seasonal and spatial variations of Southern Ocean diapycnal mixing from Argo profiling floats. China Basic Science, 4(6): 363~366.

Wunsch C. 1996. The Ocean Circulation Inverse Problem. Cambridge: Cambridge University Press.

Wyrtki K. 1961. The thermohaline circulation in relation to the general circulation in the oceans. Deep Sea Research, 8(1): 39~64.

Wyrtki K. 1975. El Niño—The dynamic response of the equatorial Pacific Oceanto atmospheric forcing. Journal of Physical Oceanography, 5(4): 572~584.

Xiu P, Chai F, Shi L, et al. 2010. A census of eddy activities in the South China Sea during 1993–2007. Journal of Geophysical Research: Oceans, 115: C03012.

Yang H J, Liu Q Y. 2003. Forced Rossby wave in the northern South China Sea. Deep-Sea Research Part Ⅰ: Oceanographic Research Papers, 50(7): 917-926.

Yang H Y, Wu L, Liu H, et al. 2013. Eddy energy sources and sinks in the South China Sea. Journal of Geophysical Research: Oceans, 118(9): 4716~4726.

Yelland M J, Moat B I, Taylor P K, et al. 1998. Wind stress measurements from the open ocean corrected for airflow distortion by the ship. Journal of Physical Oceanography, 28(7): 1511~1526.

Yoshida S, Qiu B, Hacker P. 2010. Wind-generated eddy characteristics in the lee of the island of Hawaii. Journal of Geophysical Research Oceans, 115(C3): 1-15.

Yuan D, Han W, Hu D. 2007. Anti-cyclonic eddies northwest of Luzon in summer-fall observed by satellite altimeters. Geophysical Research Letters, 34: L13610.

Yuan D, Zhang Z, Chu P, et al. 2014. Geostrophic circulation in the tropical north pacific ocean based on Argo Profiles. Journal of Physical Oceanography, 44(2):558~575.

Zhang Y, Liu Z, Zhao Y, et al. 2014a. Mesoscale eddies transport deep-sea sediments. Scientific Reports, 4: 5937.

Zhang Z, Zhang Y, Wang W, et al. 2013. Universal structure of mesoscale eddies in the ocean. Geophysica Research Letters, 40: 3677~3681.

Zhang Z, Zhong Y, Tian J, et al. 2014b. Estimation of eddy heat transport in the global ocean from Argo data. Acta Oceanologica Sinica, 33(1): 42~47.

主要符号列表

符号	含义
A_l	水平湍流黏性系数
A_z	垂直湍流黏性系数
c	波速
c_x	纬向波速
c_y	经向波速
c_g	群速度
c_p	海水比定压热容
C_D	拖曳系数
D	1.垂直深度尺度；2.地月质心之间的距离(第3章)；3.埃克曼层厚度
D_E	埃克曼层深度
E	海表蒸发量
E_l	水平埃克曼数
E_z	垂直埃克曼数
f	1.科里奥利参数；2.交点因子(第3章)
F	科里奥利参数尺度
g	1.重力加速度；2.迟角
G	万有引力常数
h	实际水深
H	平均水深
k	1.盐分子扩散系数(第2章)；2.波数
k_D	分子盐扩散系数，$k_D = \dfrac{k}{\rho}$
k_h	水平波数
k_x	x方向波数
k_y	y方向波数
k_z	垂直方向波数
K_{sl}	水平湍流盐扩散系数
K_{sz}	垂直湍流盐扩散系数
L	1.水平空间尺度；2.波长
M_{xE}	埃克曼质量输运的纬向分量
M_{yE}	埃克曼质量输运的经向分量
M_{xg}	地转流质量输运的纬向分量
M_{yg}	地转流质量输运的经向分量
M_x	整个水层内总海水质量输运的纬向分量
M_y	整个水层内总海水质量输运的经向分量

续表

符号	含义
N	浮力频率
m	质量
p	海水压强
p_a	海面大气压强
P	海表降水量
Q	热量
R	1.地球半径；2.河流径流量(第2章)；3.罗斯贝变形半径
Ro	罗斯贝数
s	盐度
t	1.摄氏温度(℃)；2.时间
T	1.热力学温度(K)；2.波周期；3.月球时角
u	1.纬向速度分量；2.交点订正角(第3章)
u_E	埃克曼纬向速度分量
U_{10}	海表10 m纬向风速
U	水平速度尺度
v	经向速度分量
v_E	埃克曼经向速度分量
w	垂直速度分量
W	垂直速度尺度
β	1.科里奥利参数随纬度变化速率；2.地形倾斜角度；3.频散系数
δ	1.纵横比，$\delta=\dfrac{D}{L}$；2.月球赤纬
η	自由海面高度
ζ	1.相对涡度；2.界面处内波振幅(第10章)
θ	1.位温；2.天顶距(第3章)
κ_θ	分子热传导系数
μ	动力学黏性系数
ρ	流体密度
ρ_{air}	大气密度
σ_θ	位势密度
σ	1.密度异常，$\sigma=\rho-1000\ \text{kg/m}^3$；2.天文参数
τ	风应力
τ_x	风应力纬向分量
τ_y	风应力经向分量
ν	运动学黏性系数，$\nu=\dfrac{\mu}{\rho}$
φ	纬度
Φ	引潮势(第3章)
ϕ	势函数
ψ	流函数
Ω	地球自转角速度
ω	1.波动频率；2.绝对涡度(第6章)

后　记

2018 年是我以海洋科学专业为科研志向的第三十年，也是我执教海洋学课程的第十年。在长期的一线科研和教学工作中，我不断意识到，当前国内师生急需一本既能真正贴近现实教学需求，又能深入浅出导引学子入门的物理海洋学教科书。这使我产生强烈的愿望，写一本详尽介绍物理海洋学基本理论和应用的教科书。

在我国不断走向深蓝的今天，人们越来越深刻地认识到海洋对社会经济发展和国防安全的重要性。物理海洋学不仅是探索地球奥秘的基础学科，也是承载未来世界主要发展方向的朝阳专业。我们从基础知识与基本运动方程出发，分别从潮汐理论、地转流理论、风生大洋环流原理、深层环流理论、波浪理论、大尺度波动和内波基本原理等多方面系统介绍了物理海洋学所涉及的理论基础、物理特征及其现实应用，并结合当前世界前沿科研课题，设计了包括中尺度涡旋、次中尺度过程在内的主题，帮助读者们拓展眼界。

本书的编写得到"海洋数值模拟与观测实验室"的年轻团队成员的大力支持。成员分工协作，使繁重的科研任务与本书的编写工作有条不紊的并行；携手与共，使团队中欢乐和睦的氛围与友谊更为浓厚。

虽然对海洋的开发与利用沿革久远，但是其研究方兴未艾，其发展任重道远。我希望本书能帮助广大读者更好地了解海洋世界的奥秘，激发广大学子对于物理海洋学的兴趣，投身于海洋，服务于海洋。

董昌明

2018 年金秋于南京龙王山下